医疗气象预报

张书余　编著

气象出版社
China Meteorological Press

内容提要

医疗气象预报是气象学与医学交叉发展起来的一门新学科。全书共分11章。第1章主要介绍了医疗气象预报进展;第2、3章介绍了医学知识,第4章至第11章系统地论述了气象要素致病机理及医疗气象预报方法。

本书适用于从事专业气象预报的工作者阅读,亦可供医务人员、大中专院校有关专业的师生参考。

图书在版编目(CIP)数据

医疗气象预报/张书余编著. —北京:气象出版社,2010

ISBN 978-7-5029-4928-0

Ⅰ.①医… Ⅱ.①张… Ⅲ.①气候影响-健康 Ⅳ.①R122.2

中国版本图书馆CIP数据核字(2010)第012689号

Yiliao Qixiang Yubao

医疗气象预报

张书余 编著

出版发行:气象出版社

地　　址:北京市海淀区中关村南大街46号　　**邮政编码**:100081

总 编 室:010-68407112　　**发 行 部**:010-68409198

网　　址:http://www.cmp.cma.gov.cn　　**E-mail**:qxcbs@263.net

责任编辑:李太宇　黄润恒　　**终　　审**:章澄昌

封面设计:博雅思企划　　**责任技编**:吴庭芳

责任校对:赵　瑗

印　　刷:北京中新伟业印刷有限公司

开　　本:700 mm×1000 mm　1/16　　**印　　张**:14

字　　数:359千字

版　　次:2010年2月第1版　　**印　　次**:2010年2月第1次印刷

印　　数:1～2000册　　**定　　价**:35.00元

气象服务专业化

前景无限好

马鹤年*

马鹤年,原中国气象局副局长

前　言

我于1999年正式出版的《医疗气象预报基础》，到现在已经11年多了。2008年12月31日中国气象学会召开了常务理事会，正式成立了医疗气象专业委员会。2009年10月，医疗气象专业委员会在浙江省杭州市召开了第一次医疗气象学术研讨会。随着时间的推移，新的研究成果不断出现，新的业务发展需求不断增加，医疗气象学科也取得了长足的进步。向人民大众普及医疗气象理论知识，提高有关人员的医疗气象研究的技能，使得修订再版此书显得尤为必要。

在《医疗气象预报基础》的基础上，本书吸收了近几年国内外最新的研究成果，尤其是将本人主持，吴兑、秦元明、李栋梁、沈书勤等人参加的“人群健康度气象预报技术”课题以及本人为顾问，朱德贵主持，赵群建等人参加的“凉都·六盘水”的研究成果纳入了此书，还新增加了生理学实验基本知识和气候变化对人体健康的影响两章，补充了大气环境对健康的影响、紫外线辐射、气象疾病和医疗气象预报等四章的内容，使得全书的内容更加完整。

在此书出版之际，再次感谢对医疗气象研究和发展给予支持的原中国气象局减灾司司长阮水根、环境气象处周朝东、张淑月等同志，也感谢在上述两个项目做出贡献的每位研究人员。

张书余*

2010年1月11日

---

* 张书余，甘肃省气象局局长，研究员，博士生导师。

目　录

第 1 章　医疗气象预报概论

随着现代科学技术的发展，气象学科划分越来越细，产生了一系列的边缘学科，先后出现了卫星气象学、农业气象学、畜牧气象学、林业气象学、航空气象学、生物气象学等。相应各交叉学科，又从天气预报派生出了各种专业气象预报。医疗气象预报就是生物气象学与天气预报相结合出现的一个新领域。

1.1　医疗气象预报的任务

1.1.1　定义

医疗气象预报是预报大气环境变化对人体影响规律的一门边缘学科。它的预报流程是分析各种天气预报资料，制作出天气过程和气象要素预报，依据病理生物气象学理论制作出医疗气象预报。医疗气象预报涉及的学科有天气预报分析学、气象学、人体解剖学、生理学、病理学、传染病学及临床医学等。

1.1.2　医疗气象预报的任务

医疗气象预报的任务是预测自然大气和人工环境是否适合人类活动的气象条件。通过预报使人类在日常活动中避开不良气象条件的影响，利用有利的大气环境来增强体质，预防疾病，合理开展生产活动，提高工作效率。

医疗气象预报的主要任务有三个方面：

(1)研究天气、气候对正常健康人生理过程的影响机理。

(2)研究制作短期、中期及长期医疗气象预报的方法，提高预报准确率。

(3)研究不同季节、不同区域气候条件的气象要素与疾病的关系，包括直接或间接关系。

1.2　医疗气象预报的重要性

人类的进化及文明的发展过程都与气候的变迁有关。不管世界物质文明发展到何种程度，但人类不能脱离赖以生存的大地、大气、水及动植物环境。人类没有支持它生存的外界环境便不可能存在。人体与外界环境是相互联系相互作用的。外界环境作用于人体，不是简单地改变它的一般状态，而是在机体内引起各种复杂的反应，以便使人类更好地适应外界环境。

人是恒温动物，在一定范围的气温条件下，会根据外界冷热环境自行调节与适应。例如，在寒冷时肌肉会颤抖以产生热量；炎热时出汗，通过汗液的蒸发以散热。气象条件还能影响人们的行为与心理，影响人的工作效率和反应时间，从而与工伤、交通事故的发生有着直接或间接的关系。天气变化还可以使人类致病，诱发某种疾病或使某种疾病恶化或加重。另外，病毒、细菌等疾病传媒的繁殖都与气象条件有关。

人类在自然情况下利用适宜的气象条件，进行健身治病已有数千年历史了。根据不同的自然气候区建立疗养院就是一个先例。

根据上述情况，制作医疗气象预报的主要目的，就是根据大气变化规律，预报未来大气环境条件对人们健康的可能影响，提醒人们着装或调节人工环境小气候来预防疾病的发生，提高人类的生活质量。

1.3 医疗气象预报进展

医疗气象预报是伴随人类生物气象学发展起来的一门应用科学。人类开始观察天气与健康，早在2000年前就已经开始了。我国《黄帝内经素问》就阐述了天气、气候对人体健康与疾病的影响及其变化规律，直到20世纪30年代，有关人类生物气象方面的研究才逐渐多了起来。20世纪初，在德国的一些医师发表了较多的报告，提出了疾病的发生、发展与天气有关，但这些报告多半是以统计方法阐明的一些现象，缺乏生理学的基础研究。

20世纪30年代医疗气象学的研究有了进一步发展。美国伊利诺斯大学病理科主任，内科教授Petersen系统地进行了气候对疾病及疗养等方面的研究，在方法上主要用单一气象要素为研究的气象指标。随着气象学、统计学和实验方法的发展、研究，一方面从天气角度出发，以气团锋面为主要指标，用现代统计方法探讨天气、气候和疾病的关系；另一方面在人工气候室进行了大量生理常数研究，观察不同气温、气候、湿度对人体的影响。20世纪中期，1955年Tromp博士在荷兰建立了生物气象研究中心，同年Tromp博士发起成立国际生物气象学会，并获得国际上从事这门学科的100多位科学家的支持。1957年在维也纳召开了第一次生物气象研讨会，主要研讨了生物气候人才培训方法；生物气候学、生物气象学的实验与研究方法；人对热的适应及气候医疗等方面的问题。1960年在伦敦召开了第二次医疗气象研讨会，主要讨论了高山生物气候学，高山对人体的影响，热带生物气候学，皮肤、血管及心脏对热的反应；世界疾病的流行分布与生物气候分类的关系；人类生物气候区划及医疗气象预报等。第三次医疗气象研讨论会是1963年在法国举行的，中心议题是医疗气象学的近代进展及将来的研究方向；生物节奏和周期分析方法的探讨。此会的第四次会议是1966年在美国召开的。会议主要讨论了大气环境对人体的影响，包括空气负离子，大气电磁及磁场对人类的生物效应。1969年在瑞士召开了此会的第五次会议，会议讨论了特殊气象条件的防护；气象条件对生殖的影响，人类对气象应激反应耐受的种族差异；老年人对气象的应激反应等。此会的第六次会议1972年在荷兰召开。代表们在会上报告了环境舒适度的改善对工作能力的影响，城市大气气候、大气污染对人类行为的影响，重力场及地球外电磁和微粒辐射对人类生物效应的影响，自然及人工负离子的生物作用等；1975年在美国举行的此会的第七次会议讨论了热浪与死亡及发病的关系；生物气象学的系统分析；天气气候与人体健康及药物反应的关系；干热环境对人的影响等。此会的第八次会议于1978年在以色列召开，讨论了未来天气气候变迁对人的影响，干热环境对人的影响等。1981年在西德召开了此会的第九次会议，内容有疗养地及气候治疗，离子及带电颗粒的生物效应，城市生物气象学等等。1984年在日本召开了此会的第十次会议，研讨了医疗气象预报、进展及将来的业务开展形式等问题。

地区性讨论会在英国、美国、联邦德国、荷兰、罗马尼亚、捷克、意大利、波兰等国家都先后举行过。一些国家也举行定期学术会议。如德国自1953年起，每3年举行一次，日本自1961年开始每年召开一次。美国自1969年开始，每3年召开一次。随后瑞典、澳大利亚也召开了学术研讨会。在美国19所大学设有医疗气象课程，其中10所可授予硕士学位。有些国家还成立了独立的研究所。所有这些极大地推动了医疗气象这门学科的迅速发展。原德意志联邦共和国自1952年起，每周星期一到星期五发布全国医疗气象预报。匈牙利于1958年也开始了这方面工作，日本、前苏联也作过这方面的试验。尽管如此，医疗气象预报在国际上仍是属于一个古老学科，亟待拓展。

20世纪70年代以来，国外医疗气象学主要的研究包括以下一些内容：

(1)气象与生理。研究气象对人体的影响，关键是研究气象要素引起人体的生理变化。目前研究的方法有两种，一是直接观察对人体的影响；二是以动物进行实验研究。随着科学的发展，实验方法的进步，在研究中也采用了一些新的手段，着重研究气象要素对人的内分泌、血液理化状态、大脑皮层活动、心血管、电解质平衡、生殖及肝、脾、胰脏生理功能的影响，还研究了气象要素与免疫学的关系，老年人对气象的适应等。

(2)气象与疾病。近年来气象病的研究较多地集中于哮喘、感冒、冠心病、关节炎、传染病、眼病、高山病、牙病、糖尿病、胃溃疡、老年病等，初步建立了医疗气象预报方法。

国内医疗气象学的研究起步较晚。20 世纪 90 年代北京、南京、上海先后开展了花粉、紫外线强度、舒适度预报；天津开展了花粉与疾病的研究。河北省专业气象台率先在全国发布了医疗气象预报。2002 年张书余主持的中国气象局“人体健康度预报技术”课题（秦元明、吴兑、沈叔勤、李馗峰等参加了此项目的研究），2004 年通过了中国气象局组织的专家验收。此成果的完成极大地推动了医疗气象业务在全国的推广。2008 年中国气象学会成立了医疗气象专业委员会，挂靠在兰州大学，王式功任主任委员，张书余担任医疗气象专业委员会的顾问。2009 年 4 月 9—12 日兰州区域气象中心举办了全国医疗气象预报技术培训班，有来自十几个省的 60 多位专业预报技术人员参加了培训。同年 10 月 14—16 日在杭州召开了第一次医疗气象学术研讨会。

尽管我们通过几年的努力，取得了一些进展，但与国际水平还相差很大，需要全国气象部门齐心协力，认真开展研究，尽快缩短与国际同行们的差距。

第 2 章　人体解剖学知识

人体解剖学是一门研究正常人体形态结构的科学，属于生物学中的形态学范围。学习人体解剖学的目的，是为了让从事医疗气象预报的气象专业工作人员理解和掌握人体的形态结构及基本功能，为研究、制作医疗气象预报工作打下必要的基础。

2.1　运动系统

运动系统由骨、骨连结和骨骼肌三部分组成，占成人体重的 60%，构成人体的基本轮廓。成人有骨 206 块（见图 2.1）。其中躯干骨 51 块、颅骨 29 块、上肢骨 64 块、下肢骨 62 块。每块骨都具有一定的形态和功能，坚硬而具有弹性。人体骨骼由躯干骨、颅骨、上肢骨和下肢骨四部分组成。

2.1.1　骨的构造

每块骨均由骨质、骨膜、骨髓构成，并有神经和血管分布（见图 2.2）。

骨质是骨的主要成分，分为骨密质和骨松质两种。骨密质致密坚硬，抗压、抗扭曲力强，构成各类骨胳的外层。骨松质由许多片状和杆状的骨小梁交织成网，呈海绵状。骨松质分布于长骨骼及其他类型骨的内部。

骨膜是由致密结缔组织构成的膜，包裹除关节面以外的整个骨面。骨膜内含有丰富的神经和血管，故感觉敏锐，并对骨的营养和生长有重要作用。幼年时期骨膜内层的成骨细胞直接参与骨的生长，使骨不断加粗；成年后转为静止状态，但它终生保持分化能力，一旦发生骨折，又可重新分化成骨细胞、形成骨痂，使骨折端愈合。

骨髓为柔软而富有血液的组织，充填于长骨髓腔及骨松质腔隙内，分为红骨髓和黄骨髓。红骨髓有造血功能，内含有大量不同发育阶段的红细胞和某些白细胞；黄骨髓含大量脂肪组织，6 岁以前全是红骨髓，6 岁以后长骨骨髓腔内的红骨髓逐渐转化为黄骨髓，红骨髓仍在各类型骨的松质内造血。

在骨关节上有透明软骨构成的关节软骨覆盖，具有减少摩擦，增强关节灵活性的作用。

2.1.2　关节的结构

骨与骨之间的连结装置称为骨连结。人类的骨连结有直接连结和间接连结两种。直接连结多位于颅骨及躯干骨之间;间接连结多见于四肢骨之间,以适应人体的活动(见图 2.3)。

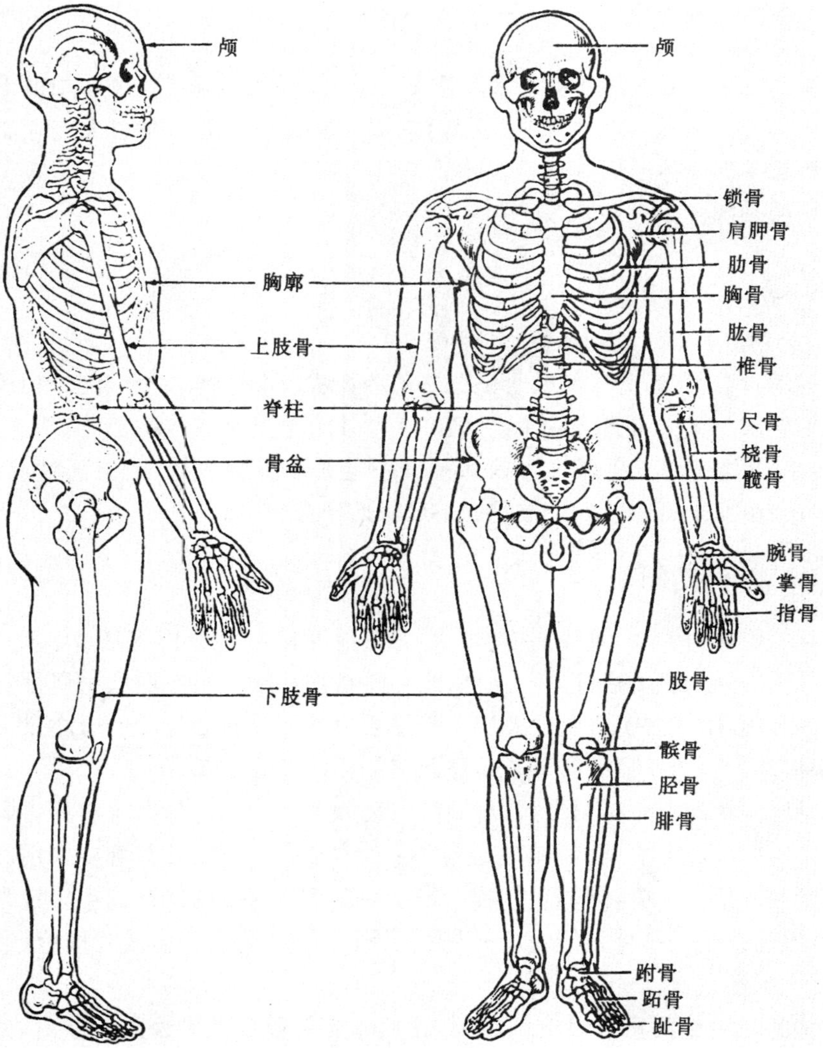

图 2.1　人体骨骼

(1)直接连结

两骨间借纤维结缔组织或软骨相连,其间无间隙,不能活动或仅有轻微的活动。根据连结组织的不同,直接连结分为纤维连结和软骨连结。

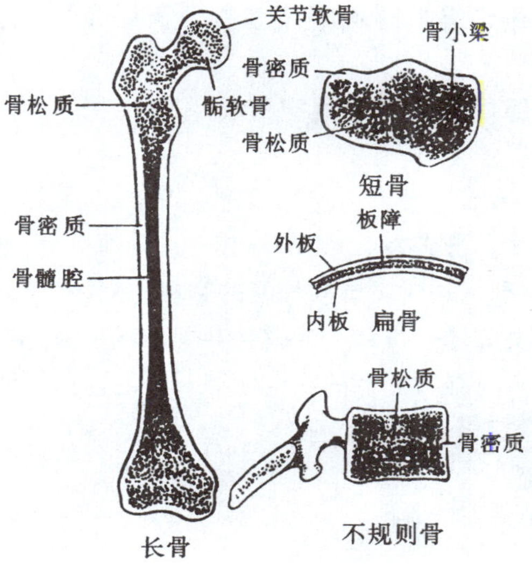

图 2.2　骨的构造

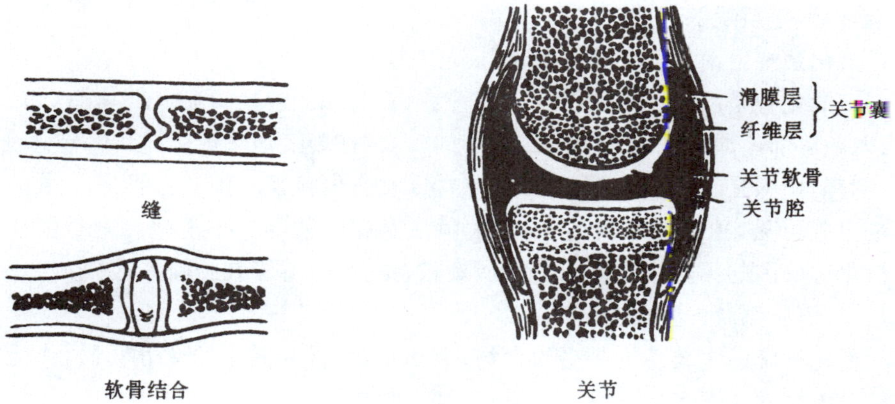

图 2.3　骨连结的分类和构造

1)纤维连结——两骨之间借纤维结缔组织相连。如颅骨的缝连结、椎骨棘突间的韧带连结等等。

2)软骨连结——两骨之间借软骨相连。软骨具有弹性和韧性,有缓冲震荡的作用。如椎体间的椎间盘和耻骨间的耻骨联合。

(2)间接连结

间接连结又称关节,是两骨之间借膜性囊互相连结,其间具有腔隙及滑液,有较大的活动性。关节主要由关节面、关节囊和关节腔构成。

1)关节面是两骨互相接触的光滑面,通常一骨形成凸面,称关节头;另一骨形成凹面,称为关节窝。关节面覆盖一层关节软骨,关节软骨很光滑,可以减少运动时的摩擦,同时软骨富有弹性,可以减缓运动时的冲击。

2)关节囊。由结缔组织构成,附着于关节面周缘及附近的骨面上,封闭关节腔,分内外两层。

①纤维膜为外层,由致密结缔组织构成,附着于关节面周围的骨面上,并与骨膜连续。

②滑膜为内层,薄而光滑。由疏松结缔组织组成,紧贴纤维层的内面,并附着于关节软骨的周缘。滑膜表面光滑,具有丰富的血管网,能产生滑液,能滑润关节骨面,以减少关节运动时关节软骨间的摩擦,并营养关节软骨。

③关节腔是由关节囊滑膜和关节软骨共同围成的密闭窄隙,其内有少量滑液,关节腔内为负压,对维持关节的稳定性有一定的作用。

2.2 消化系统

2.2.1 消化系统的组成和主要功能

(1)消化系统的组成

消化系统由消化管和消化腺两部分组成。

1)消化管是从口腔到肛门的迂曲管道,长 9 m。包括口腔、咽、食管、胃、小肠、大肠等部。通常把口腔至十二指肠的一段,称为上消化道。

2)消化腺是分泌消化液的腺体。包括大消化腺和小消化腺两种。大消化腺是肉眼可见,独立存在的器官,如大唾液腺、肝、胰等。小消化腺则是散在整个消化管壁内的无数小腺体,如唇腺、颊腺、食管腺、胃腺和肠腺等(图 2.4)。

(2)消化系统的主要功能

消化系统的主要功能是摄取食物,消化食物,吸收其中的营养物质,作为机体活动能量的来源和生长发育的原料,排出糟粕。

2.2.2 消化管的结构

消化管可分为四层,即由内向外分为黏膜、黏膜下组织、肌织膜和外膜(见图 2.5)。

(1)黏膜是消化管壁最内层结构,由上皮、固有膜和黏膜肌层构成。黏膜具有保护、吸收、分泌等功能。

(2)黏膜下组织,位于黏膜与肌织膜之间,由疏松结缔组织构成,内含丰富的血管、淋巴管和神经等。

(3)肌织膜(肌层),多由平滑肌组成,一般可分为内环、外纵两层。环肌、纵肌交替收缩,可推动食物逐渐下移。

(4)外膜,是消化管的最外层。腹腔内大部分消化管外膜主要为一层间皮,它称为浆膜。它能分泌浆液，减少器官之间的摩擦。

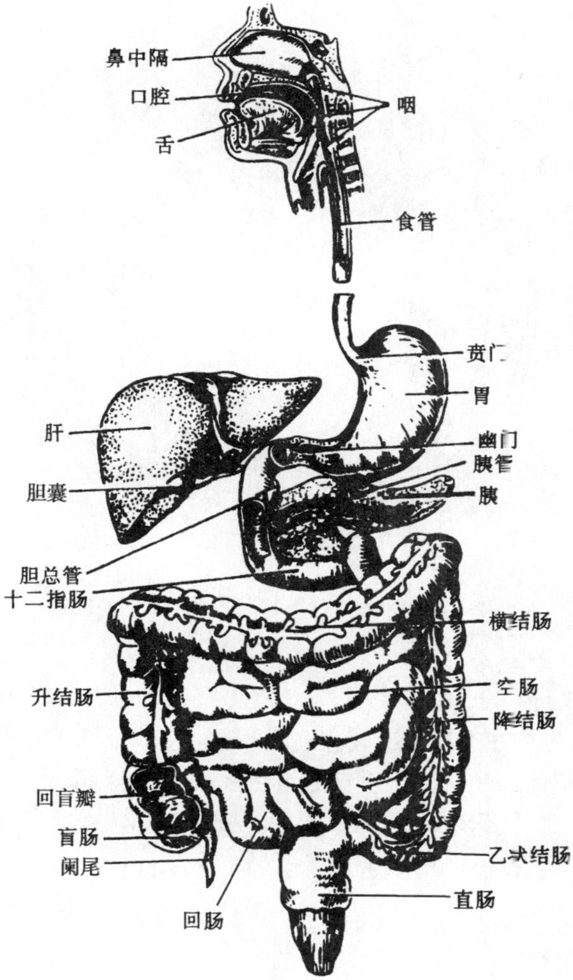

图 2.4　消化系统组成

2.3　呼吸系统

2.3.1　呼吸系统的组成和主要功能

(1)呼吸系统的组成

呼吸系统是由肺外呼吸道和肺两大部分组成。呼吸道包括鼻、咽、喉、气管和支气管。肺由肺泡及肺内各级支气管等构成，进行气体交换的呼吸部分主要是肺泡(图 2.6)。通常把鼻、咽、喉称为上呼吸道，把气管、支气管合称为下呼吸道。

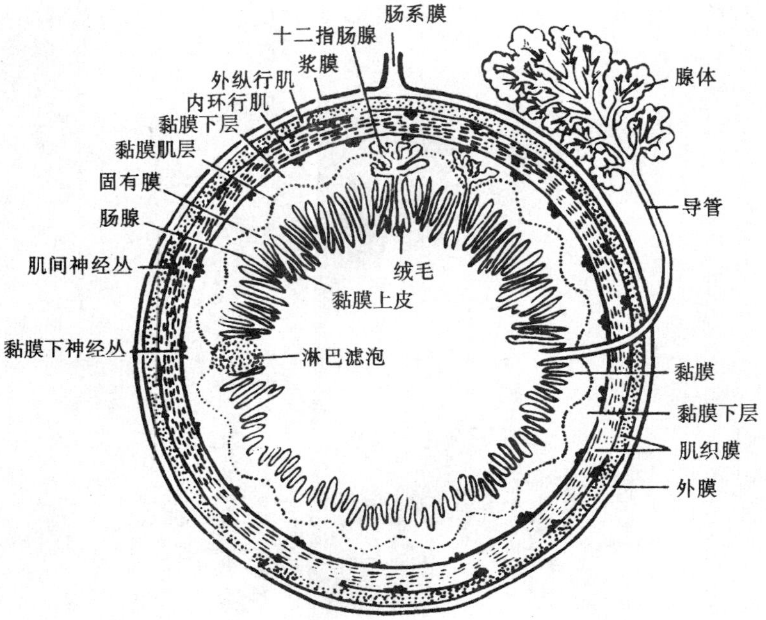

图 2.5 消化管结构

(2)吸呼系统的主要功能

呼吸系统的主要功能是进行机体与外界环境间的气体交换,即吸入氧气,排出二氧化碳。机体在进行新陈代谢过程中,经过呼吸系统不断地从外界吸入氧气,由循环系统将氧气运送至全身的组织和细胞,经过氧化,产生组织细胞所需要的能量,同时在氧化过程中所产生的二氧化碳,再通过循环系统运送至呼吸系统,排出体外。以保证机体生理活动的正常运行。

2.3.2 气管和主支气管

(1)气管

气管为后壁略扁的圆筒状管道,主要由气管软骨、平滑肌和结缔组织构成。气管软骨呈 C 形,一般为 14～16 个,其间由结缔组织的环状韧带相连结,后壁无软骨,由平滑肌和结缔组织的膜壁所封闭,管腔内衬以黏膜(见图 2.7)。

(2)主支气管

主支气管是指由气管杈至肺门之间的管道,左、右各一,分别称为左主支气管和右主支气管。左主支气管细、长而较水平;右主支气管粗,短而较垂直。因此,气管异物容易落入右主支气管。主支气管的构造与气管相似。

支气管在肺内的分支:左、右主支气管在肺门处首先分出肺叶支气管,肺叶支气管入肺叶后再分为肺段支气管,以下反复分支,越分越细,形似树枝,故称支气管树。支气管分支可达 23～25 级,最后连于肺泡。肺泡直径为 80～250 μm。

两肺约有 3 亿个肺泡。肺泡壁由肺泡膜和毛细血管组成。

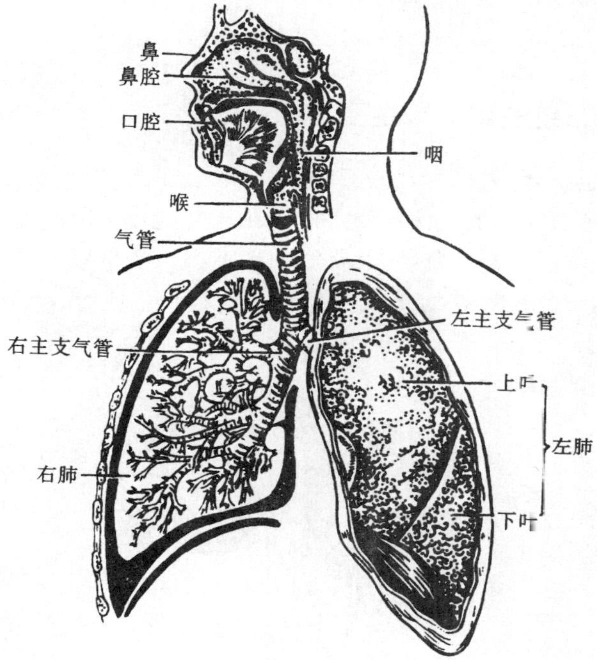

图 2.6　呼吸系统结构

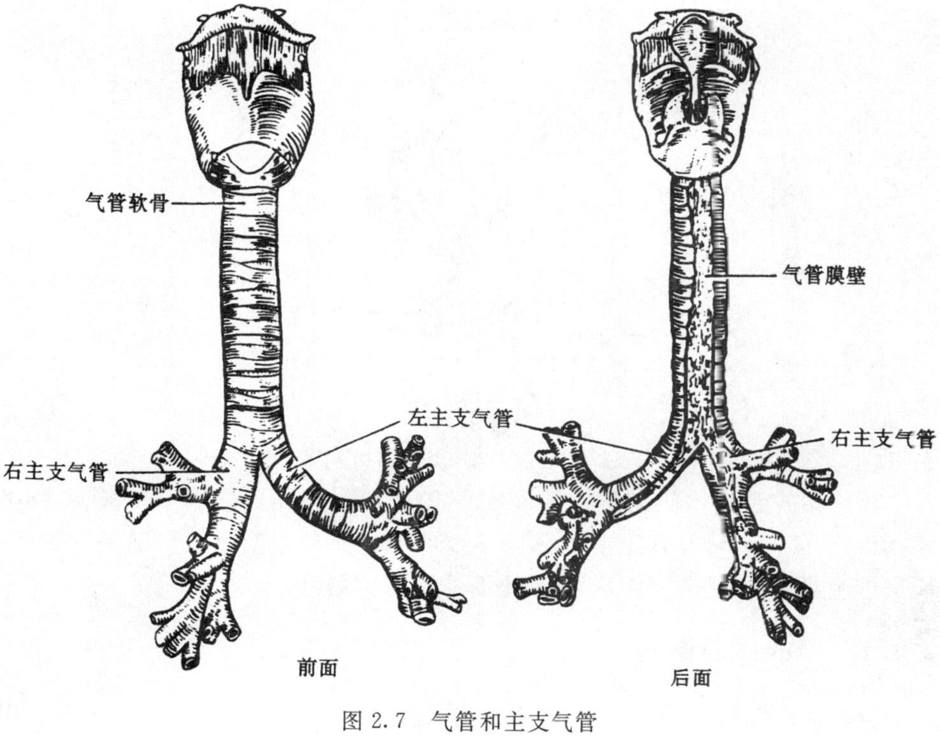

图 2.7　气管和主支气管

2.4 泌尿系统

2.4.1 泌尿系统的组成和主要功能

泌尿系统包括肾、输尿管、膀胱和尿道四部分(图 2.8)。泌尿系统的主要功能是排出机体中溶于水的代谢产物。机体在代谢过程中所产生的废物如尿素、尿酸等,通过血液循环到达肾脏,经肾脏的生理作用产生尿液,通过一系列管道汇集于肾盂,然后经输尿管输送到膀胱暂时储存。排尿时,膀胱收缩尿液即经尿道排出体外。

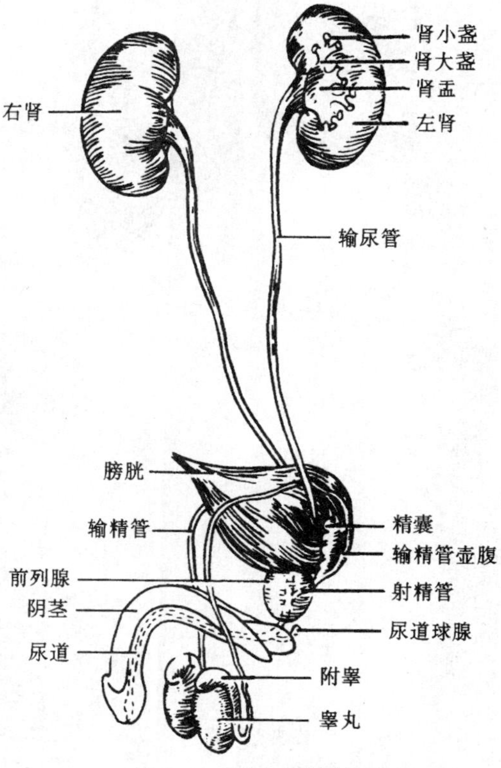

图 2.8 泌尿系统结构

泌尿系统是人体代谢产物最重要的排泄途径,排泄的废物不仅量大,种类多,而且尿的质和量经常随着机体内环境的变化而发生变化。特别是肾脏,不仅是排泄器官,也是调节体液,维持电解质平衡的器官。

2.4.2 肾的内部结构

肾是实质性器官,新鲜肾呈红褐色,表面光滑,质柔软,重约 120～150 g,内缘中央部凹陷，称肾门。有肾静脉、肾盂、淋巴管和神经等出入，它们被结缔组织包裹成束，称肾蒂。肾蒂由前向后依次为肾静脉、肾动脉、肾盂；由上到下为肾动脉、肾静脉、肾盂。由肾门深入肾实质之间的腔隙称肾窦，窦内容纳肾盏、肾盂、肾血管及脂肪组织等(图 2.9)。

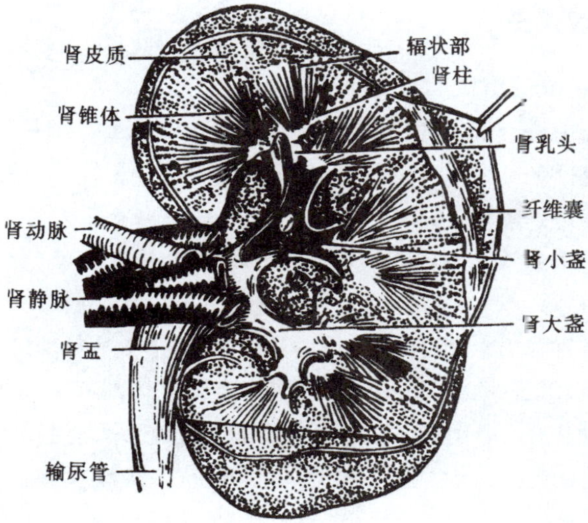

图 2.9　左肾冠状切面

肾实质分为皮质和髓质两部分(图 2.9)。肾皮质位于肾实质的表层，富含血管，密布红色小点状颗粒。肾皮质主要由肾小体和弯曲的肾小管组成。肾髓质位于肾实质的深部，血管较少，呈淡红色，由许多小的管道组成。肾髓质由15～20 个肾锥体构成。肾锥体呈圆锥形，底向皮质，尖钝圆而伸向肾窦，称肾乳头。有时可由 2～3 个肾锥体合成 1 个肾乳头，故肾乳头的总数少于肾锥体。每个肾平均有 7～12 个肾乳头，肾乳头上有许多乳头孔，为乳头管向肾小盏的开口。肾皮质伸入肾锥体之间的部分称为肾柱。漏斗状的肾小盏包绕肾乳头，并收集由肾乳头排出的尿液。若干肾小盏汇合成 2～3 个肾大盏，肾大盏合成扁漏斗状的肾盂。肾盂出肾门后向下弯行，逐渐缩小，移动为输尿管。

2.5　循环系统

2.5.1　循环系统的组织和主要功能

(1)循环系统的组成

循环系统为一套密闭的管道系统，包括心血管系统和淋巴系统两部分。心血管系统由心、动脉、静脉和毛细血管组成，其中流动着血液；淋巴系统由淋巴管道、淋巴器官和淋巴组织组成，其管道内流动着淋巴（液），最后也注入静脉。

（2）循环系统的主要功能是将消化管吸呼的营养物质，肺吸入的氧和内分泌腺分泌的激素运到全身各器官、组织和细胞，并将它们代谢产生的二氧化碳和其他废物运往肺、肾和皮肤排出体外，以保证机体新陈代谢的正常进行。

2.5.2 心血管系统

（1）心血管系统的组成

心血管系统由心、动脉、静脉和毛细血管组成。

1）心是血液循环的动力器官，通过节律性收缩，像水泵一样把从静脉吸入的血液不断地推送到动脉。

2）动脉是运送血液离开心的管道，在行程中不断分支，越分越细，最后移行为毛细血管。动脉因承受压力较大，故管壁较厚。

大动脉壁富有弹力纤维，有较大的弹性，当心室收缩向动脉内射血时，大动脉的管腔扩大，心室舒张时，管壁弹性回缩，使管腔内维持一定的压力，推动血液继续向前流动。中、小动脉，尤其是小动脉的管壁、平滑肌较发达，它在神经体液调节下收缩或舒张，改变管腔大小，可影响局部血流量和血流阻力，借以维持和调节血压。

3）静脉是引导血液返回心的管道，起于毛细血管，在回心途中逐渐汇合变粗，最后注入心房。静脉因承受压力较小，故管壁较薄，其管径比动脉大，管壁内有静脉瓣，可防止血液逆流。

4）毛细血管是连接动脉与静脉间的微血管，分布广泛，几乎遍及全身。毛细血管管壁极薄，是血液与组织细胞间进行物质交换的场所。

（2）血液循环的路径

血液由心射出，经动脉、毛细血管和静脉，再返回心，周而复始，形成血液循环，人体的血液循环可分为体循环和肺循环两部分，这两个循环是同步进行的（见图2.10）。

1）体循环（大循环）——左心室收缩时，由左心室射出的动脉血注入主动脉，经各级动脉分支到达全身毛细血管，血液在此与周围的组织细胞进行物质交换，把动脉血带来的营养物质和氧送给组织细胞，同时带走其新陈代谢产生的二氧化碳和其他废物，此时鲜红的动脉血变成暗红的静脉血。再经小静脉、中静脉，最后经上、下腔静脉返回右心房，这个循环途径称为体循环（见图2.10）。体循环的特点是行程长，流经范围广，以动脉血滋养全身各部分，并将其代谢产物经静脉返回心脏。

2）肺循环（小循环）由右心室射出的静脉血注入肺动脉，经肺动脉各级分支到达肺泡周围的毛细血管网，在此进行气体交换，使静脉血重新变成含氧丰富的动脉血，然后经肺静脉各级分支，汇经肺之静脉返回左心房，这个循环途径称肺循环。肺循环的特点是行程短，只流向肺，主要功能是在肺脏完成气体交换。

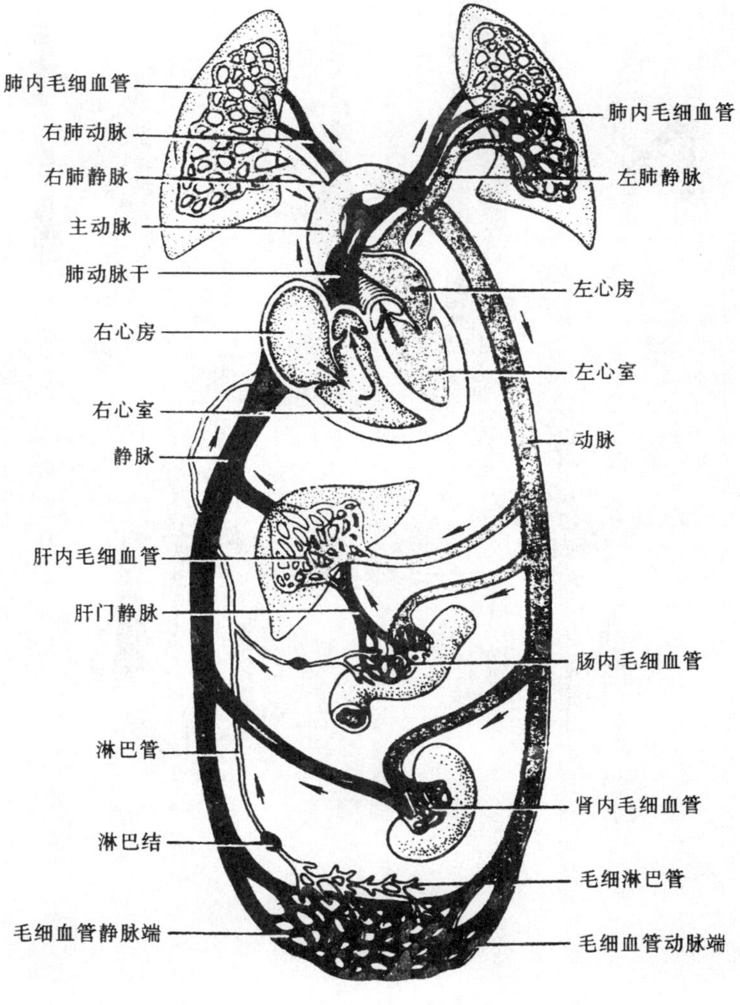

图 2.10　血液循环示意图

(3)血管的吻合和侧支循环

人体的血管除动脉、毛细血管和静脉互相沟通外，还存在着广泛的血管吻合。毛细血管在组织内普遍吻合成网，称为毛细血管网。在动脉与动脉、静脉与静脉之间，也常借吻合管互相吻合，分别形成动脉间吻合和静脉间吻合，这种吻合对维持血液循环，保证器官的血液供应有着重要的作用(见图 2.11)。

在动脉血管分布中，血主干动脉通常还相伴有平行的侧副管，它自主干近侧端发出，又汇合于主干的远侧端。在正常情况下，侧副管脉很小，如果主干血流受阻，侧副管即变粗大，代替主干发挥运血作用，形成侧支循环，因此侧副管在主干血流中断后，对恢复血液供应具有重要作用（见图 2.12）。

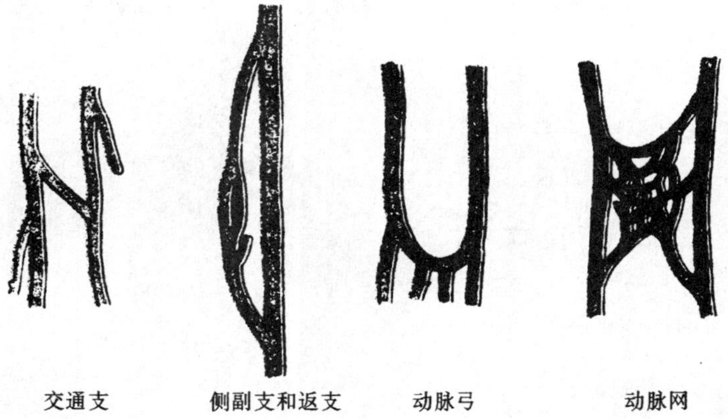

图 2.11　血管吻合形式

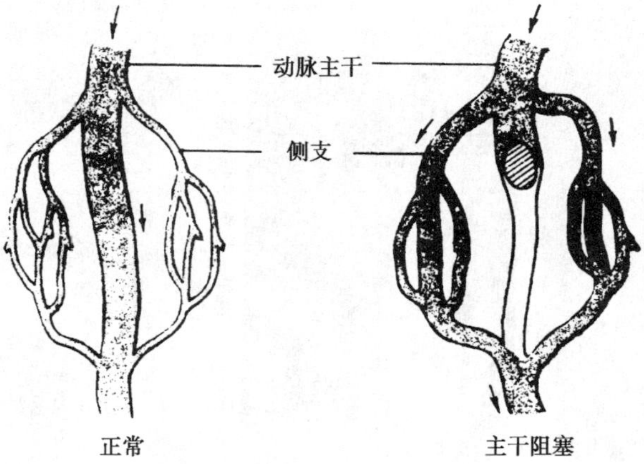

图 2.12　侧支循环

(4)心的血管

1)心动脉——心壁的营养由左、右冠状动脉供应（见图 2.13）。

①左冠状动脉——起自升主动脉起始部的左侧，经左心耳与肺动脉干起始之间左行，并分为前室间支和旋支。前室间支分布于左室前壁、室音隔和右室前壁一部分；旋支分布于左心房和右室前壁一部分。

②右冠状动脉——起自升主动脉起始部的右侧，经右心耳与肺动脉干起始部之间右行，分为两支，一支较粗，称为后室间支，另一支为右缘支。

2)静脉，心壁的静脉，大部分都汇集于冠状窦。冠状窦位于冠状沟后部左心房与左心室之间的沟内，经冠状窦口注入右心房。

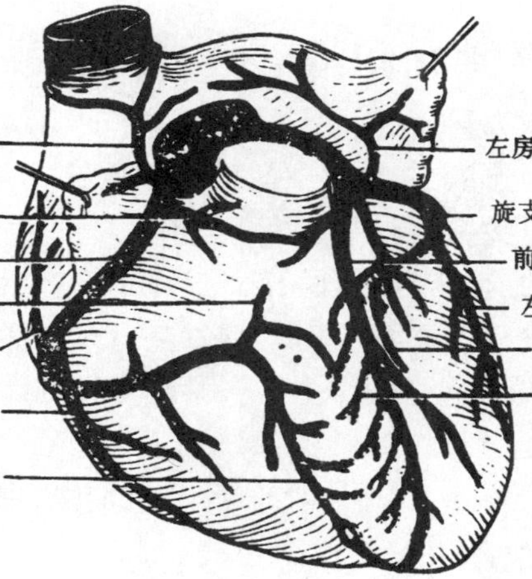

图 2.13　心冠状动脉

2.6　内分泌系统

2.6.1　内分泌系统概述

(1)内分泌器官和内分泌组织

内分泌系统按内分泌腺存在的形式,分为两大类:一类是内分泌器官,它是形态结构独立存在的,肉眼可见,如甲状腺,甲状旁腺、肾上腺、垂体、胸腺和松果体等。另一类是内分泌组织,它是指内分泌细胞团块,分散于其他器官内,如胰腺内的胰岛等等。

(2)内分泌系统的功能

内分泌腺所分泌的激素对机体的新陈代谢、生长发育和维持机体内环境的稳定起着重要调节作用,这种调节是体液调节,是神经系统以外的另一种重要功能调节系统。

在作用方式上,内分泌系统与神经系统既有不同,而又有密切的联系。神经系统是通过神经纤维分布到所支配的器官,达到调节功能;内分泌系统则通过血液运输激素,作用于靶细胞或靶器官而实现其调节功能。一种激素一般只作用于某种特定的细胞或组织,这些被激素作用的细胞称为靶细胞或靶器官,激素与靶细胞之间存在特异性关系,这是内分泌系统得以实现调节功能的重要因素,神经系统和内分泌系统都是人体生理功能的调节系统,关系密切。一方面,内分泌腺直接或间接受神经系统的影响;另一方面,内分泌腺也可以影响神经系统的功能。

2.6.2 内分泌器官

(1)甲状腺和甲状旁腺

甲状腺呈“H”形,分左、右叶及中间的甲状腺峡。左右叶贴于喉下部和气管上部的两侧,上达甲状腺软骨中部,下至第6气管软骨环。甲状腺峡多位于第2～4气管软骨环的前方,有时自峡部向上伸出一锥状叶,长短不一,最长者可达舌骨,临床急救进行气管切开术时,应尽量避开峡部。

甲状腺分泌含碘的甲状腺素,主要作用是促进机体的新陈代谢,维持机体正常生长发育,尤其是对骨骼和神经系统的发育十分重要。甲状腺功能亢进时,可引起突眼性甲状腺肿、基础代谢升高、心跳加快、中枢神经兴奋性升高,而出现失眠、急躁和手颤等症状。

甲状旁腺,呈扁椭圆形略似绿豆大的小腺体,一般有上、下两对,贴附于甲状腺侧叶后面或埋在甲状腺组织中。甲状旁腺分泌的甲状旁腺素,主要功能是调节钙的代谢,维持血钙平衡,作用的主要靶器官是骨和肾。它动员骨钙入血,还促使肾小管对钙的重吸收和磷酸盐排泄增强,使血液中钙离子平衡。当甲状旁腺分泌不足时,可引起血钙下降,出现手足抽搐,如果功能亢进时,则引起骨质过度脱钙,容易发生骨折。

(2)肾上腺

肾上腺是人体重要的内分泌腺之一,左右各一,位于两肾的上端,腹膜之后。左肾上腺近似半月形,左肾呈三角形,每侧肾上腺的内前方,有不明显的门,是肾上腺血管进出处。肾上腺由外层的皮质和内层的髓质两部分组成(见图2.14)。

肾上腺皮质可分泌多种激素,如盐酸皮质素,主要参与调节体内的水盐代谢;糖皮质激素(如氢化可的松),是对糖代谢有较强作用的激素;性激素可能与性行为、副性特征的出现有关。

肾上腺髓质分泌肾上腺素和去甲肾上腺素是属于应急性的,主要功能是对心血管系统和内脏平滑肌的作用,如能使心跳加快,心肌收缩加强,主动脉收缩,维持血压和调节内脏平滑肌活动。

(3)垂体

垂体是不成对的腺体,呈椭圆形,一般女性垂体较男性大,妊娠时更明显,位于颅中窝的垂体窝内,借漏斗连于下丘脑。垂体是人体内最复杂的内分泌腺,依据其发生和结构特点可以分为腺垂体和神经垂体。

垂体结构如下。

- 垂体
  - 腺垂体
    - 远侧部（前叶）
    - 结节部（前叶）
    - 中间部
  - 神经垂体
    - 神经部
    - 漏斗部（漏斗）
    - 正中隆起（漏斗）

垂体分泌的激素主要是前叶分泌的，以远侧部为主，也包括极小的结节部。它所分泌的激素有：生长素、催乳素、黑色细胞刺激素、促甲状腺激素、促肾上腺皮质激素、卵泡刺激素和黄体生长素。这些激素可影响其他内分泌腺，如甲状腺、肾上腺、性腺的功能，所以，通常垂体腺称为内分泌之首。后叶贮存抗利尿素和催产素，机体需要时释放入血，上述两激素由下丘脑产生，后叶不产生激素，而是一个贮存和释放激素的场所。

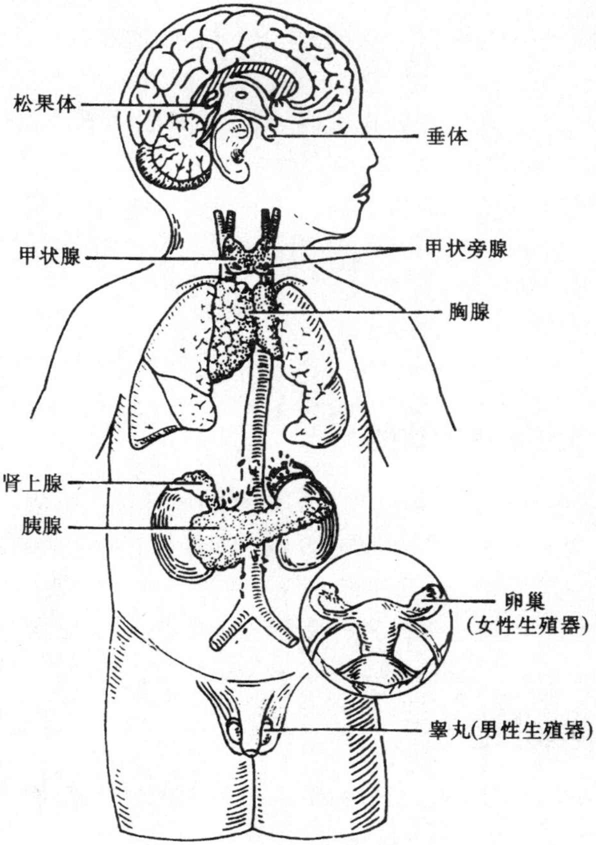

图 2.14　内分泌腺图

(4)松果体

松果体位于背侧丘脑的上后方，为椭圆形小体，色淡红，儿童较发达，通常 7 岁后逐渐萎缩。随着年龄增长，松果体内的结缔组织增加，不断有钙盐沉积。松果体分泌的激素具有抑制性成熟的作用。

2.7　感觉器

感觉器由感受器及其附属器构成。感受器是机体接受内、外环境各种刺激的结构。感受器种类繁多，有的感受器结构简单，如接受痛觉的感受器，仅为游离神经末梢。有些感受器则极为复杂，称为特殊感受器。

感受器的功能是接受刺激，并将刺激转为神经冲动。该冲动经过感觉神经和中枢神经的传导通路，传导至大脑皮质，从而产生相应的感觉。感受器分为三类：

1)外感受器，分布在皮肤、嗅黏膜、味蕾、视器和前庭蜗器等处，接受来自外界环境的刺激，如触、压痛、温度、光、声、嗅、味等刺激。

2)内感受器，分布在内脏和血管等处，接受来自内脏和血管的刺激，如压力、渗透压、温度和化合物浓度等刺激。

3)本体感受器，分布在肌肉、肌腱、关节和前庭器等处，接受运动和平衡时产生的刺激。

2.8　神经系统

2.8.1　神经系统的基本功能

神经系统由脑和脊髓以及其相连的脑神经和脊神经组成。神经系统借助感受器接受内、外环境中的各种刺激，经传入神经传至脑和脊髓的各级中枢，在此，对刺激进行整合后再经传出神经至各效应器。一方面调节和控制体内各系统各器官的功能活动，使机体成为一个统一的整体；另一方面调整机体功能活动与不断变化的外界环境相适应，因此，神经系统是机体的主导系统。

2.8.2　神经系统的区分

神经系统是一个不可分割的整体，为便于研究和学习，按其位置和功能可分为中枢神经系统和周围神经系统(图 2.15)。

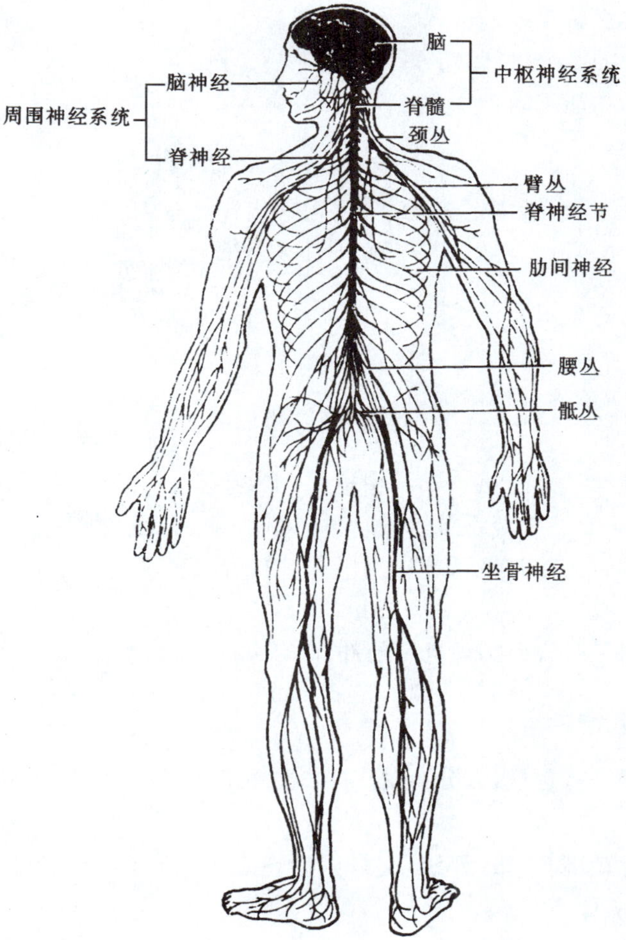

图 2.15　人的神经系统

中枢神经系统包括脑和脊髓。脑位于颅腔内；脊髓位于椎管内，两者在枕骨大孔处相连续。

周围神经系统包括与脑相连的 12 对脑神经和与脊髓相连的 31 对脊神经。

按分布的对象不同可分为躯体神经系统和自主神经系统(内脏神经系统)。它们的中枢部也在脑和脊髓内，而周围部分分别称为躯体神经和内脏神经。两者都有感觉(传入)和运动(传出)两种纤维成分。内脏神经除部分独立走行外，皆行于脑神经和脊神经内。

躯体神经主要分布于皮肤和运动器(骨、骨连结、骨骼肌)，管理皮肤的感觉和运动器的运动及感觉。

内脏神经又称自主神经，主要分布于内脏、心血管和腺体，管理他们的感觉和运动，其中支配平滑肌、心肌和腺体的内脏运动神经，根据功能不同又可分为交感神经和副交感神经。

神经系统的区分，可归纳如下。

按部位和功能不同：

- 神经系统
  - 中枢神经系统
    - 脑
    - 脊髓
  - 周围神经系统
    - 脑神经
    - 脊神经

按分布的对象不同：

- 神经系统
  - 躯体神经系统
    - 中枢部：脑脊髓
    - 周围部：躯体神经
      - 感觉神经
      - 运动神经
  - 自主神经系统（内脏神经系统）
    - 中枢部：脑、脊髓
    - 周围部：内脏神经
      - 感觉神经
      - 运动神经
        - 交感神经
        - 副交感神经

下面介绍涉及气象病理机制的部分内容。

2.8.3 迷走神经

迷走神经是行程最长，分布最广的混合性神经，由四种纤维成分组成（见图2.16）。

①内脏运动（副交感）纤维，起自延髓迷走神经背核，分布胸腹部的内脏平滑肌、心肌和腺体。

②躯体运动纤维，由延髓疑核出发，分布于咽喉肌。

③内脏感觉纤维，胞体位于下神经节。

④躯体感觉纤维，胞体位于上神经节。

迷走神经于舌咽神经的下方，自延髓橄榄的背侧出脑，经颈静孔出颅，神经干在颈静脉孔处形成膨大的上神经节和下神经节。出颅后在颈部走在颈内，颈总动脉与颈内静脉之间的后方，经胸廓上口入胸腔，越过肺根的后方，沿食管下降。左迷走神经在食管前面，形成食管前丛，此丛在食管下端延续为迷走神经前干，右迷走神经在食管后面，形成食管后丛，向下延续为迷走神经后干，前后两干经食管裂孔入腹腔。

迷走神经的主要分支如下：

(1)在颈部的分支

1)喉上神经，从下神经节处发出，分布于声门裂以上的喉黏膜，会延及部分喉肌。

2)颈上心支,与交感神经一起构成心丛,其中分布于主动脉弓壁内的,称为减压神经,为感觉血压变化的感觉神经。

3)咽支,由下神经节处发出,分布于咽壁,与舌咽神经咽支组成咽丛,分布于咽的黏膜及咽肌等处。

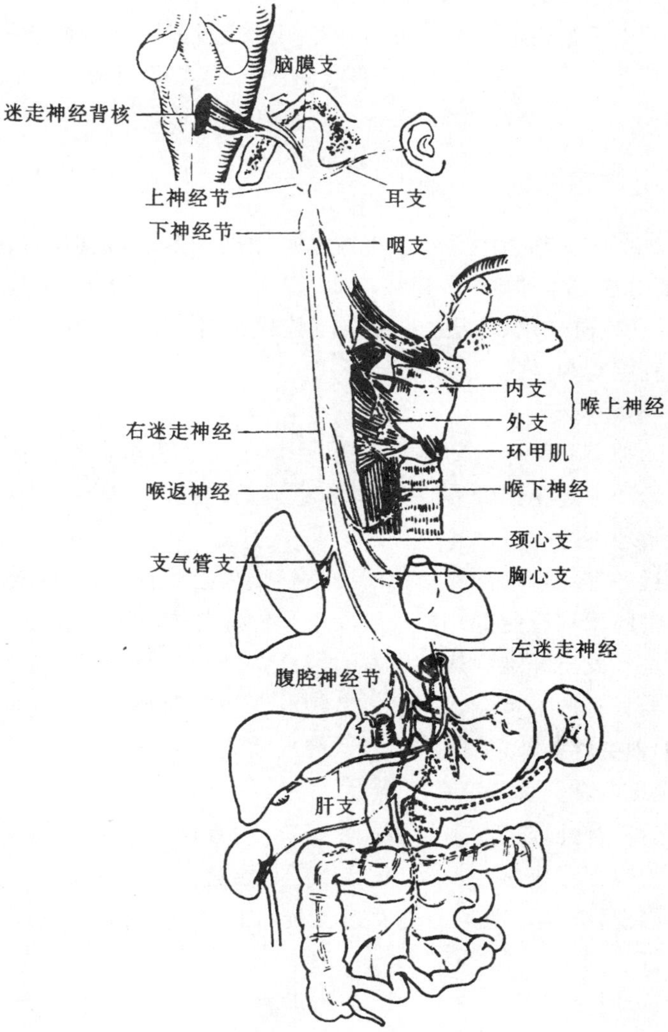

图2.16　迷走神经

(2)在胸部的分支

1)喉返神经,自主干发出后,左侧迷走神经勾绕主动脉弓,右侧迷走神经勾绕右锁骨下动脉,回返向上至颈部,行于食管与气管之间的沟中,分别在甲状腺左、右叶的后方入喉,司理大部分的喉肌运动和声门裂以下的黏膜感觉。

2)颈下心支(胸心支),加入心丛,由丛发支至心和血管。

3)支气管支和食管支是迷走神经在胸部发出的许多细支,它们分别加入肺丛和食管丛,除支配平滑肌和腺体外,它传导脏器和胸膜的感觉冲动。

(3)在腹部的分支,迷走神经入腹腔后,迷走神经前干分出胃前支和肝支,胃前支主要分布于胃前壁,肝支随肝动脉分布至胆囊、胆道和肝。

迷走神经主干损伤造成的内脏活动障碍的表现是:心悸、脉速、恶心、呕吐、呼吸节律深而慢和窒息感等。由于咽喉感觉障碍和喉肌瘫痪,可出现声音嘶哑、语言困难、发呛、吞咽障碍等等。

2.8.4 自主神经系统

自主神经系统又称内脏神经系统或植物性神经系统,是神经系统的一个组成部分,主要分布到内脏、心血管和腺体(图 2.17)。它们的中枢部在脑和脊髓内,周围部包括内脏运动(传出)纤维和内脏感觉(传入)纤维,分别构成内脏运动神经和内脏感觉神经。

(1)内脏运动神经

内脏运动神经和躯体运动神经比较,在形态和生理功能上有下列差别:

1)躯体运动神经支配骨骼肌、管理随意运动;内脏运动神经支配平滑肌、心肌和腺体。管理不随意运动。

2)躯体运动神经自脑干和脊髓的中枢发出后达骨骼肌,不换神经元。而内脏运动神经自脑干和脊髓的中枢发出后,要在周围的内脏神经节交换神经元,再由节内神经元发出纤维到达效应器。因此,内脏运动神经从脑干和脊髓的中枢到支配的器官有两个神经元。第一个神经元为节前神经元,其细胞体在中枢内,它发出的轴突称为节前纤维;第二个神经元为节后神经元,其细胞体在内脏神经节,它发出的轴突称为节后纤维。

3)躯体运动神经以神经干的形式分布,而内脏运动神经分布途中则常攀附于脏器血管的表面形成丛,由丛再发出分支至器官。

4)在功能上,躯体运动神经受意志支配,而内脏运动神经在一定程度上不受意志的直接控制。

5)躯体运动神经只有一种纤维成分,即躯体运动纤维,而内脏运动神经有两种纤维成分,分别称为交感神经和副交感神经。多数器官同时接受交感及副交感神经的双重支配。

①交感部

A. 中枢部　交感神经的低级中枢位于脊髓的侧角内。节前纤维即侧角细胞发出的轴突。

B. 周围部　包括交感神经节以及由节发出的分支和交感神经丛等。

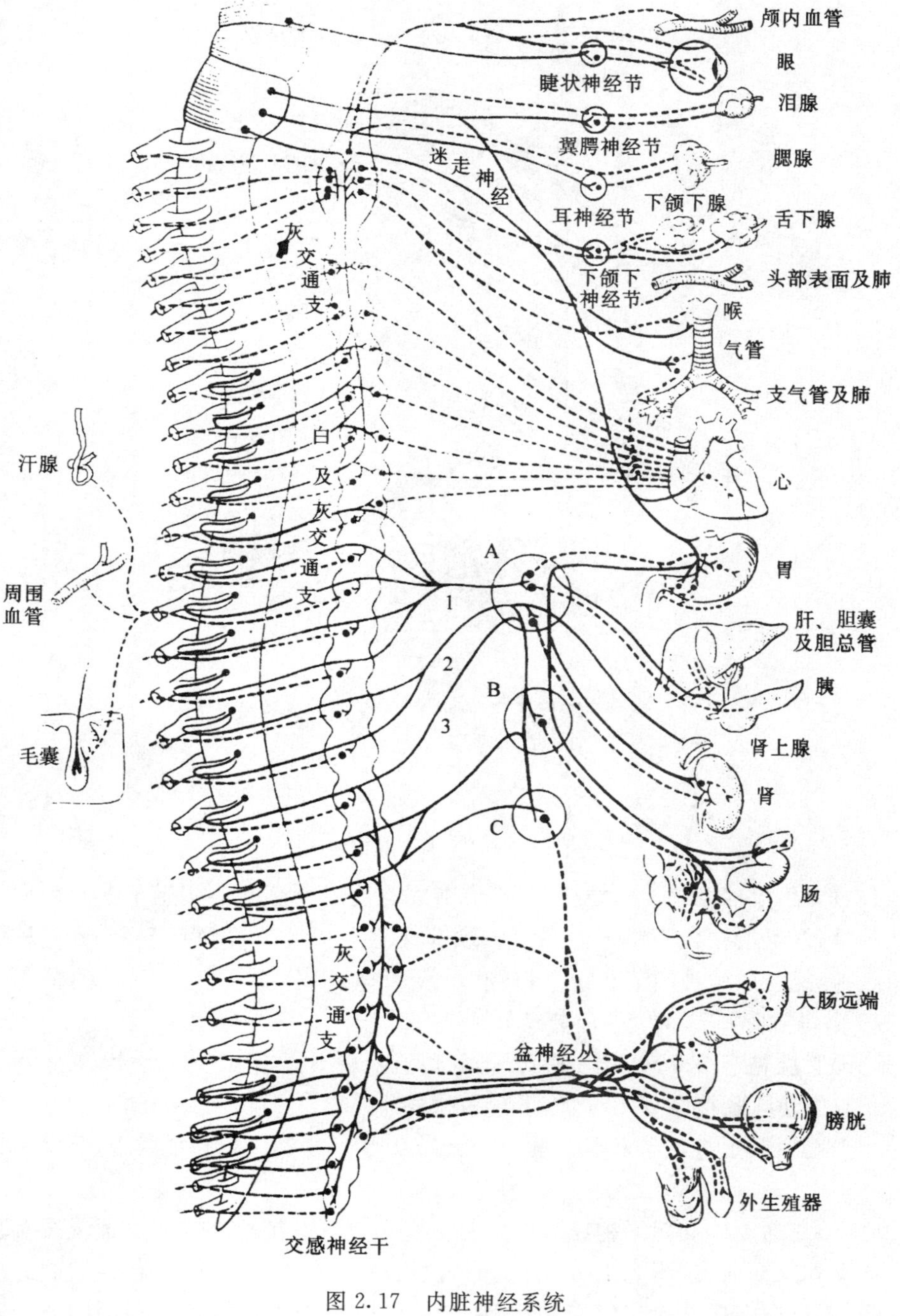

图 2.17　内脏神经系统

(a)交感神经节　为交感神经节后神经元细胞体所在处。主要有交感干神经节、腹腔神经节、主动脉肾节和肠系膜上、下神经节等。按其位置,交感干神经节为椎旁节,其他属椎前节(图 2.18)。

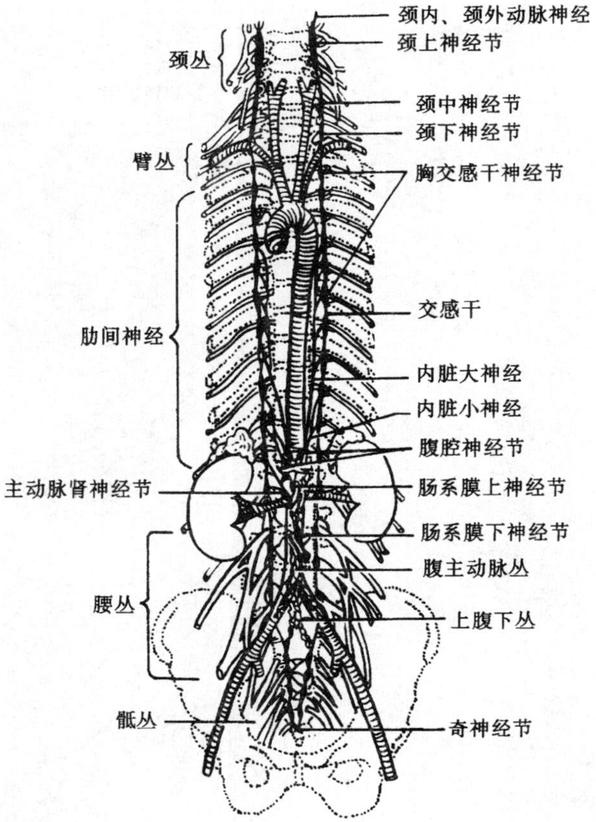

图 2.18　交感干分布图

a)交感干神经节位于脊柱两旁,借节间支连成交感干。交感干上自颅底下至尾骨,两干下端合于单个的尾节。颈部交感于神经节每侧有 3 个,分别称为颈上神经节、颈中神经节和颈下神经节(星状神经节),腰部有 4～5 个,骶部有 2～3 个,尾部为 1 个单节(奇神经节)。

b)腹腔神经节 1 对,位于腹腔干根部两旁。

c)主动脉肾神经节 1 对,位于肾动脉根部。

d)肠系膜上神经节和肠系膜下神经节均单个分别位于肠系膜上、下动脉的根部。

(b)交通支　交感干神经节借交通支与相应的脊神经相连。交通支分为白交通支和灰交通支(图 2.19)。脊髓侧角细胞发出的节前纤维经脊神经前根、脊神经,再经白交通支入交感干神经节。所以,白交通支是脊髓侧角细胞发出的节前纤维离开脊神经进入交感干神经节的通路。

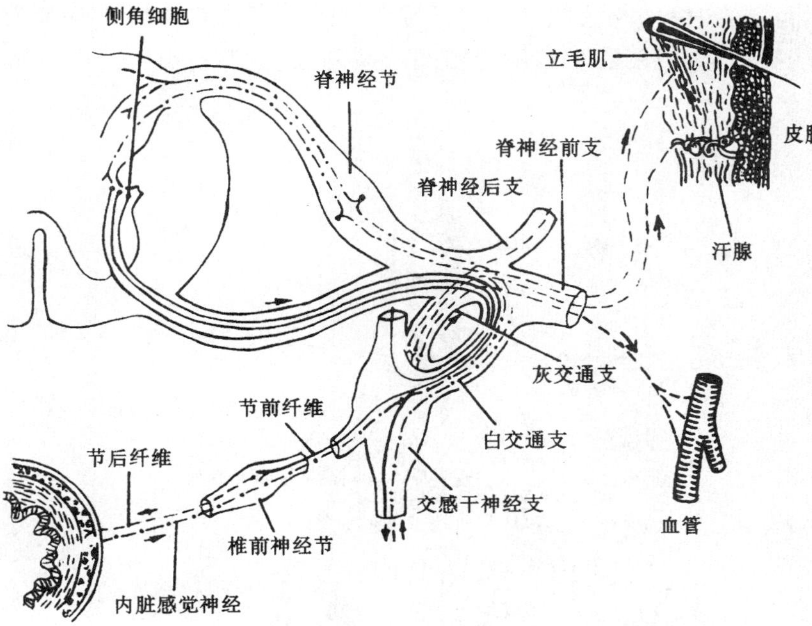

图 2.19　交感神经纤维走行图

只见于全部胸神经和上三对腰神经与交感干之间。因纤维有髓鞘，故呈白色。灰交通支是交感干神经节发出的节后纤维进入脊神经的通路，存在于全部交感干神经节与全部脊神经之间。因纤维无髓鞘，故呈灰色。

(c)交感神经节前纤维和节后纤维的去向　交感神经节前纤维自侧角发出，经前根、脊神经、白交通支进入交感干神经节后有三种去向(图 2.19)：终止于相应的交感干神经节；在交感干内上升或下降，然后终止于上方或下方的交感干神经节；穿经交感干神经节，终于椎前节。

由交感干神经节发出的节后纤维也有三种去向：经灰交通支返回脊神经，随脊神经分布至躯干和四肢的血管、汗腺和立毛肌等。31 对脊神经与交感干之间都有灰交通支联系，故脊神经分支内一般都含有交感神经的节后纤维。攀附动脉形成神经丛，并随动脉与及其分支到达所支配的器官。由交感干神经节直接发支，分布到所支配的器官。

自椎前节发出的节后纤维主要是形成神经丛攀附动脉分布到腹盆腔器官。

(d)交感神经的分布(图 2.17、图 2.20)(表 2.1)。

自 $T_1 \sim T_3$ 节段侧角的一部分细胞发出节前纤维，经相应的脊神经和白交通支进入交感干，部分终止于相应的交感干神经节并换元，部分在交感干内上升到交感干颈部神经节换元；部分在交感内下行，至交感干下腰部，骶尾部的神经节换元。因此，交感节前纤维虽发自 $T_1 \sim T_3$ 节段，则可至交感干全部神经节换元。由交感干全部节发出的节后纤维分别经灰交通支又返回到 31 对脊神经，成为脊神经的纤维成分，随脊神经分布到躯干和四肢的血管、汗腺和立毛肌。

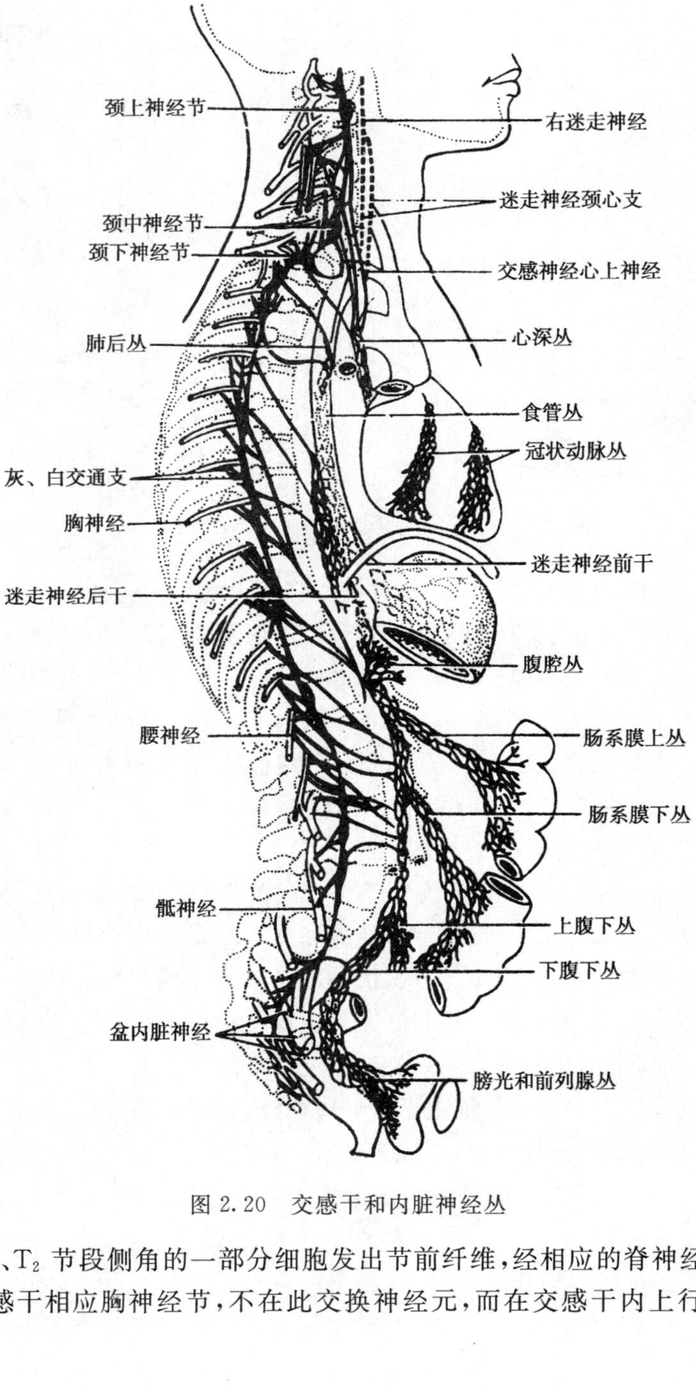

图 2.20　交感干和内脏神经丛

自 T_1、T_2 节段侧角的一部分细胞发出节前纤维，经相应的脊神经和白交通支到达交感干相应胸神经节，不在此交换神经元，而在交感干内上行到颈上神经节换元。由颈上神经节发出节后纤维攀附在颈内、外动脉周围形成颈内动脉丛和颈外动脉丛，并伴动脉的分支走行，分布到头面部的平滑肌和腺体，如瞳孔开大肌、泪腺、唾液腺以及血管等。

表2.1　交感神经和副交感神经支配表

器管	神经	节前神经元	节后神经元	功能
眼球	交感神经	T_1～T_2 节段侧角	交感干颈上神经节	瞳孔开大、瞳孔缩小
	副交感神经	动眼神经副核	睫状神经节	控制睫状肌
心脏	交感神经	T_1～T_2 或 T_5 节段侧角	交感干颈上、中、下（颈胸）神经节和上胸部神经节	心跳加强加快、冠状动脉扩张、心跳减弱减慢，冠状动脉收缩
	副交感神经	迷走神经背核	心神经节	
主支气管、肺	交感神经	T_2～T_6 节段侧角	颈下（颈胸）神经节和上胸部神经结	支气管扩张，抑制腺体分泌
	副交感神经	迷走神经背核	肺丛内小神经节	支气管收缩，促进腺体分泌
胃、小肠、盲肠和升、横结肠	交感神经	T_5～T_{12} 节段侧角	腹腔神经节、主动脉曳神经节、肠系膜上神经节	抑制蠕动和分泌
	副交感神经	迷走神经背核	器官内节	促进蠕动和分泌
从降结肠到直肠	交感神经	T_{11}～L_3 节段侧角	可能主要为肠系膜下神经节	抑制蠕动和分泌
	副交感神经	$S_{2\sim4}$ 节段中间带	盆神经节或器官内节	促进蠕动和分泌
肝、胰	交感神经	T_5～L_{10} 节段侧角	腹腔神经节、主动脉肾神经节	抑制分泌
	副交感神经	迷走神经背核	器官内节	促进分泌
膀胱	交感神经	T_{11}～L_3 节段侧角	可能主要为上腹下丛内神经节	膀胱三角肌收缩，尿道内口关闭
	副交感神经	$S_{2\sim4}$ 节段中间带	盆神经节或器官内节	膀胱逼尿肌收缩

颈交感干受损，可出现 Horner 综合征，表现为患侧瞳孔缩小，睑裂变小，面部潮红和无汗等。

自脊髓胸 T_1～T_4（或 T_5）节段侧角的一部分细胞发出节前纤维，经相应的前根、脊神经和白交通支到达交感干相应的上位胸神经节。在此，一部分纤维交换神经地，发出的节后纤维成胸心神经加入心丛分布到心脏；一部分纤维在交感内上行到颈上、中、下神经节换神经元，由这三个节发出的节后纤维，分别组成颈上心神经、颈中心神经和颈下心神经，它们下行进入心丛，分别到心肌和心血管。

自 $T_2 \sim T_6$ 节段侧角的一部分细胞发出节前纤维，经相应的前根、脊神经和白交通支到达交感干，在颈胸神经节及上胸神经节换神经元，自这些节发出节后纤维到肺门加入肺丛，由丛分支入肺内分布到支气管树（平滑肌和腺体）以及肺内的血管（平滑肌）等。

自 $T_5 \sim T_{12}$ 节段侧角的一部分细胞发出节前纤维，经相应的前根、脊神经和白交通支到达交感干相应的胸神经节，在此不换神经元而是穿越交感干神经节后组成内脏大神经和内脏小神经。两神经沿椎体表面下降，穿膈至腹腔，内脏大神经，主要到腹腔神经节换元。内脏小神经主要到主动脉肾神经节换元，亦有纤维终止于肠系膜上神经节。由腹腔神经节、主动脉肾节等发出的节后纤维以及迷走后干的腹腔支组成腹腔丛，此丛向下延续于腹主动脉丛。它们缠绕腔干、肠系膜上动脉和肾动脉的分支分布到肝、胆囊、胰、脾、肾、肾上腺以及腹腔内结肠左曲能上能下的消化管。

自 $L_1 \sim T_3$（或 $T_{11} \sim L_3$）节段侧角的一部分细胞发出节前纤维，经相应的前根、脊神经和白交通支到腰交感干神经节，穿越此节组成腰内脏神经并加入腹主动脉丛，由此丛分出肠系膜下丛，后者一部分纤维在肠系膜下节换神经元，节后纤维随肠系膜下动脉分布至降结肠、乙状结肠和直肠上部；另一部分纤维下延对与组成腹下丛。

腹下丛分为上腹下丛和下腹下丛（盆丛）。上腹下丛位于两髂总动脉之间，为腹主动脉丛的下延部分。下腹下丛为上腹下丛延续到盆腔的部分，它位于直肠两侧（盆丛还有骶交感神经节后纤维和骶副交感节前纤维加入）。盆丛随髂内动脉分支组成许多副丛如直肠丛，膀胱丛等（它们可能在腹下丛内的神经节换神经元），分布到盆腔脏器。

②副交感部

（A）中枢部　副交感神经的低级中枢在脑干副交感神经核和 $S_2 \sim S_4$ 节段中间带的副交感核。

（B）周围部　包括副交感神经节和进出于节的节前和节后纤维。副交感神经节位于器官的近旁或器官壁内，因而有器官旁节和器官内节之称。

B_1 颅部副交感神经。

B_{11} 随动眼神经走行的副交感节前纤维　起自中脑的动眼神经副核，随动眼神经进入眶腔，至睫状神经节换神经元，其节后纤维穿入眼球壁，分布于瞳孔括约肌和睫状肌。

B_{12} 随面神经走行的副交感节前纤维　起自脑桥上泌涎核，一部分纤维至翼腭神经节换神经元，其节后纤维至泪腺和鼻腔黏膜腺，另一部分纤维通过鼓索加入舌神经，再到下颌下神经节换神经元，节后纤维分布于下颌下腺和舌下腺。

B_{13}随舌咽神经走行的副交感节前纤维　起自延髓的下泌涎核，经舌咽神经至耳神经节换神经元，节后纤维分布到腮腺。

B_{14}随迷走神经走行的副交感节前纤维　起自延髓迷走神经背核，随迷走神经分支到胸、腹腔器官内节或器官旁节换神经元，节后纤维随即分布于胸、腹腔脏器(除结肠左曲以下的消化管)。

B_2 骶部副交感神经

骶部副交感节前纤维起自 $S_2\sim S_4$ 节段中间带的副交感核，随骶神经前根、前支出骶前孔至盆腔，然后离开骶神经前支，组成盆内脏神经参加盆丛，随盆丛分支到降结肠、乙状结肠和盆腔脏器，在器官旁节或器官内节换神经元。节后纤维支配这些器官的平滑肌和腺体。

习　题

(1)人体由几大系统组成?

(2)简述运动系统基本构成。骨和关节是如何构成的?

(3)简述消化系统的组成和主要功能。

(4)在消化系统中平滑肌分布在消化管的什么部位?有何作用?

(5)呼吸系统由什么组成?有何功能?平滑肌分布在什么部位?肺有多少个肺泡?

(6)简述泌尿系统的组成和主要功能。肾内部的基本结构是什么?

(7)心血管系统是由什么组成的?各有什么功能?血管侧枝有何作用?

(8)在循环系统中什么是大循环和小循环?它们各自有什么功能?

(9)心血管由什么组成?各有何作用?

(10)内分泌系统由什么组成?有何功能?它与神经系统有何同异?

(11)肾上腺、甲状腺、脑垂体和松果体位于人体的什么部位?分泌哪些激素?

(12)感觉器分几类?分布在人体什么部位?有何功能?

(13)神经系统的基本功能是什么?它由什么构成?位于人体什么部位?有何作用?

(14)什么是自主神经?分布在人体什么部位?有何功能?

(15)交感神经和副交感神经控制哪些内脏?有何作用?

第3章　病理生理学知识

病理生理学是一门研究疾病发生发展规律和机制的科学，在这里着重介绍与气象条件致病机理有关的病理生理学内容，为制作医疗气象预报提供理论根据。

3.1　病理生理学概述

3.1.1　病理生理学研究的内容

人类疾病的种类繁多，但是不同的疾病可以具有一些相同的变化和共同的发病规律，而每种具体疾病又有其特殊的变化和特殊的发生发展规律，因此病理生理学主要包括如下内容：

(1)讨论疾病的概念，疾病发生发展中的普遍规律、病因学和发病学的一般问题。

(2)基本病理过程，主要是指多种疾病可能出现的、共同的、成套的功能、代谢和结构的变化。

(3)论述体内几个主要系统的某些疾病在发生，发展过程中可能出现的一些常见而共同的病理过程，这些变化在临床上称其为综合征。

3.1.2　疾病发生的原因

疾病发生的原因简称病因，它是指作用于机体的众多因素中，能引起疾病并赋予该疾病以特征性的因素。病因在一定条件下发挥致病作用。病因可分为七大类：

(1)生物性因素

这是一类比较常见的病因。主要包括病原微生物，如细菌、病毒、真菌等。这类病因的致病作用与病原体致病的强弱、侵入机体的病原体的数量、侵袭力、毒力以及人机体的抵抗因素有关。致病因素作用于机体时具有以下特点：

1)病原体有一定的入侵门户和定位，例如：乙型肝炎病毒，主要是从消化道入血，经门静脉到肝，在肝细胞内寄生和繁殖。

2)病原体必须与机体相互作用才能引起疾病,只有机体对病原体具有感受性时,它们才能发挥致病作用。例如:鸡瘟病毒对人无致病作用,因为它对人们无感受性。

3)病原体作用于机体后,既改变了机体,也改变了病原体。例如致病微生物常可引起机体的免疫反应,有些致病微生物自身也可以发生变异,产生抗药性,改变其遗传性。

(2)物理性因素

此类病因包括机械力、气象要素(温度、气压、湿度、紫外线、电离辐射、风等)、噪声等等。

另外还有五种因素,它们与气象关系不太密切,就不详谈了。这里必须说明,疾病发生的原因与条件是相对的,它是针对某个具体的疾病来说的,对于不同的疾病,同一个因素可以是某一个疾病发生的原因,也可以是另一个疾病发生的条件,例如寒冷是冻伤的原因,但它是感冒、肺炎、关节炎等疾病发生的条件,因此要认真分析疾病的发生情况。

3.1.3　疾病发生的基本机制

下面从神经体液机制、细胞机制和分子机制三个方面来叙述疾病发生的机制。

(1)神经体液机制

正常机体维持内环境的稳定是通过神经体液调节来实现的,神经机制与体液机制是密切联系的。在很多疾病中存在体液调节紊乱,这主要是通过内分泌激素起作用,而内分泌腺的功能活动是受神经机制调节的。例如,有些人受精神或心理的刺激可引起大脑皮质和皮质下中枢(下丘脑)的功能紊乱,使调节血压的血管运动中枢的反应性增强,此时交感神经兴奋,去甲肾上腺素释放增加,导致小动脉紧张性收缩,同时交感神经活动亢进,刺激肾上腺髓质兴奋而释放肾上腺素,使心率加快,心输出量增加,并且因肾小动脉收缩,促使肾素释放,经血管紧张素—醛固酮系统激活,血压升高,进而导致高血压病发生。气象因素也可以通过该机制引起各种疾病。

(2)细胞机制

致病因素作用于机体后可以直接或间接作用于组织、细胞、造成某些细胞功能、代谢障碍,从而引起细胞的自稳调节紊乱。某些病因如高温、外力等,可直接无选择性地损伤组织、细胞,如肝炎病毒侵入肝细胞、疟原虫侵犯红细胞等。致病因素引起的细胞损伤除直接的破坏外,主要表现为细胞膜功能障碍和细胞器功能障碍。细胞膜功能障碍中目前地膜上的各种离子泵最为重视,当这些担负离子主动转运的原功能失调时,细胞内外离子失衡,造成细胞 Na^{+}、Ca^{+} 大量积聚、细胞水肿,甚至死亡,这是导致有关器官功能障碍的重要机制。细胞器的功能障碍中尤以线粒体最重要，在有关病因作用下线粒体功能障碍主要表现为氧化还原电位下降，辅酶Ⅱ不能再生，各种酶系统受抑制，特别是丙酮酸脱氢酶系统催化过程发生障碍，阻碍丙酮酸氢、脱羧生成乙酰辅酶A，抑制葡萄糖、脂肪及酮体进入三羧酸循环，此时因能量不足，造成严重的细胞功能障碍。ATP减少，CAMP进而减小，则依赖CAMP作为第二信使的激素不能发挥其调节作用，最终导致细胞死亡。

(3)分子机制(略)

3.2 发热

3.2.1 发热、过热与生理性体温增高

(1)发热

正常体温是相对恒定的，通常把体温上升超过正常值0.5℃称为发热，但在医院实践中，由于特殊的生理原因，有个别人体温也可超过正常值0.5℃，其本质并非是发热，因此，上述概念不够确切，根据调定点概念，发热是指在致热原作用下，体温调节中枢的调定点上移而引起的调节性体温升高，当体温上升超过正常值的0.5℃时，称为发热。

(2)过热

过热是体温调节机构失调或调节障碍所引起的一种被动性的体温升高，体温升高的程度可超过调定点水平。如环境高温引起的散热障碍使体温升高等。

(3)生理性体温升高

如月经前期，妊娠期以及剧烈运动等生理条件下，体温升高也可超过正常体温的0.5℃，不属于发热，而属于生理性反应。

3.2.2 发热体温上升的基本环节

(1)致热原与激活物

传统上把能引起人体或动物发热的物质称为致热原。经研究发现，除含有致热成分且能直接作用于体温调节中枢的刺激因子能引起发热外，许多外致热原是通过激活产生内生致热原细胞，使后者产生和释放内生致热原(用EP表示)而引起发热。激活产生内生致热原细胞，产生和释放内生致热原的物质称为发热激活物。

(2)发热激活物的种类

1)细菌及其毒素类

①革兰阴性细菌与内毒素。大肠杆菌等革兰阴性细菌进入体内引起发热，

主要是内毒素的作用。它是一种致热原。

②革兰阳性细菌与外毒素。包括肺炎双球菌、葡萄球菌、溶血性链球菌等，它们可以引起内生致热原在血液中升高，引起发热。

2)病毒和其他微生物

①流感病毒、麻疹病毒可引起发热

②螺旋体、酵母菌等微生物，通过EP也可以引起发热。

(3)发热体温上升的基本环节

发热发病学的基本机制包括三个基本环节：第一是信息传递，激活物作用于致热原细胞，致热原细胞产生和释放内生致热原(EP)，EP做为"信使"，经血液将其传递到下丘脑体温调节中枢；第二环节是中枢调节，即EP以某种方式改变下丘脑温敏神经元的化学环境，使体温调节中枢的调定点上移，于是，正常血液温度变为冷刺激，体温中枢发生冲动，引起调温效应器的反应；第三环节是效应部分，一方面通过运动神经引起骨骼肌紧张度增高或寒战，使产热增加，另一方面，经交感神经系统引起皮肤血管收缩，使散热减少。于是，产热大于散热，体温升至与调定点相适应的水平。

(4)发热的时相

发热大致分三个期：第一期为体温上升期；第二期是高峰期；第三期是体温下降期。

发热第一时相是中心体温开始迅速逐渐上升，快者几小时或一昼夜就达高峰，有的需几天才达高峰，称为体温上升期。

当体温调节到与新的调定点水平相适应的高度，就波动于较高的水平上，称为高峰期。此期病人自觉酷热，皮肤发红、干燥。病人的中心体温已达到或略高于体温调定新水平，故下丘脑不再发出引起"冷反应"的冲动，皮肤血管由收缩转为舒张，浅层血管舒张，使皮肤血流增多，因而，皮肤发红，散热增加。由于温度较高的血液灌注使皮温增高，热感受器将信息传入中枢而使病人有酷热产生，高热时水分经皮肤蒸发较多，因而，皮肤和口唇干燥。

体温下降期因发热激活物在体内被控制或消失，EP及在发热介质也被清除，加上内生解热物的作用，上升的体温调定点回降到正常水平。

3.3 应激

3.3.1 应激定义及应激原

(1)应激的概念

应激是指机体在受到各种内外环境因素刺激时所出现的非特异性全身反

应。任何躯体的或心理的刺激只要达到一定的强度，除了引起与刺激因素直接相关的特异性变化外，都可以引起一组与刺激因素的性质无直接关系的全身性非特异反应。如环境温度过低、过高、手术、中毒、恐怖、丧失亲人等等，除引起原发因素的直接效应外(如冷引起寒战、冻伤，热引起出汗等)。还出现以交感—肾上腺髓质和下丘脑—垂体—肾上腺皮质轴兴奋为主的神经内分泌反应及一系列功能代谢的改变，如心跳加快、血压升高、肌肉紧张、胃肠松弛等。不管刺激因素的性质如何，这一组反应都大致相似。这种对各种刺激的非特异性及反应称为应激或应激反应，而刺激因素被称为应激原。

(2)应激原

应激原大致分为三类，分别是外环境因素、心理和社会因素、个体的内在因素。外环境因素包括：气象要素剧变、射线、噪声、强光、低氧、感染、中毒等。

3.3.2 应激反应的发展过程

从反应的过程来看，应激反应可分为三个阶段，分别为应激反应的初始时相、中间时相和后时相，这三个时相是由神经系统逐渐向内分泌系统过渡。

(1)应激反应的初始时相

应激源激活的第一个是自主神经系统，自主神经系统的激活来自中枢神经系统的刺激，或外部刺激对感觉感受器的冲击。具体地说，中枢神经系统是靠位于脊髓、脑干和下丘脑的各种中枢激活自主神经系统。脑干部的一些中枢也可以接受来自大脑皮质和边缘系统的信息，由此对自主神经系统施加影响。另一方面，外部刺激可以激活感觉感受器，从感觉器官发出的信号，经神经传导传入脊髓、脑干和下丘脑。这些脑结构随后将反应传回到自主神经支配的效应器官，并由此影响自主活动。

更具体地说，在应激反应和自主激活方面，信号已被译做威胁或危害，由脑皮质和边缘结构传到下丘脑；从下丘脑后部出现的译码激活自主神经系统的交感部分。从下丘脑前部出现的信号则激活副交感部分。如前所述，交感神经通路源于下丘脑后部，通过脊髓胸腰区下行，最后由脊髓神经支配特殊的终末器官。副交感通路源于下丘脑前部，通过脊髓下行，最后支配特殊的终末器官。以上可以看出，下丘脑是调节自主神经活动的主要脑区之广。

1)交感激活：交感激活的即刻效应是整个机体的激起，目的是使身体在高于正常功能之上的水平活动起来。例如，激起给身体提供增高的心率、循环、供氧、代谢和能量，以控制威胁性的或危害性的境遇。一般来说，交感兴奋增强了整体的激起，刺激器官应付“战斗或逃跑”反应的需要，并且阻抑那些不需要的功能。这些器官的长期兴奋可以造成一个不正常的生理状态，日久之后可引起机体功能的紊乱和疾病。

2)副交感激活:副交感系统的兴奋有与交感系统相反的效应。例如,心率变慢、瞳孔收缩、血管扩张。一般来说,副交感激活的效应在性质上是使机体功能减速和促进恢复。身体内大多数器官受着交感和副交感系统的双重支配,很多时候这两个系统完全作为一个单元进行活动。此外,一个系统的任何部分被激活时,结果是整个系统或其大部分全部激活。然而,有例子表明,交感和副交感系统不以这种方式活动。例如,在应激的导出上,个体只由单个的、受交感神经系统支配的终末器官反应,显示增高的活动性,如汗腺表现出汗增多。应激反应也可只激活几个终末器官。增高的副交感激活,也可造成单个终末器官的活动,以及单组器官的多项活动。图 3.1 概括出应激中机体被激活的初始时相。

在应激反应中的通路,主要是交感激活,造成机体激起的全部提高。如前面讨论的,也有一些副交感终末器官的应激反应。应激反应的自主神经系统激活中,终末器官的效应是十分迅速的,这是由于所有涉及的通路都是神经性的。但因神经传递的物质的迅速降解和再摄取,效应不是持久的。神经系统中只有一定量的神经介质可用作有效的释放。然而经久的兴奋很易使神经介质的储存耗竭。因此,如想长时间地保持激起状态,必须激活其他生理成分。

(2)应激反应的中间时相

战斗或逃跑反应使机体得以应付威胁或危险。此时机体提高了肌肉的活动性,以便在察觉到威胁或危险时,或者与之拼命或者逃之夭夭。"战斗或逃跑反应"阐明激源激活的下一个通路。这个反应是神经和内分泌活动两者的结合,因此在本质上是神经内分泌的活动,涉及的主要内分泌器官是肾上腺髓质(图 3.2)。

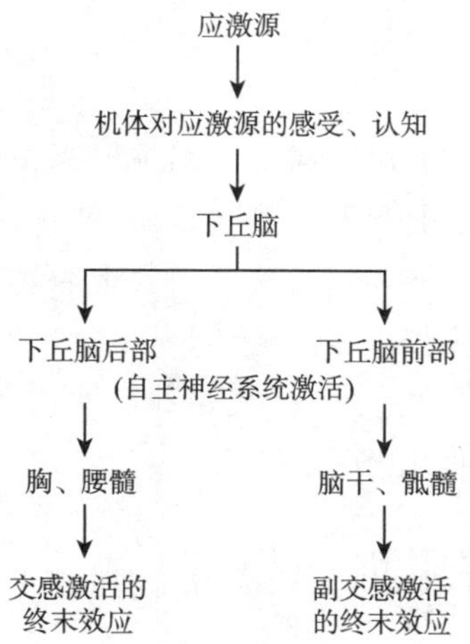

图 3.1　应激反应的初始相

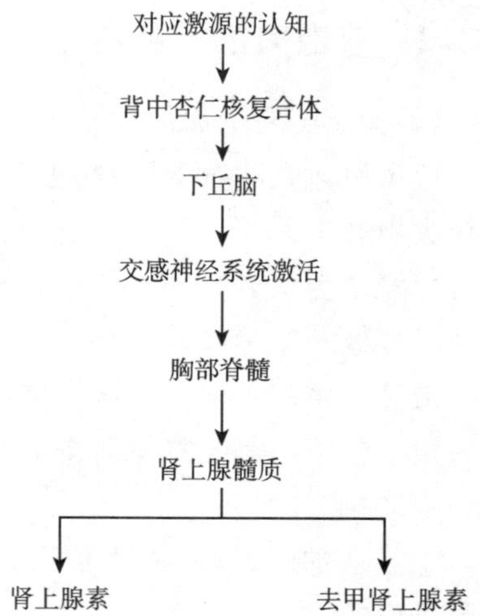

图 3.2　应激反应的中间时相

“战斗或逃跑”反应起源于背中杏仁核复合体。从这里,神经通路经过下丘脑侧后区,继续下行到胸区,抵达肾上腺髓质。肾上腺的交感兴奋造成儿茶酚胺的释放,含有肾上腺素和去甲肾上腺素。激素的分泌过程需要一小段释放的时间,儿茶酚胺开始起作用的时间要迟半分钟。它们延长了肾上腺能的交感反应,因此代表着应激反应的慢时相。这些肾上腺髓质激素分泌的增加,在机体生理上产生广泛的效应。心血管系统、呼吸系统、胃肠系统、中枢神经系统、血液和代谢受这些激素的影响显著。

(3)应激反应的后时相

最后的应激时相体现在较长的、内分泌激活的过程中。内分泌激素的释放和通过循环的运输需要一段较长的时间。机体的应激累及很多内分泌腺,但直接受影响的主要腺体是垂体和肾上腺皮质。对这些内分泌腺体的脑内控制中心是中隔—海马复合体。信号从此区由神经通路下行,传到下丘脑的正中隆起,再作用于腺垂体而影响其分泌促激素的功能(图 3.3)。在应激中很多促激素是升高的,这些促激素依次影响不同的靶器官,分泌其特殊的激素。靶器官内分泌释放出来,在改变机体内环境上产生普遍的效应,由此提高了对应激的适应。

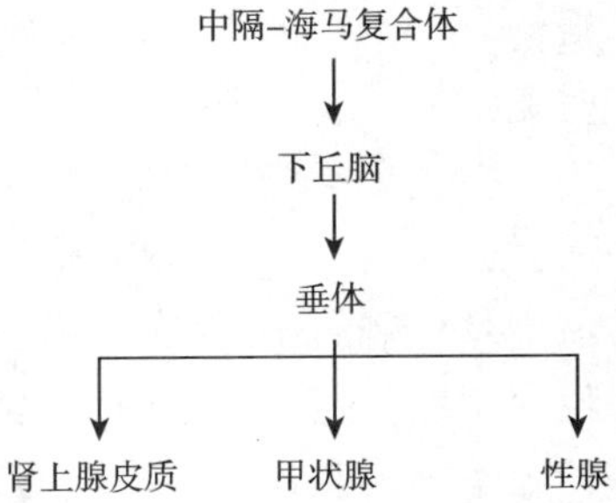

图 3.3　应激反应的后时相

总之,应激反应的这个最后时相,是内分泌器官的激活,并且代表着机体对应激最慢的和最长的生理反应。若与应激反应初始时相对比,慢性反应需要更强的刺激。

3.3.3　应激时的神经内分泌反应

(1)交感—肾上腺髓质系统(SAM)

应激时血浆中肾上腺素、去甲肾上腺素浓度迅速升高。交感神经兴奋主要释放去甲肾上腺素,肾上腺髓质兴奋主要释放肾上腺素。例如低温、缺氧时,可使去甲肾上腺素升高 10～20 倍,肾上腺素升高 4～5 倍。交感—肾上腺髓质兴奋也可导致儿茶酚胺升高,胰岛素下降,胰高血糖素升高。

交感—肾上腺髓质系统在应激时的兴奋可产生一系列代谢和功能的改变,在一定条件下有利于机体防御,在一定条件下也可造成不利影响。

1)防御意义

①心率加快、心收缩力加强、心血输出量增加、血压升高,从而增加组织的血液供应。

②促进糖原分解,升高血糖,促进脂肪动员,使血浆中游离脂肪酸增加,保

证应激时机体对能量的需求。

③引起血液重分布，心、脑、骨骼肌得到更充分的血液供应，而皮肤、腹腔器官、肾等的血管收缩。

④支气管扩张，有利于增加肺泡通气量，向机体提供更多的氧气。

2)不利影响

交感—肾上腺髓质系统的持续兴奋也可以造成机体的损害。

①腹腔器官小血管的持续收缩可造成器官的缺血。例如，胃肠黏膜的持续缺血可引起胃肠溃疡。

②外周小血管的持续收缩可使血压升高。它是原发性高血压发病机制之一。

③儿茶酚胺促使血小板数目增多，黏附聚集力增强，它一方面有利于机体对抗出血，但同时可使血液黏度升高，造成组织血液流动缓慢，甚至淤滞，使组织缺血，易于形成血栓。

④胰岛素减少，可导致血糖升高，可使糖尿病人加重。

(2)下丘脑—垂体—肾上腺皮质系统(HPA)

应激反应中下丘脑—垂体—肾上腺皮质系统激活反映在促肾上腺皮质激素释放激素(CRH)、促肾上腺皮质激素(ACTH)和肾上腺皮质激素水平的升高。

当机体遭受应激负荷时，位于丘脑下部第3脑室近旁的室旁核接受传递情报，将使位于背内侧核中心的促肾上腺皮质激素释放激素分泌神经元活化，正中隆起接受投射，促肾上腺皮质激素释放激素被释放进入垂体门脉，生成促肾上腺皮质激素(ACTH)的细胞接受刺激，在儿茶酚胺和血管加压素的共同作用下，促进了腺垂体分泌促肾上腺皮质激素(ACTH)。促肾上腺皮质激素(ACTH)促进由肾上腺皮质分泌糖皮质激素(GC)。

下丘脑—垂体—肾上腺皮质系统(HPA)兴奋的中枢介质为促肾上腺皮质激素释放激素(CRH)和促肾上腺皮质激素(ACTH)，特别是CRH，被认为是HPA的兴奋的引爆激素；外周介质则是糖皮质激素(GC)，糖皮质激素(GC)分泌增多被认为是应激最重要的一个反应。因此，下丘脑—垂体—肾上腺皮质系统(HPA)兴奋后，中枢及外周效应，甚至因反应过度所致的不利影响，均主要与促肾上腺皮质激素释放激素(CRH)和糖皮质激素(GC)的作用有关。

下丘脑—垂体—肾上腺皮质系统(HPA)和交感—肾上腺髓质系统(SAM)在解剖与功能上都有相互联系，并在不同水平相互作用。HPA的激活反映在CRH、ACTH和肾上腺皮质激素水平的升高，而CRH增强交感—肾上腺髓质系统(SAM)活动，表现在血浆儿茶酚胺水平升高。反过来，SAM系统又可通过去甲肾上腺素增加CRH的释放激活HPA。另外，SAM系统释放的儿茶酚胺对免疫系统有直接的抑制效应，类似 GC 的作用。因此，在应激反应中，要综合考虑这两大系统间的相互作用。

应激引起的神经内分泌反应是广泛的，除了上述所提到的最为重要的两大系统之外，还有其他一些系统、器官等的参与，如下丘脑—垂体—甲状腺系统(HPT)、下丘脑—垂体—性腺系统(HPG)。应激时 HPT、HPG 均有被抑制的倾向，包括促甲状腺激素(TSH)分泌低下，促性激素释放激素(GnRH)、黄体生成素(LH)、卵泡刺激激素(FSH)分泌受抑制等。

3.3.4　应激诱发的各种激素异常变化导致的生理反应

应激是一种非特异的，当机体受到强烈刺激时，可引起神经内分泌改变，尤其是导致交感—肾上腺髓质系统和下丘脑—垂体—肾上腺皮质系统的强烈兴奋，多数应激反应的生理变化与外部表现都与这两个系统的强烈兴奋有关。应激情况下，这两大系统及与应激相关的神经内分泌反应系统促进或抑制相关激素、神经递质等的分泌释放，如促皮质激素释放激素(CRH)、促肾上腺皮质激素(ACTH)、糖皮质激素(GC)、去甲肾上腺素(NE，NA)、肾上腺素(E)、多巴胺(DA)、生长激素(GH)、精氨酸升压素(AVP)、甲状腺素、β 内啡肽(β—EP)、胰岛素、胰高血糖素等。

(1)促皮质激素释放激素(CRH)

促皮质激素释放激素(CRH)是由下丘脑分泌的，包含 41 个氨基酸的神经内分泌激素，它可以促进促肾上腺皮质激素(ACTH)、β 趋脂素(β—LPH)和 β 内啡肽(β—EP)的释放。CRH 除了存在于下丘脑外，它还存在于大脑皮质、小脑、丘脑、海马和脑干等部位，其他组织如肾上腺、胃肠道、肺、胎盘等也存在不等量的 CRH，但下丘脑含量最高。因此 CRH 的功能不只局限于促进垂体 ACTH 等的释放，还具有广泛的中枢和外周作用。

促皮质激素释放激素(CRH)可以导致下丘脑—垂体—肾上腺皮质系统(HPA)兴奋，使人的行为出现抑郁症，免疫能力低下；对心血管有明显的调节作用，可使血压升高、心率加快、血液中儿茶酚胺浓度增加，同时使血糖升高，耗氧量增加。

(2)促肾上腺皮质激素(ACTH)

促肾上腺皮质激素(ACTH)是脑垂体分泌的一种激素，它可以促进糖皮质激素的合成和分泌，促肾上腺皮质激素(ACTH)主要在脑垂体内产生，是前阿黑皮素原的代谢产物。

促肾上腺皮质激素(ACTH)是以脉冲方式从脑垂体中释放进入血液，在血液循环中衰亡周期为 7～12 分钟，所以 ACTH 在血液中的浓度很低，而且不稳定。正常人血浆 ACTH 的浓度为 80～90 ng/L。浓度有明显的生物节律变化，一般早晨觉醒前后较高，从黄昏到深夜较低，其昼夜节律呈阵发性，每昼夜有 10 次左右的分泌峰。

应激反应时 ACTH 的分泌特点，一次性应激刺激可使人体 ACTH 分泌持续增加数小时，然后再逐渐降低至正常水平。刺激越强烈，ACTH 分泌的增加越显著，而且也持续越久。各种应激刺激引起的时间冲动通过外围神经传入中枢神经系统内，经过中枢神经系统的复杂通路汇集于下丘脑的促肾上腺皮质激素释放激素（CRH）神经元，使 CRH 的合成和释放增加，导致垂体 ACTH 的合成和释放增加，3～4 分钟内血中 ACTH 水平增加 4～5 倍，10 分钟内，血浆皮质醇可增加 8～10 倍。应激性 ACTH 分泌的生理意义在于增加机体在内外环境变动中的适应能力。

促肾上腺皮质激素（ACTH）具有明显的生物功能，可促进肾上腺皮质增生，刺激糖皮质激素和盐皮质激素合成，它还能够促进肾上腺皮质分泌雄激素和雌激素，还能增强肾上腺髓质肾上腺素和去甲肾上腺素的释放。ACTH 在中枢有多种生理功能，包括学习记忆、动机行为、体温调节、心血管功能调节、神经损伤修复与再生功能等。ACTH 对神经活动有广泛的影响，如影响单个神经元的放电类型、神经—肌肉接头的活动和中枢神经元的调制；促进脑突触小体胆碱的转化和心肌神经递质的释放。

（3）糖皮质激素（GC）

糖皮质激素（GC）是由肾上腺皮质所分泌的一类类固醇激素，由于这类激素对糖代谢的作用比另一类（盐皮质激素）强而得名。这一类皮质类固醇重要的有 4 种化合物，即皮质醇、皮质素、皮质酮和 11 —去氢皮质酮。它们有一个共同点，即均为 21 碳原子的类固醇，在 C11 上均有氧原子，总称 11 —氧皮质类固醇。

从肾上腺抽提液中分离出的类固醇有数十种，但在生理情况下正常分泌到血液中的并没有那么多。糖皮质激素（GC）中主要是皮质醇。值得注意的是，各种动物的 GC 分泌种类随种属不同而有别。尽管从鱼到人各种动物均分泌两种 GC-皮质醇与皮质酮，但这两种激素的比值大不一样。鸟、小鼠、大鼠、家兔分泌的几乎全是皮质酮；狗所分泌的两种激素的比值相近。猫、牛、羊、猴和人则皮质醇占绝对优势。

皮质醇与皮质酮被分泌进入人的血液后，呈游离状态的只是一小部分（1％～3％），其大部分在血循环中与一种 α 球蛋白结合（称为皮质类固醇结合球蛋白，CBG）。目前认为 CBG 对皮质激素起着转运、储备作用，而游离的激素则是对细胞、组织发挥激素的立即生物效应。GC 主要在肝内代谢，大部分被还原为没有生物活性的可溶性的物质，很快从尿中排出。

GC 血浆浓度变化有明显的昼夜节律。人类正常情况下，没有强烈的应激刺激,GC 每天的分泌有一个随时间而变动的,固定节律。一天中最高的浓度出现在早晨 6 时到 8 时,以后就逐渐减少,最低的浓度出现在夜晚 10 时至凌晨 2 时,2 时以后很快升高,到醒前达到高峰。它的生理意义在于这种节律正好与醒后的工作、生活等活动的需要相适应,使人们能应付白昼的各种紧张刺激对皮质激素的要求。

GC 的昼夜节律与光照无关,因为盲人以及矿井下工作的矿工也照样存在。令人感兴趣的是这种节律与睡眠规律有关系。如果一个人上夜班,白天睡眠,这种节律在最初几天仍大体上与原来相似下皮质醇高峰仍然出现在早晨。但如持续几周夜班,这种节律就会变过来,与新的生活规律相适应。

血中皮质醇的昼夜节律变化主要由 ACTH 的节律所决定,血中 ACTH 的浓度与皮质醇浓度相当,而且其高峰与低峰均稍提前。至于 ACTH 的节律是否决定于下丘脑释放因子的节律,则尚无客观的证据,因为目前还不能测定周围血中 CRH 的浓度。由于皮质醇浓度的节律变化与中枢神经系统有关,这个“生物钟”在脑内。有人推测在大脑的“边缘叶”,下丘脑是将神经信息转换为内分泌信息的转换站。当脑有病时,特别是下丘脑、间脑病变,节律就改变或消失。有人用实验证明,破坏动物视上核,节律就消失了。肾上腺皮质功能亢进症者节律消失。某些精神病、心脏病、肾性高血压等也可见到节律异常或消失,长时间持续的精神刺激,长时期服用皮质激素,也可使节律消失。

GC 对人体的作用很复杂,有许多极重要的生理作用与糖代谢无关,因此绝不能单从字面上来理解其生理作用。

1)机体对损伤性刺激的抵抗力

GC 对人体及动物机体的一个重要作用,就是它与人体应付各种损伤性刺激的基本抵抗力有关,它是人体非特异性抵抗的重要部分。机体无论遭受何种有害刺激,都会导致肾上腺皮质功能的改变。例如感染、中毒、外伤、冷冻、出血、剧烈疼痛以及电离辐射的照射等,诸如此类的因素,都会引起垂体 ACTH 分泌增多,随之肾上腺皮质功能增强,分泌出大量 GC,这种反应是个体自下而上所必需的,没有这种反应(例如人类肾上腺破坏性病变、肾上腺皮质功能低下症,或动物垂体切除或肾上腺切除时),一旦遭遇上述任何一种损伤性刺激,抵抗力很低,都很容易死亡。实验还证明,切除垂体或肾上腺的动物,即使补充皮质激素,使其维持生命,一旦遇到有害刺激时,仍表现出缺乏抵抗力。

从肾上腺皮质功能变化的角度来说,凡是一种刺激能引起动物和人的 ACTH 分泌增加,从而导致肾上腺 GC 分泌增多者,都叫做应激刺激,机体这时处于应激状态。中等程度的应激,血浆 GC 迅速增多,严重应激刺激时,GC 更是猛烈地增多。用电离辐射作为一种损伤性刺激,研究机体的应激反应,使我们得出了深刻的印象。众所周知射线损伤的特点是人体受照射当时并无任何知觉，可是由于射线的电离作用使人体许多组织受到了损伤，在此情况下，垂体—肾上腺立即发生反应，在12小时内血浆GC(在大鼠以皮质酮为主)含量显著增多，从亚致死剂量到绝对致死剂量都有这种皮质功能激活的表现。在照射后不同时期取出动物的肾上腺，用体外培养法测定其生成糖皮质类固醇的能力也得出了与血浆皮质酮含量变化一致的结果，说明在机体受损伤时，肾上腺皮质确实属于功能激活状态。

以上这一切均说明肾上腺皮质对于人体对损伤性刺激的抵抗力起着积极的作用，它所分泌的GC对机体抵抗有害刺激是必需的，如皮质功能低下，血浆皮质激素不出现增多反应，则往往表现出机体抵抗力低下，例如严重感染时，就很容易导致休克，预后不佳，此时，如在病因治疗的同时，给以适当量的GC，可收到良好的效果。

2)对物质代谢的作用

GC对糖、蛋白、脂肪代谢都有作用，其中以对糖代谢的作用最为重要，这也是它被称为糖皮质激素的由来。

对糖代谢的作用。GC可以促使血糖增高，不论在人还是动物实验中，均可看到GC注射后血液葡萄糖浓度上升；注射量越大，上升也越高，甚至可以引起一次性糖尿。如果肾上腺皮质功能低下，血糖浓度即降低。临床上阿狄森病(慢性肾上腺皮质功能减退症)的特征性表现之一就是低血糖。动物在切除肾上腺以后，血糖降低到很低的程度，再检查其肝脏，则见到肝糖原显著减少。GC升高血糖的机制最主要是促进糖原异生，从而增加肝脏的糖原贮存；肝脏糖原增加，向血液释放葡萄糖也就多了。此外，它还抑制组织细胞对葡萄糖的利用；利用减少了，血中堆积就多了。GC的这些作用与胰岛素的作用相反，在正常人体，GC与胰岛素就是从相反的方向，对血糖浓度起调节作用。糖原异生的主要来源是蛋白质。GC使蛋白质分解加强，氨基酸释放，为糖原异生提供了前体。异生的糖原存积于肝脏，存积的量与GC成正比，这种现象被用作GC生物学定量分析的指标。

对蛋白质代谢的作用。GC对蛋白质代谢的影响就整个机体来说，既抑制蛋白质合成，又加速其分解，从而造成负氮平衡。蛋白分解所形成的氨基酸则成为糖原异生的来源。肾上腺切除的动物血浆内氨基酸积聚率降低，而注射GC则加速其积聚。GC这种促进蛋白分解代谢的效应是在周围组织进行的，与肝脏无关。具体地分析，GC对于各种不同器官蛋白代谢的作用还有一定的差异，如对肌肉、骨骼、淋巴组织的蛋白质以促进分解代谢为主，对皮肤也是如此。而对肝、胃肠、泌尿生殖器官的蛋白质则以抑制合成为主。GC促进蛋白分解，减少蛋白合成的作用在临床上的意义是确定的，肾上腺皮质功能亢进或长期使用GC，可见组织蛋白质广泛破坏，出现负氮平衡，肌肉消瘦、皮肤变薄、骨质亦因蛋白质分解而变得疏松易折。皮肤和骨骼的胶原蛋白和基质的合成都受抑制。创伤的伤口亦可因使用 GC 而延迟愈合,其部分原因也是由于蛋白合成抑制,组织再生受阻。

对脂肪代谢的影响。GC 可动员脂肪,使血清脂酸增多,而后脂肪以一种特殊的形式在体内重新分布,人们经常看到那些长期使用 GC 的患者有一种特殊的面容和体态;脂肪大量沉积于脸部,形成所谓的“满月脸”;沉积于肩部上方,形成所谓“水牛背”;沉积于躯干腹部而四肢部位很少,被称为“向心性肥胖”。这些在肾上腺皮质功能亢进症,体内皮质激素长期分泌的人,也是很典型的。这就是不同于寻常状态的脂肪再分布。GC 能影响脂肪代谢,促进脂肪再分布,其机制还不清楚。

3)对血管的作用。GC 对血管的作用主要表现在对血压的作用上。GC 对维持正常血压起着一定的作用。临床上看到,肾上腺皮质功能不足的特殊征候之一是低血压。应用 GC 可使之在一定程度上有所恢复。这一作用的机制尚未定论,不过人们已经发现手术切除肾上腺的动物,其血管平滑肌对去甲肾上腺素和肾上腺素变得没有反应或反应变小,毛细血管扩张,通透性增高。一般认为,这些变化导致血压降低。肾上腺皮质功能丧失一方面由于盐皮质激素缺乏,造成血容量降低,另一方面又由于 GC 缺乏,血管对于交感神经末梢释放的去甲肾上腺素缺乏反应,对低血容量丧失了代偿作用,从而不可避免地导致血压降低,甚至造成末梢循环衰竭。相反,应用了 GC 可以使血管的反应性恢复,对肾上腺髓质激素等加压物质的反应增强,这就是临床上高度重视应用 GC 作为抗休克药物的原理之一。

总之,GC 对于维持血管紧张度和反应性具有重要的意义。体内种种加压物质对血管平滑肌的作用,必须在 GC 作用的基础上才能发挥,如果没有后者,加压就没有效果。有人称这种作用为皮质激素的“允许作用”,即允许加压物质发挥作用。

4)对骨胳肌与心肌的作用。GC 对于肌肉的工作能力有显著的作用。临床上看到,肾上腺皮质功能不足的患者软弱无力,极易疲劳,其严重程度与皮质功能不足的程度相平行。实验证明,肾上腺切除的动物,骨骼肌疲劳比正常动物出现得快得多。因此,生理学上有人以骨骼肌疲劳试验作为测定动物肾上腺皮质功能状态的间接指标。当以 GC 治疗时,患者(或去肾上腺动物)的肌肉工作能力得以恢复。GC 影响肌力的确切机制尚不清楚,可能与此激素对蛋白质及糖代谢的作用有关;GC 对心肌的作用,根据体外实验看到有阳性收缩效应,使心肌收缩力增强。在整体情况下,人们只是看到肾上腺皮质功能低下者心电图示低电压,P—R 间隔及 Q—T 时间延长,而给 GC 可使之缩短。据此,人们认为它有促进与恢复房室传导的效应。临床上有用 GC 治疗房室传导阻滞,控制阿斯综合征的发作。

5)对淋巴细胞及其他血细胞的作用。GC 对血细胞的作用是比较复杂的，对不同的血细胞有完全不同的效应。它可以使循环中淋巴细胞减少。临床和动物实验显示，肾上腺皮质功能不足的患者和动物，血中淋巴细胞增多，体内各处淋巴组织及胸腺均见增生。反之，肾上腺皮质功能亢进者，或长期注射 GC，则血中淋巴细胞减少，胸腺、脾脏和淋巴结均萎缩。临床证明，注射促肾上腺皮质激素后 4 小时，即见血中淋巴细胞明显减少，因此，临床常用 GC 治疗急性淋巴性白血病或淋巴瘤。

GC 对淋巴组织作用的机制有两个途径。一是抑制淋巴组织的丝状分裂。由于大多数淋巴细胞寿命本来就很短，分裂活动一旦抑制，血中淋巴细胞自然衰亡而得不到补充，故很快减少。另一个途径是对淋巴细胞的溶解作用，用体外实验证明，GC 对淋巴细胞确有直接的溶解破坏作用。

GC 具有使血中嗜酸细胞减少的作用，这种作用很灵敏。因此，长期以来临床上用嗜酸细胞减少反应作为判断肾上腺皮质功能状态的指标。例如，欲判定某人肾上腺皮质功能是否正常，只须注射 ACTH，根据其嗜酸细胞减少的反应，即可作出大致判断。GC 的这种作用可能是通过促进脾脏、肺脏的，“扣留”作用，也就是促进这些脏器的网状内皮细胞的吞噬与分解嗜酸细胞的作用而实现的。但是需注意，以嗜酸细胞减少反应作为指标，并不是绝对可行的，有人发现在某些应激状态，如严重创伤时，即使没有肾上腺，动物血中嗜酸细胞亦见减少。

GC 可使血液中性粒细胞增多。增多的原因主要是由于促进骨髓释放，也有认为对骨髓中性粒细胞的生成也有刺激作用，但未有定论。此外也有认为是通过对血管壁的作用，减少了中性粒细胞逸出血管外之故。

大量长期应用 GC 可使红细胞及血红蛋白增加，血小板增多。依此规律，临床上应用来治疗再生障碍性贫血、溶血性贫血、血小板减少性紫癜，均可收到改善血象，缓解症状的效果。

6)对神经系统的作用。GC 可以增强中枢神经系统的兴奋性。肾上腺皮质功能低下者，脑力易疲劳是很明显的，患者性情抑郁、淡漠，说话轻而无力。有的患者也可见到个性的变化，表现为易激动，情绪不安，有神经质的症象。这些变化只有 GC 可使之复原。皮质功能低下时脑电图出现比正常 A 节律更慢的慢波。反之，在大量使用 GC 时，可产生欣快感，失眠、躁动、注意力不集中、幻觉、妄想，以致感应性精神病。

7)对胃肠系统的作用。GC 可增加胃液、胰液和其他消化液以及消化酶的分泌，增进食欲和消化功能。肾上腺皮质功能不足时，由于 GC 缺乏，可出现一系列胃肠系统症状，如食欲不振、恶心、呕吐、便秘。胃液分析结果表明，皮质功能低下的患者游离酸通常低于正常，甚至缺乏。临床应用这种激素时，可以增加患者胃酸和胃蛋白酶的分泌，有助于胃肠消化功能，但长期使用时也往往改变了胃黏膜对胃酸作用的抵抗力，有时甚至可诱发胃、十二指肠溃疡。因此，胃溃疡的患者使用 GC 要谨慎。

8)对肾功能的作用。GC 对维持正常肾功能有一定意义，它能增加肾小球的滤过率，并促进排泄。肾上腺皮质功能低下的特殊征候之一是水负荷不能排出或排泄延迟。只有 GC 可补偿这种缺陷。

(4)去甲肾上腺素(NE)和肾上腺素(E)

去甲肾上腺素(NE)、肾上腺素(E)和多巴胺(DA)3 种胺类递质的基本结构是 β—苯乙胺。它们在苯环的 3、4 位碳上都有烃基(儿茶酚的结构)，故统称为儿茶酚胺(CA)。把烃基除去就失去了儿茶酚胺的结构，作用强度大为减弱。根据苯环及乙胺上取代基团的不同，可得到不同的儿茶酚胺。

很早已证明 NE 是哺乳动物脑的正常成分，在脑内呈不均一分布，且与血管的分布不一致。刺激猫某些脑区后，脑室灌流液中出现 NE，刺激离体脑片也有 NE 释出。免疫组织化学或生物化学定量检测证明，刺激脑后，神经末梢的 NE 排空。

由于 NE 主要存在神经终末，所以测定不同脑区的 NE 含量也可反映去甲肾上腺素能神经终末的分布；脑内 NE 浓度以下丘脑最高。体内有三类细胞能合成 NE，即去甲肾上腺素能神经元、肾上腺素能神经元以及肾上腺髓质的嗜铬细胞。虽然它们的生理功能不同，前两者释放后作为神经递质而发挥作用，后者作为激素，然而其合成的过程大体相同。去甲肾上腺素能神经元以血液中的酪氨酸为原料，在胞浆内经酪氨酸烃化酶催化形成多巴，再经过多巴脱羧酶催化而形成 DA。DA 进入囊泡后，经多巴胺母烃化酶催化而形成 NE。在嗜铬细胞和肾上腺素能神经元内，NE 可再经苯乙醇胺氮位甲基移位酶的催化，进一步形成 E。

NE 在囊泡中合成后储存于囊泡，处于一种隔绝状态；不易被胞浆内单胺氧化酶所破坏。储存 NE 的囊泡在电子显微镜下呈现一致密中心，因此称“致密中心囊泡”。囊泡按其大小不同可分为两种：大囊泡直径 70—100 nm，小囊泡直径 45—55 nm。在神经元中，两种囊泡的分布不同，大囊泡多存在于轴突和末梢，而小囊泡几乎全部集中于末梢。至于神经元内所含大、小囊泡的比例，种属差异颇大。如鼠类的输精管中，大囊泡仅占 5%，小囊泡则占 95%；在牛脾神经中，大囊泡占 40%～50%，小囊泡占 50%～60%，几乎各占一半。在人类，大囊泡的比例也较高。NE 的释放。从器官灌流实验证明，刺激交感神经时灌流液中流出的 NE 增多。说明交感神经兴奋使末梢释放 NE。

NE 在心血管功能的调节中起着重要的作用。经过多年的研究，外周 NE

对心血管的调节作用已了解得比较清楚。其拟交感作用即收缩血管、兴奋心脏、升高血压的作用，早已作为一种重要的药物在临床上广泛应用。脑中 NE 对心血管功能的调节作用，与其外周 NE 作用恰恰相反，能引起人或动物血压降低、心率减慢。

3.4　应激与有关疾病的发病机理

3.4.1　高血压

关于应激与高血压之间的关系早已引起人们的注意。例如在伊拉克用导弹袭击以色列特拉维夫的第一周中，心肌梗死及心源性猝死超过 5 倍于和平对照时期的发生率。1991 年的报道显示，澳大利亚大地震的 4 天内，心肌梗死及冠心病死亡率异常升高。

高血压病严重危害人类健康，其特点是高患病率、高致残率和高死亡率。据 2004 年统计，我国 18 岁及 18 岁以上的高血压患病率已高达 18.8%，与 1991 年相比，患病率上升了 31%。目前，每年还以 300 万的新病例剧增。在我国至少有 1 亿 6 千万高血压患者，世界范围内，大约有 10 亿人患高血压。

人们首先发现都市生活比居住在乡村，更容易使人患高血压病。高血压患病率在大城市不仅严重，而且越趋年轻化。2005 年报道，北京市 15 岁以上居民高血压患病率为 25%，北京及上海 35 岁以上人群 2/3 血压不正常。值得注意的是，随着生活方式的改变，生活水平的提高，高血压发病率在农村正呈明显上升阶段，城乡差距正在缩小。

高血压病是一种全身性疾病，主要表现为持续性血压升高，动脉壁与心、脑、肾等多个器官的形态与功能受损以及糖、脂肪等物质代谢紊乱。

目前高血压的临床诊断标准为：在平静状态下坐位测血压，连续 3 天以上，收缩压大于等于 140 mmHg，或舒张压大于等于 90 mmHg，即可诊断为高血压病。高血压病可分为两类，一是原发性高血压，二是继发性高血压，前者较常见，占所有高血压患者的 90%。

最近国际医学界召开会议，对高血压又重新进行了定义，指出高血压定义不再将高血压仅仅看作是血压值的读数，而是扩展到将其视为心血管疾病整体危险因素的一部分。新定义是："高血压是一个渐进的，由复杂的和相互关联的病因学引起的心血管症状。早期的症状常常在持续的血压升高前就有表现。因此，高血压不能仅仅以离散的血压指标来分类。高血压的发展与功能性和结构性的心血管异常密切相关。这些异常损害心脏、肾、脑、血管系统和其他器官，从而导致过早的病态和死亡。"制订新定义的宗旨就是要改进临床医生对高血压病的理解、诊断和治疗的认识，使他们对高血压的分类不再局限于血压值，而是必须考虑个体心血管的综合代谢症状，如肥胖、糖耐量异常、高胰岛素血症和高胆固醇、高三酰甘油(高甘油三酯)等因素，在高血压影响到靶器官以前，集中治疗各种导致发病和死亡的危险因素。高血压新定义有利于临床医生更早、更积极地对患者的病情采取更有效的措施。

通常认为，高血压的发生与遗传、饮食习惯有关。近年来的研究表明，该病的发生与多种因素有关，其中社会心理因素、气象要素剧烈变化等也起重要作用。长期过度的脑力工作负荷、持续紧张、长期情绪或精神刺激、烦恼、焦虑等可使心理长期处于紧张状态，反复受气象要素剧变的刺激等，都被认为是诱发高血压病的危险因子。实际上，早已确定大多数应激都可以通过交感神经—肾上腺髓质系统激活而使血压升高。交感持久兴奋可引起血管壁非胶原蛋白合成增加，使管壁增生变厚，管壁与口径的比值增大，对交感冲动的反应性增加，外周阻力增大。此情况下，即使交感冲动已回复正常水平，血管阻力与血压仍继续维持在高水平。动物在遇敌应激时，心跳加速、心排血量增加，内脏与肾、皮肤等血管收缩，而肌肉血管舒张。人类在情绪激动或紧张时也有类似变化，只是行为表现不同而已。有的学者认为，某些高血压的发病与防御反应过度有关。动物反复受到防御性反应性刺激时，其升压、肾血管收缩及肌肉血管舒张等反应会逐渐减弱，称之为“习惯化”。在现代社会中，情绪激动与紧张等防御警觉性反应经常发生，有些人肌肉舒血管反应很快习惯化，而肾血管收缩与升压反应持续不减弱，这可能是导致高血压的一个重要因素。

3.4.2 胃与十二指肠溃疡

应激引起的消化系统功能障碍，包括上食道堵塞感或吞咽困难，通过嗳气减轻胃饱胀感、上腹不适或疼痛。心身疾患主要表现为胃、十二指肠溃疡。应激可抑制胃排空，刺激结肠运动功能，CRH 作用于下丘脑室旁核(PVN)，除了引起内分泌和行为反应外，也引起胃排空及刺激结肠运动。CRH 作用于蓝斑，可选择性刺激结肠运动，而不影响胃排空。CRH 的这种作用是通过自主神经通路起作用，而不是通过垂体激素分泌的作用。应激引起的胃肠功能改变的病理生理性研究已取得明显进展。

(1)胃溃疡的发病机制

溃疡病的病比较复杂，至今还未完全研究清楚。关于其发病机制，一般认为酸性胃液对胃或十二指肠黏膜的“自我消化”是溃疡形成的基本环节。

胃黏液屏障功能减弱在胃溃疡发病中起着重要作用。胃溃疡患者通常有迷走神经兴奋性降低，以致幽门括约肌松弛，十二指肠内的胆汁、胰液等消化液得以返流入胃窦部，可破坏胃的黏液层，并损伤胃黏膜上皮，尤其是胆汁能将上皮细胞膜的脂蛋白消化，损伤细胞间的紧密连接，使胃腔内胃酸的 H^+ 得以逆向弥散到黏膜中，破坏毛细血管，造成出血和渗出，并破坏黏膜组织，造成黏膜缺损，尽而促使溃疡发生。此外，迷走神经兴奋性降低，还使胃蠕动减弱、食物长时间滞留在胃内，不仅容易损伤胃黏膜，而且刺激胃窦部的胃泌素细胞（G 细胞），使胃泌素分泌增加，胃泌素能刺激壁细胞和主细胞，使胃酸和胃蛋白酶分泌增加，促进胃黏膜的溃疡形成及持续存在。

胃溃疡发病机制如下：

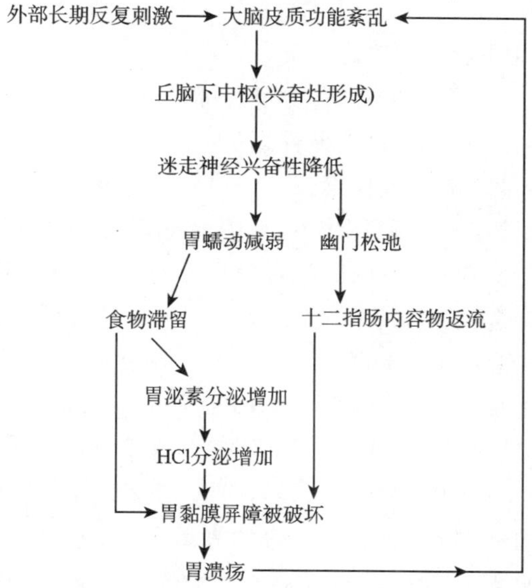

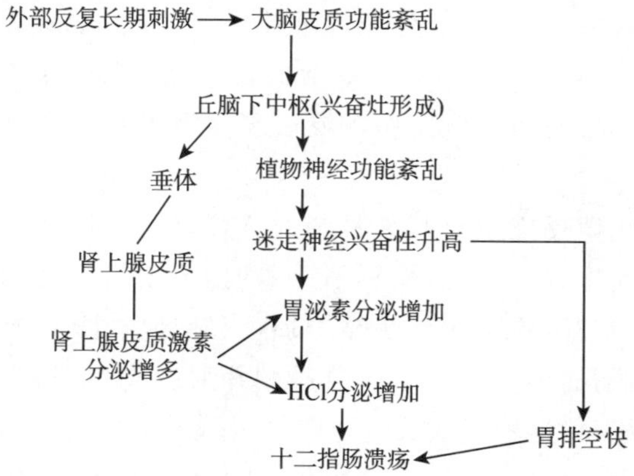

(2)十二指肠溃疡的发病机制

胃酸持续增高是十二指肠溃疡发生的重要因素。患者胃酸最大分泌值和空腹胃酸均比正常增高。与胃溃疡不同，患者通常有迷走神经功能亢进，迷走神经传出纤维释放乙酰胆碱，使 G 细胞分泌胃泌素增加，胃酸分泌增多，因此在空腹时也经常有胃酸分泌的增加。另外，由于迷走神经兴奋性增高，又使胃内容物排空加快，过酸的胃内容物进入十二指肠，容易损伤黏膜而造成溃疡。

3.5 特殊气象环境对人体的影响

特殊的气象环境，包括高海拔缺氧、低温、炎热、戈壁沙漠、森林等环境，会给人带来多方面的影响，不仅有对生理功能的影响，而且也对心理和行为有影响。

(1)高海拔缺氧环境对人体的影响

高海拔地区是一个相对的概念，这里是指海拔在 4000 m 以上的地区。我国西部地区高海拔面积广阔，自然条件恶劣。

机体对高海拔缺氧的主要代偿反应。高海拔地区对人的影响是多方面的，有低气压、低氧、寒冷、辐射、紫外线等，其中最主要的是低气压带来的氧分压降低的影响。氧气在空气中所占的容积百分比相对恒定，从平原到 10 万 m 高空，基本保持在 20.93%，但在高海拔地区，随着大气压的降低，氧分压按比例下降，人呼吸气体中的氧含量显著下降，致使人体的血中氧含量减少，甚至会出现低氧血症。在海平面时，大气压为 101.3 kPa(760 mmHg)，吸入气体氧分压为 19.9 kPa(149 mmHg)；在海拔 4000 m 时大气压为 87.5 kPa(656 mmHg)，吸入气的氧分压为 17.1 kPa(128 mmHg)，下降比较明显。当吸入氧气分压降低时，动脉血氧饱和度下降，动脉血所携带的氧量不足，毛细血管血液氧分压水平不能维持，导致氧向组织的弥散运动减弱，造成组织缺氧。机体对缺氧会通过代偿反应进行调整，以适应低氧分压的气体环境，其代偿反应的强弱程度随机体所处的海拔高度不同而有所差异，一般而言，高度越高，上升速度越快则代偿反应越明显。机体最初的代偿反应主要表现为呼吸系统和循环系统的特异性反应。

呼吸系统的代偿反应主要表现是肺通气量增加。肺通气量的增加方式也因缺氧程度不同而略有不同，当缺氧不严重时，主要以呼吸深度增加而加大肺通气量；当缺氧严重时，呼吸频率明显增加，当肺通气量增加时，肺泡气中的二氧化碳分压即降低，而肺泡气中的氧分压则相对提高，使得吸入气与肺泡气之间的氧分压梯度缩小，这种代偿反应随缺氧出现即刻发生，然而增加比较缓慢，通常需要 7—14 天方可发展完全。这种增加了的肺通气量将一直维持下去，直到脱离这种缺氧环境为止。

循环系统代偿反应是通过增加心排血量及重新分配血液流量两种方式来保证心脏、脑等重要器官的需氧量。心排血量的增加是通过心率加快及每搏输出量增加而实现的，心率增加是缺氧时最早出现的代偿反应之一。心率的增加主要是由于动脉血氧分压降低刺激了主—颈动脉区化学感受器通过反射作用而引起。高山或高原缺氧条件下进行体力活动时，心率增加的程度比在海平面进行同样的活动要高一些。

在高山或高原缺氧的条件下，由于机体呼吸、循环系统特异性代偿反应的协同作用，无论是吸入气—肺泡气，还是动—静脉血液的氧分压梯度，均较海平面时明显缩小，这样可以提高或维持组织毛细血管血液的氧分压水平，在外界气体环境的氧分压降低时，组织毛细血管血液的氧分压不至于下降过多，以保证向组织细胞的供氧。

如果长期在高原生活，则机体还会通过红细胞增多、组织毛细血管稠密化及组织代谢改变等慢性代偿机制而加强。

高海拔缺氧对认知能力的影响。缺氧对心理功能的影响是多方面的。脑的氧耗量占人体全部耗氧量的 20%，脑功能对缺氧是最敏感的；视觉对缺氧敏感次之，视敏度及颜色鉴别能力在海拔 3000 m 就开始下降，在 4300 m 以上的高度时，夜间视力明显受损，并且这种损害并不因机体代偿反应或降低高度而有所改善，而且在 4—9 d 之后的影响最为严重。还对视觉的反应有影响，表现为视觉反应时延长，而且低强度视觉刺激的反应时延长更明显。大约在海拔 5000 m 附近，高频范围听力下降，而中频及低频范围的听力则在更高海拔才显著减退。触觉和痛觉在严重缺氧时也会变得迟钝，在 6000 m 以上，大多数人出现幻觉。

记忆对缺氧也很敏感，在海拔 3000 m 时记忆已经受到影响，大约在海拔 5400 m 显示出记忆薄弱，已不能同时记住两件事。随着海拔的进一步升高，缺氧程度加重，表现出不同程度的记忆损害，从记忆力下降到完全丧失记忆能力。

认知能力比心理运动能力更易受高海拔缺氧的影响，复杂任务比简单任务受到影响早，需要决策或制定策略的活动比自动活动过程更易受到影响。在海拔 3000 m 时，各方面的思维能力全面下降，判断力下降更为明显，但对熟练掌握的任务仍能完成；在海拔 4000 m 时判断力严重下降，5000 m 时思维受损已达明显程度，判断力尤为拙劣，做错了事也不会觉察，反而觉得好，不知道危险；6000 m 时意识虽然存在，但机体实际上处于失能状态。有些人出现观念固执，明显错误却不知道，坚持自己的错误观念或意见，自知力受损。大约在海拔 5000 m 时，注意力的转移和分配能力明显减弱，随着海拔的上升，缺氧程度加重，注意的范围变窄，注意力难以集中。

(2)低温环境对人体的影响

低温环境是生活中经常会遇到的问题，人们所遇到的低温有几种情况，一是直接暴露于低温的空气环境中，如在北方冬天寒冷的野外进行各种活动；二是较长时间暴露于舱、室的低温环境中，如冷库、高空裸露的机舱等；还有是直接暴露于低温的水中，如救助打捞人员等。低温环境对人体的影响大小主要取决作用于机体的寒冷强度。而寒冷强度的大小又由环境气象条件、个体防寒装备和对寒冷的适应能力以及个体耐受性所决定。当环境温度低，个人的防护装备好，机体热能代谢仍能保持平衡时则无冷感；如果环境温度并不太低，但防寒装备差或无防寒装备，机体热耗过大，则可产生冷感，甚至造成冷损害；如果环境温度比较低，个体全身浸泡在低温的水中受冻，随着时间的延长，则会使个体造成损害，甚至导致死亡。

低温对人体生理的影响。机体对低温会产生一系列反应，以促进寒冷适应，代谢产热量增加是其中反应之一，骨骼肌的活动水平增强是增加产热量的主要途径。在冷暴露条件下，心率、心排血量、血压、呼吸频率及肺通气量等都有所增加和升高，而与代谢率和产热量的增高相适应。在寒冷条件下腺体分泌肾上腺皮质激素和甲状腺激素增加，加速细胞氧化、肝糖原分解和糖原异生，这对于提高组织代谢，保持体温，促进寒冷适应。通过外周血管收缩可以使皮温接近周围冷空气水平，以减少热量的损失。但也导致手、足等局部温度下降，并可发生疼痛等反应。

低温对人感知觉的影响主要体现在防护不好的部位，肢体末端因血液循环比较差，又要操作，不便于过多防护，往往也容易受到影响，精细触觉受影响明显，这对于需要精细操作的作业活动影响较大。10～12℃时手的触觉明显下降，4～5℃时完全失去触觉的鉴别能力。温度过低会出现肢体麻木，继而会出现冻伤。低温寒冷环境对人的情绪也有不定的影响，过冷会使人感觉不舒服、痛苦。过冷对于防护条件差的个体其情绪上的痛苦是显而易见的。长时间生活在寒冷的环境之中，如果缺乏活动，人容易产生抑郁情绪；过冷对人的思维活动也会产生影响，如一些人因故掉到冷水中，时间一长，大脑会出现明显的抑制现象。

(3)炎热环境对人体的影响

人们常常要与炎热的环境打交道，如在炎热的地区和(或)高温的微小环境中工作。炎热的环境会使机体产生一系列的生理、心理反应及行为变化。

在炎热环境中，机体会产生适应性反应，涉及多个系统，但这种变化有一定的范围。在高温条件下，人体为满足散热需要而大量出汗，为此将丧失大量的水和盐，出汗量的多少与气温、空气湿度、热辐射强度及工作的强度有关。热暴露时，皮肤血管扩张，末梢循环血量加大，皮肤表面的散热功能增强；为了适应工作的需要，肌肉供血量增大，使得心脏活动增强，心率加快、心排血量增大，心血管负荷增加。消化系统因血液重新分配，消化道血流量减少，胃动力减弱，分泌量亦减少，食欲下降。呼吸系统通过过度通气反应以加快散热。因大量出汗，饮水中枢兴奋，血管升压素分泌增多，尿液浓缩肾脏负荷加重。如果上述反应仍不能使机体适应，则会引起机体较强烈的应激反应。

在高温和热辐射的作用下，大脑皮质体温调节中枢的兴奋性增高，因负诱导而致中枢神经运动区受到抑制，神经活动的强度、平衡性、灵活性受到干扰，这对于心理功能和行为操作都产生许多的影响。在知觉水平上，热环境可以导致幻想、视物变形或视幻觉等，这些现象是热发光、闪耀所致，而这些改变又导致视觉任务操作水平下降或不精确。热环境下会导致视敏度下降。炎热环境对心理运动能力的影响是确定的，当然具体影响的程度还与人的操作技术熟练程度、难易程度、动机水平、防护措施及环境湿度、辐射、风速等有关。一些低唤醒水平的、乏味的、重复性的持续性工作任务，较易受热环境的影响。技术水平和操作水平高的人更能抵御热环境对工作效率的影响。事实上，不透气的衣服，内部的湿气可以在体表形成一层类似于热带雨林的微环境，其影响远大于人体生理性热负荷所产生的影响。由于热还使组织水肿，导致手脚肿大，也会降低关节活动和操作的灵活性。人的情绪对炎热环境的影响虽然称不上敏感，但炎热会使人的情绪不稳，有些人由于缺乏耐热锻炼，在炎热环境中表现得急躁、烦躁、易激怒。

(4)沙漠环境对人体的影响

浩瀚的戈壁沙漠主要分布于我国的北方和西北地区，塔克拉玛沙漠是世界第二大沙漠，还有毛乌素沙地、腾格里沙漠、巴丹吉林沙漠。戈壁沙漠地区看起来地形并不复杂，沙丘也不高，实质上是一种假象，沙漠环境对人的心理和行为具有多方面的影响。沙漠环境对认知活动易产生影响，白天由于太阳的直射和地面的折射光线影响人的视力，使人感到疲倦，沙漠地表散发的热波和折射光线，使对面上的景物变形，使人产生错、幻觉，严重影响对 1500 m 以外目标的观察和识别。炎热的夏天沙漠上空的温度逐渐减低，密度逐渐增大，而空气的折射率也逐渐增大，在无风的时候，由于热传导性差，这种折射分布不均匀的状态能持续一段时间，从地面向上可被分成若干个平行的折射率层，从下往上每层的折射率递增，远处的树和景物经过多次折射和全反射的作用就会呈现出沙漠绿洲、海市蜃楼。沙漠地区地貌相似，且缺少有明显特征的方位物，加上蜃气的出现大大地降低了能见度，如果不会根据地貌特征、草原植被种类、沙丘沙垄及戈壁冲沟的走向等自然特征来辅助判断方位，极易产生方位错觉，导致迷失方向。这种结果又可能引起消极的情绪反应，削弱自信；严重者会丧失信心，精神崩溃。强烈的沙尘暴遮天蔽日，如果不注意防护，极易受伤，在野外则易迷失方向。沙漠里光照强烈，气候干燥，辐射光线也很厉害，体力消耗大，脱水快，易出现知觉变慢、思维迟缓、行为拖沓的现象；情绪易激怒。如果在沙漠中的时间较长，还会出现枯燥、烦闷、孤独的情绪表现。沙漠中昼夜温差大，有“早穿棉袄午穿纱，围着火炉吃西瓜”的说法，一些人不适应这种气候，会出现烦恼的消极情绪。

习　题

(1)什么是病理生理学？并阐述它研究的主要内容。

(2)诱发疾病发生的常见的气象因素有哪些？

(3)常见的疾病发生机制有几种？哪些与气象因素密切相关？

(4)发热的定义是什么？发热、过热和生理性体温升高有何同异？

(5)阐述发热体温上升的基本环节？常见的发热激活物包括哪几类？哪些与气象因素有关？

(6)什么是应激？常见的应激原包括哪些？

(7)应激反应包括哪几个阶段？简述各阶段的发生机理。

(8)应激诱发的常见的内分泌系统是什么？影响哪些内分泌激素？

(9)简述应激诱发的常见的几种激素的异常变化导致的人体生理反应。

(10)简述持续应激导致的心血管、消化系统疾病的发生机理。

(11)简述缺氧、低温和炎热等环境对人体有什么影响？

第 4 章　生理学实验基本知识

生理学属于自然科学的范畴，是一门重要的实验科学，任何关于机体功能活动的理论，都是从实际观察中得到的，并且经过设计合理的实验得到不断地检验、修正和发展。因而生理学实验是探索气象因素导致人生理病理发生变化机理的重要实验技能的基础课。其主要目的在于通过学习，使大家初步掌握生理学实验的基本操作技术；熟悉基本方法；初步掌握分析、整理实验结果的能力；通过设计性实验，培养学生严肃的科学态度，严谨的工作方法，实事求是、一丝不苟的工作作风，为研究医疗气象学打下坚实基础。

4.1　实验动物的概述

4.1.1　常用动物的种类

实验动物是一个专门的术语，是指供生物医学科研及教学实验而科学育种、繁殖和饲养的动物。对实验动物按自然界的分类方法，其分类可达 150 万种以上，一般依据其外部特征、内部构造、生活方式、进化发展和血缘关系大致分为动物界、植物界两类。界类下又细分为门、纲、目、科、属、种等。

在实际工作中，常根据工作的不同目的、性质及要求将动物分为以下四类：分别是实验动物指经过专门科学的培育（包括驯养、繁殖、育成），提供给实验用的动物；经济动物指作为人类生活需要而繁殖、饲养的动物，如家畜、家禽；野生动物指从自然界捕获的、未进行人工繁殖、饲养的动物；观赏动物指供观赏用的一些动物。

4.1.2　医学实验常用的动物

（1）青蛙和蟾蜍

青蛙和赡蜍是生理学实验中常用的小型动物。青蛙和蟾蜍属两栖类变温动物，心脏有两个心房和一个心室，心房和心室区分不明显，动、静脉血液混合，红细胞为有核细胞，并且个体较大。青蛙和蟾蜍一般是由捕捉后直接供实验室使用。青蛙和蟾蜍饲养容易，短期可饲养于潮湿地方，可以几天不食，也可喂以草和昆虫。青蛙和蟾蜍具有价格低廉、离体器官存活时间相对较长等优点。常用其坐骨神经排肠肌标本来观察各种刺激或药物对周围神经、肌肉、神经肌肉接头的作用。其心脏离体后，仍可有节律性跳动，可做心脏离体实验，蛙的肠系膜是观察炎症和微循环的良好标本。在水肿、肾功能不全的模型中常采用该类动物。

(2)家兔

家兔，属兔形目、兔科。为食草动物，性情温顺，胆小易惊，喜居安静、清洁、干燥、凉爽、空气新鲜的环境，耐冷不耐热，耐干不耐湿。兔耳大，表面分布有清晰的血管。嘴小，喉部狭窄，气管插管困难，在进行吸入麻醉时易导致喉痉挛。心脏传导组织中几乎没有结缔组织，主动脉窦无化学感受器，仅有压力感受器。因而减压神经(主动脉神经)与迷走神经、交感神经干完全分开。单胃、盲肠发达，约占腹腔 1/3，在回肠末端有一个淋巴组织样结构，开口于盲肠，是一个中空、壁厚的圆形球囊，灰白色，有发达的肌肉组织，囊壁内富含淋巴滤泡，该结构除具有消化吸收功能外，还有类似鸟类腔上囊的功能。单乳头肾，易于插导管。家兔便于静脉注射、灌胃和取血，是生理学实验教学常选动物。可用于血压、呼吸、尿生成等多种实验，还可用于钾代谢障碍、酸碱平衡紊乱、水肿、炎症、缺氧、发热、休克、心功能不全等研究。由于家兔体温变化较灵敏，是体温实验和热原检测实验的首选动物。

(3)小鼠

小鼠是啮齿目中体型较小的动物。新生小鼠体重 1.5 g 左右，周身无毛，皮肤赤红，21 天断乳时体重 12～15 g，1.5～2 月龄时重达 20 g 以上，可供实验使用。小鼠发育成熟时体长小于 15.5 cm，雌性小鼠成年体重 18～35 g，雄鼠成年体重 20～40 g。小鼠成熟早，繁殖力强，寿命 1～3 a，是医学实验中用途最广泛和最常用的动物，也是用于实验动物中培育品种系最多的一类动物，具有繁殖周期短、产仔多、生长快、温顺易捉、易于饲养等优点，广泛应用于各种药物的毒理实验、药物筛选实验、生物药效学实验、半数致死量或半数有效量的测定等，也常用于抗肿瘤药、缺氧实验等方面的研究。

(4)大鼠

大鼠属啮齿目，体型较小，遗传学和寿龄较为一致，对实验条件反应也较为近似，是被誉为精密的生物工具。大鼠体型较小鼠大，新生大鼠重 5～6 g，成年体重雄鼠 300～400 g，雌鼠 250～300 g，大鼠行动迟缓，易捕捉，不似小鼠好斗。但受惊吓或捕捉方法粗暴时，也很凶暴，常咬人。大鼠成熟快，繁殖力强，寿命因品系不同而异，平均为 2.5～3 a，40～60 d 性成熟。具有抗病能力强、繁殖快、易于饲养等优点，但性情凶猛、牙齿尖锐，实验者应特别注意实验过程中的自我保护。在功能实验教学中，常用于水肿、休克、炎症、心功能不全、应激反应以及亚急性、慢性毒性等实验。因为大鼠的呕吐反射不灵敏及心血管反射敏锐的原因,所以不适宜用于任何有关呕吐及心电学的实验研究。观察药物抗炎作用时,常利用大鼠的踝关节进行实验。

(5)豚鼠

豚鼠又名荷兰猪、天竺鼠、土拨鼠等。属草食动物,习性温驯,喜群居,饲养容易。由于豚鼠容易暴露中耳及内耳,耳蜗及血管突出到中耳腔内,便于观察内耳微循环,豚鼠在听到尖音时,耳郭竖起(Preyer 反射),如果此反射减弱或消失则表明有听觉障碍。因此,豚鼠适于做耳科及听力学研究。豚鼠可复制典型急性肺水肿的动物模型。豚鼠对某些病毒反应敏锐,易引起变态反应,适用于各类传染病、药理学、营养学、细菌、病毒变态反应疾病等实验研究。对结核菌敏感,是用于抗结核病药物实验的首选动物。豚鼠对缺氧的耐受力强,不适宜用于各类缺氧性实验的研究。也常用于离体心房、心脏实验和钾代谢障碍、酸碱平衡紊乱的研究。

(6)犬

犬的嗅觉、听觉灵敏,善近人。对环境适应能力强,能耐热、耐冷,喜活动,为肉食性动物。雄犬爱斗,有合群欺弱的特性。犬的消化系统、循环系统、神经系统均较发达,且与人类极为相似,它被广泛用于生理、电生理、病理、药理、遗传等方面的研究,适用于许多急、慢性实验。犬经调教后还能配合实验,如条件反射、心律失常、脊髓传导实验、各种消化道和腺瘘手术等。犬心脏内浦肯野纤维粗大易得,是研究心肌生理的重要标本,所以犬在生理学实验中占有重要的地位。另外,犬常用于实验外科手术学的教学及临床科研工作,在基础领域是复制休克、动脉粥样硬化等动物模型首选的动物之一。

(7)猫

猫分为家猫和品种猫两大类,实验用猫绝大部分为市售的短毛杂种猫。猫的循环系统发达,血管壁较坚韧,血压比家兔稳定,做血压研究实验常用。猫的呕吐反射和咳嗽反射比较灵敏,可用于镇吐和镇咳方面的实验。

4.1.3　实验动物的选择

在生理学实验中,动物的选择是一个关键问题,根据实验的目标、方案及动物的种属、生理特征、获取的难易程度、费用等原则进行选择。同一类的实验可选择不同的动物,如离体肠管可选用家兔、豚鼠、小白鼠、大白鼠等,离体血管实验可选择蛙的下肢血管、家兔的耳血管、大白鼠后肢血管、家兔的主动脉等,离体心脏实验可选蛙、家兔、豚鼠、猫、犬等。同一种动物也可用于多种实验。

种类的选择。虽然不同种类的动物的生理特征与人类的某些生理特征较为相似，但不同种属的动物对同一疾病刺激的敏感程度不同。如高血压的实验研究常首选大鼠、家兔、犬等，变态反应或过敏实验常首选豚鼠，各种肿瘤实验常选择小鼠。例如猫的神经系统较发达，具有耐长时间麻醉的能力，常用于进行神经系统急性实验的研究，如用于神经冲动的传导、感受、姿势反射、去皮质僵直以及机体在受到刺激时各系统产生反应的机制等方面的研究。大鼠的垂体—肾上腺系统发达，常用作应激反应和垂体—肾上腺内分泌实验的研究；另外，由于大鼠无胆囊，可用来做胆管插管，收集胆汁，进行消化功能的研究等。

实验动物的个体选择。动物的大小选择，年幼动物一般较成年动物敏感，应根据实验目的选用适龄动物，急性实验宜选用成年动物，慢性实验宜选用年轻一些的动物，大体上动物年龄可根据体重大小来估计，成年小白鼠为 20～30 g，大白鼠 180～250 g，豚鼠 450～700 g，家兔 2.2～2.5 kg，猫为 1.5～2.5 kg，狗为 9～15 kg，同一批实验所用动物的年龄应基本一致；性别选择，实验证明，不同性别对同一致病因素的反应不同，即使对性别无特殊要求的实验，选择动物时也应雌雄各半，性别的鉴别要点有——雄性动物阴囊内睾丸下垂，热天尤为明显，用拇指和食指按压生殖器部位，可露出阴茎；雄性动物的尿道与肛门较远，雌性则较近；成熟雌性动物腹部可见乳头，妊娠期尤为明显；生理状态选择，饥饿、睡眠不足、发情、怀孕、哺乳等特殊生理状态导致机体的反应差别很大，在个体选择时应充分考虑。健康状况对实验结果影响很大，当动物处于衰弱、饥饿、疾病、寒冷、发热等情况下，实验结果很不稳定，因此掌握判断实验动物的健康状态是实验得以成功的基本保障之一。

实验动物健康状态的判断标准：

(1)一般情况发育良好，眼睛有神，反应灵活，运动自如、食欲良好。

(2)头部，眼球结膜无充血，瞳孔等圆清晰，鼻黏膜处无分泌物，无鼻翼扇动、打喷嚏、躁动不安等现象。

(3)皮毛颜色，皮毛清洁、柔软、有光泽、无脱毛、蓬乱和真菌感染。

(4)腹部，呼吸均匀，腹部无膨大隆起。

(5)外生殖器，无损伤、无脓痂、无异味黏性分泌物。

(6)爪趾特征，动物无咬伤、无溃疡、无结痂等。

常用实验动物的生理、生化指标，动物实验是生理学实验的重要组成部分，了解动物的生理、生化指标对实验的成败具有极其重要的作用。生理学工作者只有对实验动物的生理、生化指标有基本的了解，才能正确地选择和使用实验动物，并获得可靠的实验结果。表 4.1 介绍了常用实验动物的生理、生化指标的正常值。

表 4.1 常用实验动物的生理、生化指标的正常值

指标	小鼠	大鼠	家兔	犬
寿命(a)	2～3	2～3	4～9	10～20
性成熟期(d)	35～60	60～75	120～240	180～300
成年体重	≥20 g	♀≥150 g ♂≥250 g	≥1.5 kg	6～20 kg
体温(直肠℃)	36.5～38	37.5～39	38.5～40	37～39
心率(/min)	520～780	200～360	120～150	80～130
呼吸(/min)	80～230	66～150	38～80	20～30
血压(kPa)	12.4～18.4	9.3～24.6	12～17.3	14.4～25.2
血红蛋白(g/L)	100～190	78～120	71～155	105～200
红细胞(10^{12}/L)	7.5～12.5	7.2～9.6	4.0～6.4	5.5～8.6
白细胞(10^9/L)	4.0～12.0	5.0～25	5.2～12	6～17
血小板(10^9/L)	157～1520	100～1380	120～250	20～300
血液 pH		7.26～7.44	7.21～7.57	7.31～7.42
总血量(占体重%)	7.78	5.76～6.94	5.46	8～9
血非蛋白氮(g/L)	0.36～1.17	0.20～0.44	0.28～0.51	0.20～0.44
血清钾(mmol/L)		3.8～5.4	2.7～5.1	3.7～5.0
血清钠(mmol/L)		126～155	155～165	129～149
血清钙(mmol/L)		3.1～5.3	5.6～8.0	3.8～6.4
血清氯(mmol/L)		94～110	92～112	104～117
血清胆红素(mg/L)		1～3	＜0.1	0.1～0.3
尿比重(密度)			1.010～1.050	1.020～1.050

4.2 生理实验常用的手术器械

生理实验常用的手术器械如图 4.1 所示，共有 10 种，包括手术剪、镊子、金属探针、玻璃分针、手术刀、止血钳、骨钳、颅骨钻、气管插管和动脉插管等。

(1)手术剪刀，分直、弯两型，又分圆头和尖头两种。弯手术剪用于剪毛，直手术剪用于剪开皮肤和皮下组织、筋膜和肌肉等；眼科剪用于剪神经、血管或输尿管等。正确的执剪姿势(图 4.2)。

(2)镊子，夹捏较大或较厚的组织和牵拉皮肤切口时使用圆头镊子；夹捏细软组织用眼科镊子。正确的持镊姿势是拇指对食指与中指，把持二镊脚的中部，稳而适度地夹住组织(图 4.3)。

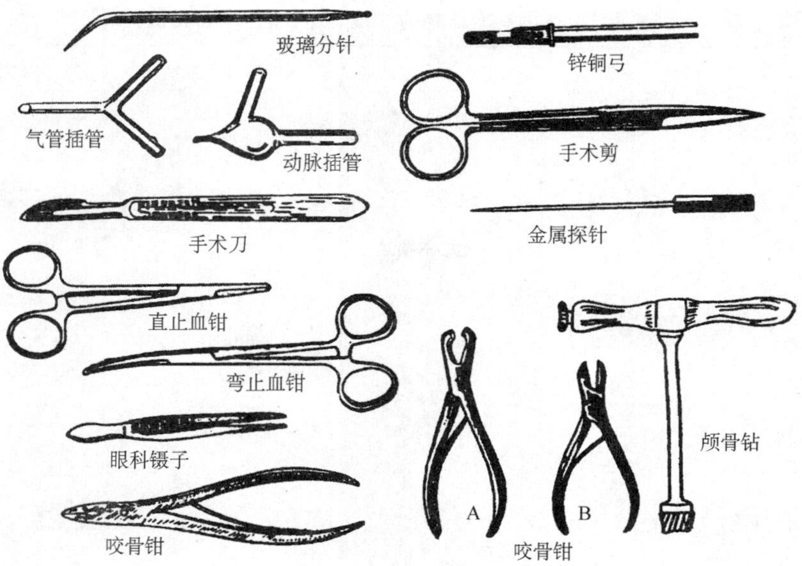

图 4.1 生理学实验常用的手术器械

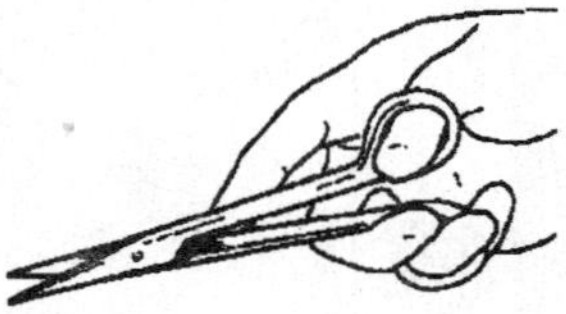

图 4.2 执剪方式

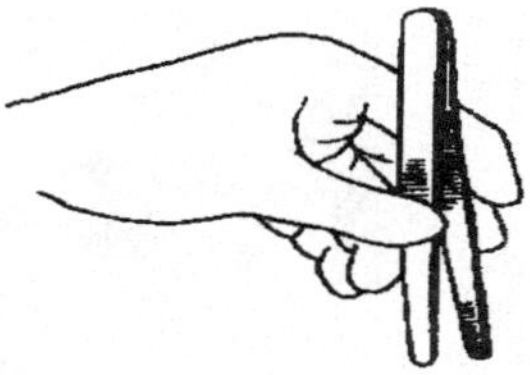

图 4.3 执镊方式

(3)金属探针,用于破坏脑和脊髓。

(4)玻璃分针,用于分离神经和血管等组织。

(5)手术刀,包括刀柄和刀片,装卸方法(图 4.4),用于切开和解剖组织。持刀方法有 4 种,分别是执弓式、执笔式、握持式和反挑式(图 4.5)。前两种用于切开较长或用力较大的伤口;后两种用于较小切口,如解剖血管、神经等组织。

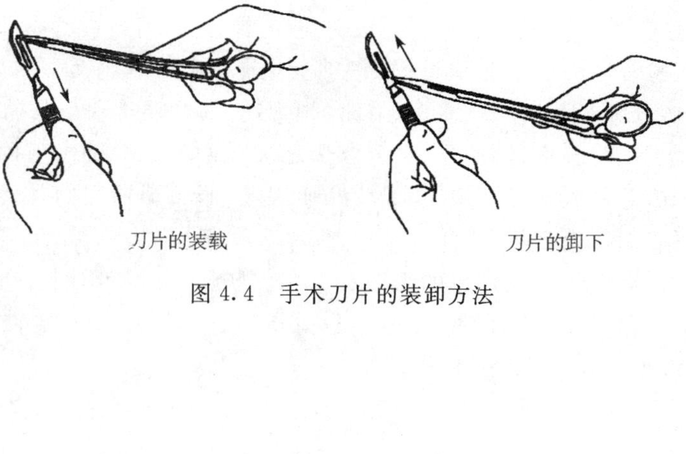

图 4.4 手术刀片的装卸方法

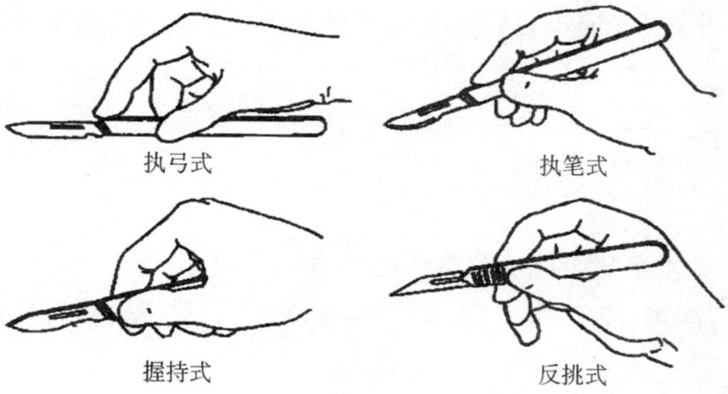

图 4.5　执刀方式

(6)止血钳，除用于夹持血管或出血点起止血作用外，有齿的用于提起皮肤，无齿的分离皮下组织。蚊式止血钳较小，适于分离小血管和神经周围的结缔组织。也可用于分离组织，牵引缝线，协助拔针等。止血钳分为直、弯、全齿和平齿等不同类型。止血钳的使用方法基本同手术剪，但止血钳柄环间有齿，可咬合锁住，放开时，插入钳柄环口的拇指和环指相对挤压后，环指、中指向内，拇指向外旋开两柄(图 4.6)。

(7)骨钳，用于打开颅腔和骨髓腔。可按动物大小选择相应型号。使用时，使钳头稍仰起咬切骨质。切勿撕拉、拧扭，以防残骨及损伤骨内组织。

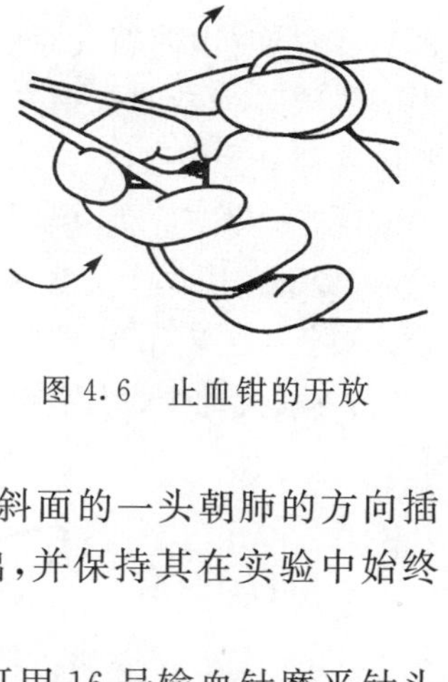

图 4.6　止血钳的开放

(8)颅骨钻，用于开颅钻孔。钻孔后用骨钳扩大手术范围。用法为右手握钻，左手固定骨头，钻头与骨面垂直，顺时针方向旋转，到内骨板时要小心慢转，防止穿透骨板而损伤脑组织。

(9)气管插管，用于实验中保持动物呼吸通畅。使用时先在气管上剪一倒“T”字形剪口，然后将其有斜面的一头朝肺的方向插入气管中，用手术线将其结扎固定于气管上防止滑出，并保持其在实验中始终与气管平行，以免阻塞呼吸。

(10)血管插管，用于动脉、静脉插管。血管插管可用 16 号输血针磨平针头或相应口径的输液器剪去针头留一斜切面代替。描记动脉血压时，将其中先注满肝素等抗凝剂，以保持实验中插管内无血凝块堵塞，以其有斜面的乳头经血管剪口处插入动脉，另一端开口借橡皮管连接于压力换能器或水银检压计以测量和记录血压变化。插管插入动脉后将其用手术线结扎固定于血管上，并保持插管在实验中始终与血管平行，以免其乳头刺破血管。

(11)咬骨剪与咬骨钳，咬骨剪与咬骨钳用于打开颅腔、骨髓腔和暴露脊髓时咬剪骨质，以及开胸时修剪肋骨的断端。

(12)动脉夹，用于阻断动脉血流。

(13)三通开关,可按实验需要改变液体流动方向,便于静脉给药、输液和描记动脉血压。

4.3 实验的基本操作技能

利用动物做生理学实验,需要掌握最基本的实验技能,包括实验动物的编号、正确捉拿与固定;给动物用药、动物麻醉、动物手术、动物采血等方法。

4.3.1 实验动物的编号、捉拿与固定

学习实验动物的编号、正确捉拿与固定,是为了防止实验者被抓咬伤,同时又保证动物正常的生理活动,以保证实验顺利进行。

(1)实验动物的编号

实验时为了分组和个体间辨别的方便,常需要对实验动物进行编号。编号就是对动物进行标记,其基本原则是清晰、持久、简便、易辨认。动物编号用的方法是染色法,即用化学试剂在动物不同部位的皮毛上进行涂染,以示区别。常用色液有 3%~5%苦味酸溶液(黄色)和 0.5%中性红或碱性品红溶液(红色)。编号时用棉签或标记笔蘸上述溶液,在动物体表不同部位涂上斑点,表示不同号码。编号的原则先左后右,从前到后。如给小鼠进行 1~10 的编号,可将小鼠背部分为前肢、腰部、左、中、右共 9 个区域,从左到右为 1~9 号,第 10 号不做标记(图 4.7)。若动物编号大于 10 时,可使用上述两种不同颜色的染色液进行编号,一种颜色用作个位数编号,一种用作十位数编号,这种交互使用可以编到 99 号。染色法主要用于白色皮毛的小白鼠、大白鼠、豚鼠、家兔等动物的编号。对于猫、犬等较大动物,可用特制的金属号码牌固定于动物颈部进行编号。

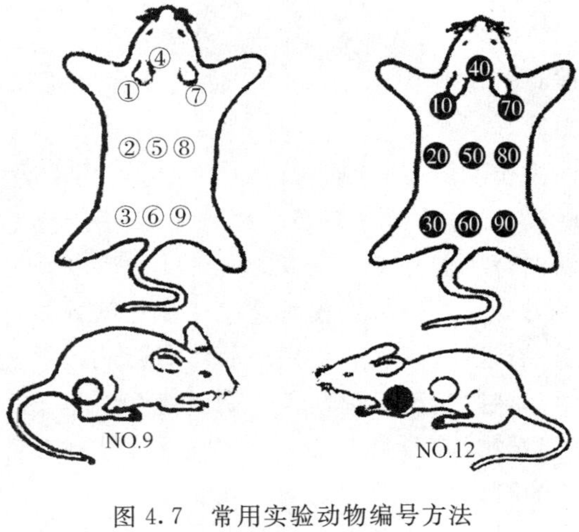

图 4.7 常用实验动物编号方法

(2)动物的捉拿与固定方法

1)小白鼠,先用右手抓住鼠尾并提起,放在鼠笼上,小白鼠即刻向前爬行,用左手拇指和食指抓住小鼠的两耳和头颈部皮肤,将其置于左手心中,用左手环指和小指压紧鼠尾及一侧后肢(图 4.8),右手即可进行操作。取尾血及尾静脉注射时,可将小鼠放进特制的固定器中。当需要对小鼠进行心脏取血、解剖、手术、尾静脉注射等操作时,可用固定板或固定架对小鼠进行固定。

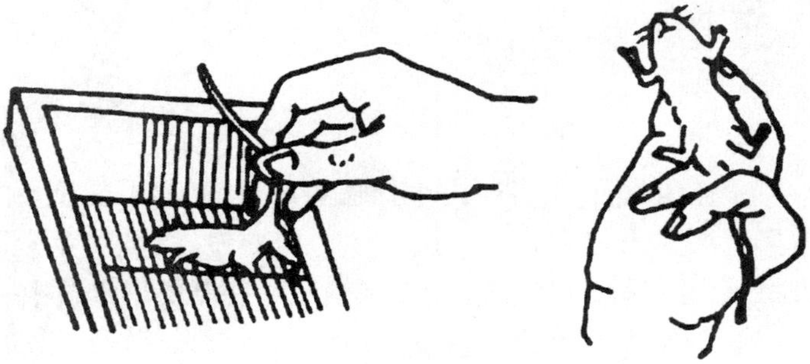

图 4.8　小白鼠的捉拿方法

2)大白鼠,捉拿时用右手抓住鼠尾,将大鼠放在鼠笼盖上,左手戴上防护手套或用厚布盖住大鼠,用拇指和食指抓住鼠耳及头颈部皮肤,固定其头部,其余三指抓住背部皮肤,将其置于掌心(图 4.9),用右手进行实验操作。对于个体较大的大白鼠,可用左手抓头部,右手抓尾部,由另一人进行实验操作。还有一种捉拿方法是先用左手将大白鼠压住,然后迅速将拇指和食指插入大鼠的颈部,虎口向前,将其头部固定,其余三指及掌心握住大鼠体部,然后调整左手拇指位置,紧抵在其下颌骨上即可。捉拿大鼠时勿用力过大、过猛,勿紧捏颈部,以免引起窒息。特别注意不能捉提其尾尖,因为尾尖皮肤易于拉脱,也不能将大鼠悬在空中时间过长,否则会激怒大鼠翻转将操作者咬伤。大鼠的固定方法可根据实验操作需要,采用徒手固定、大鼠手术台固定等方法。固定时若需捆绑四肢,宜用柔软而不易滑脱的棉绳,捆绑的位置应在踝关节以上部位,捆绑四肢的绳带应打活结,便于实验后的松解。需取尾血或尾静脉注射时,将其固定在特制的固定盒内,将鼠尾留在外面供操作使用。

图 4.9　大鼠捉拿方法

3)豚鼠,豚鼠胆小易惊,抓取时要求快、稳、准。一般先用右手迅速、轻轻地扣住豚鼠背部抓住其肩胛上方,以拇指和食指环握颈部,另一只手抓托住臀部即可(图 4.10)。

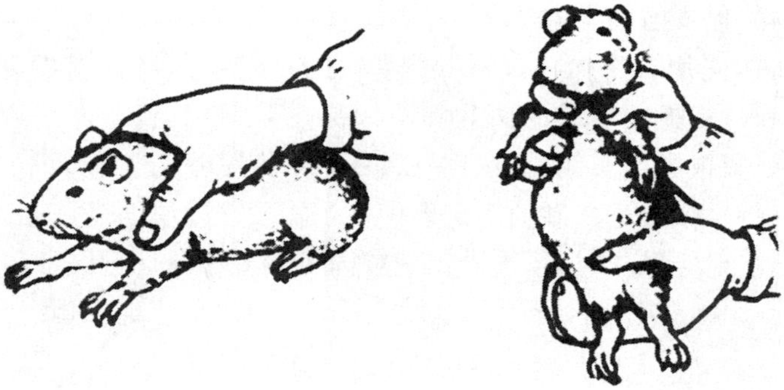

图 4.10 豚鼠的捉拿办法

4)家兔，右手抓住颈背部皮肤，左手托住臀部，使其躯干的重量主要压在左手上，然后按实验要求固定。做兔耳血管注射或取血时，可用兔盒固定。做各种手术时，可将兔麻醉后固定在手术台上或固定于特制的固定器中。

5)蛙和蟾蜍，直接用左手持蛙，中指夹住左右前肢，将两后肢拉直，用环指和小指夹住下肢，用右手持探针进行操作。若需要捣毁脑和脊髓时，用左手拇指和食指夹持青蛙或蟾蜍的头部，右手将金属探针经枕骨大孔向前刺入颅腔后，将针尖向头端进入脑室(有落空感)，左右摆动探针捣毁脑组织，观察无呼吸即可。然后退回探针向后刺入椎管内，再将针尖沿椎管向下刺入破坏脊髓，看到四肢松软，说明破坏脊髓成功。然后将蛙仰卧位，四肢用蛙钉固定在蛙板上。捉拿蟾蜍时注意不要挤压其两侧耳部突起的毒腺，以免毒液溅入操作者眼中。

4.3.2 实验动物给药方法

给实验动物用是医疗气象学实验研究工作的基本内容之一，如气象诱发疾病机理的研究等均需要进行动物实验研究。根据实验目的、所选用实验动物种类、实验的目的不同，对实验动物实施的给药方法也不同。这里主要介绍在基础医学实验中常用的给药方法。

(1)小鼠给药方法

1)灌胃，给小鼠灌胃时用左手固定小鼠，使其腹部向上，右手持灌胃器，将灌胃针经口插入口腔，用灌胃针轻压小鼠头部，使口腔与食管成一直线，再将灌胃针沿食管缓慢插入胃部 2～3 cm，如小鼠呼吸无异常，即可注入药物(图 4.11)。如遇到阻力或动物憋气时，则应取出重新插入，药液灌注完后轻轻退出灌胃器。灌胃操作时要固定好小鼠，使之头部与颈部保持平展，动作要轻柔、细致，切忌粗

图 4.11 小鼠灌胃方法

暴，以免损伤食管及膈肌。灌胃针如误插入气管可致动物立即死亡。小鼠每次灌胃量控制在 0.1～0.3 ml/10 g 体重。

2)皮下注射，小鼠皮下注射通常选择在背部。注射时一人双手分别捏住小鼠头部和尾部，另一人以左手拇指和中指将小鼠背部皮肤轻轻提起，食指轻按其皮肤，使其形成一个三角形小窝，右手持注射器从三角窝下部刺入皮下，轻轻摆动针头，如果容易摆动，表明针尖已刺入皮下，可将药液缓慢注入。针头拔出后，用左手在针刺部位轻轻捏住皮肤片刻，以防药液流出。

3)腹腔注射，腹腔注射时，用左手拇指和食指抓住小鼠头颈部的皮肤，手掌呈杯状紧握鼠背，使其腹部皮肤伸展，同时用小指压住鼠尾，固定好动物，使小鼠腹部向上，头呈低位，右手持连有 5 号针头的注射器，在小鼠左侧距下腹部腹中线 2 mm 的位置刺入皮下，沿皮下向前推进 3～5 mm，然后以 45 度刺大腹腔，针尖穿过腹肌后有抵抗力消失的感觉，固定针头。缓慢注入药液。小鼠每次腹腔注射药液量为 0.1～0.2 ml/10 g 体重。

4)静脉注射，一般采用尾静脉注射。小鼠尾部血管在背侧、腹侧及左右两侧均有集中分布，在这些血管中有四根十分明显，背侧和腹侧各有一根动脉，两侧各有一根静脉，两侧尾静脉比较容易固定。静脉给药时，先将小鼠固定在小鼠固定器内，其尾巴外露，尾部用温水浸泡或用乙醇擦拭，使血管扩张和表皮角质软化，然后将尾部向左或向右边拧 90°，使一侧尾静脉朝上，用左手食指和中指夹住鼠尾根部，使静脉充盈，用环指从下面托起尾巴，用拇指和小指夹住鼠尾末梢，右手持连有 4 号或 5 号针头的注射器从尾下 1/3 处进针，刺入后先推注少量药液，如无阻力，表明针头已进入静脉，即可注射(图 4.12)。小鼠每次尾静脉注射药液量为 0.05～0.25 ml/10 g 体重。注射完毕后将鼠尾向注射侧弯曲以止血。如需要反复注射，应尽可能从尾末端开始，以后逐步向尾根部方向移动。

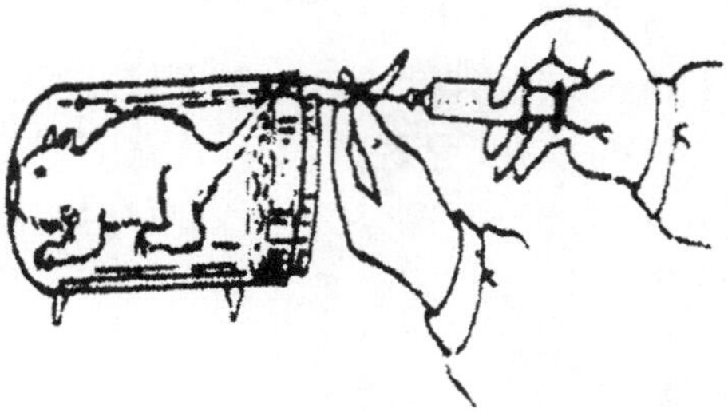

图 4.12　小鼠尾静脉注射办法

(2)大鼠给药方法

1)灌胃，大鼠的灌胃器由 5～10 ml 注射器连接 6～8 cm 长的特制灌胃针组成。操作时用左手固定大鼠，使大鼠伸开两前肢，手掌握住大鼠背部，右手持灌胃器，沿体壁用灌胃针测量口角至最后肋骨之间的长度，约为插入灌胃针的深度。灌胃时从大鼠口角插入灌胃针至口腔内，然后用灌胃针压住其舌部，使口腔与食管成一直线，再将灌胃针沿上腭壁轻轻进入食管，为防止将药液注入气管，注药前应先回抽注射器针栓，无空气逆流说明灌胃针不在气管内，方可注入药液。每次的灌胃量为 1～2 ml/100 g 体重。

2)皮下注射，大鼠皮下注射的部位通常选择在左侧下腹部或后肢外侧皮下。注射时轻轻提起注射部位的皮肤，将注射针头刺入皮下，一般先沿纵轴方向刺入皮肤，再沿体轴方向将注射针头推进 1 cm 左右，若左右摆动针尖很容易，则表明已刺入皮下，轻轻抽吸无回流物，即可缓慢注射药液。注射完拔出针头后，稍微用手指压一下注射部位，以防止药液外漏。每次皮下注射量不超过 1 ml/100 g 体重。

3)腹腔注射，大鼠腹腔注射时，可一人徒手固定住大鼠，使其头部向下、腹部向上并伸展。另一人持连有 5～6 号针头的注射器，在距下腹部腹中线左侧 2 mm的位置刺入皮下，沿皮下向前推进 3～5 mm，然后以 45 度刺入腹腔，针尖穿过腹肌后有抵抗力消失的感觉，固定针头，缓慢注入药液。每次腹腔注射药液量为 1～2 ml/100 g 体重。

4)肌肉注射，大鼠肌肉注射的部位一般选择后肢大腿外侧。肌肉注射主要用于注射不溶于水而悬于油或其他剂型中的药物。注射时固定动物，剪去注射部被毛，与肌肉层皮肤组织接触面成 60 度刺入针头，回抽针栓无回血后注入药液。注射完毕拔出针头，用消毒棉球轻压按摩注射部位，促进药液吸收。

5)静脉注射，大鼠的静脉注射通常选择尾静脉。大鼠的尾部血管与小鼠类似，在背侧、腹侧及左右两侧均有集中分布，背侧和腹侧各有一根动脉，两侧各有一根静脉，两侧尾静脉比较容易固定。大鼠尾部皮肤呈鳞片状角质化，因此注射前需要用乙醇棉球擦拭，使血管扩张和表皮角质软化，然后将尾部向左或右边拧 90 度，使一侧尾静脉朝上，用左手拇指和食指捏住鼠尾两侧，用中指从下面托起尾巴，用环指和小指夹住鼠尾末梢，右手持连有 5 号针头的注射器从尾下 1/4 处进针，刺入后先推注少量药液，如无阻力，表明针头已进入静脉，可继续注射。如需要反复注射，应尽可能从鼠尾末端开始，以后逐步向尾根部方向移动。每次静脉注射药液量以 1 ml/100 g 体重。

4.3.3 实验动物的麻醉

在实验中，有时需要对动物进行手术，因此手术前必须对动物进行麻醉，使动物在手术或实验中减少疼痛，保持安静，以利实验顺利进行。麻醉药的种类较多，作用原理也各不相同，它们除能抑制中枢神经系统外还可引起其他生理功能的变化。理想的麻醉药应具备下列条件：麻醉完全，实验过程中动物无挣扎、动弹或鸣叫现象，麻醉时间大致满足实验要求；对动物的毒性最小；对所观察的指标影响最小；使用方便。所以，需要根据动物的种类和实验手术的要求加以选择。麻醉必须适度，过浅或过深都会影响手术或实验的过程和结果。

(1)麻醉药品的分类

1)吸入性麻醉药

乙醚是最常用的吸入性麻醉药，可用于各种动物，尤其是时间短的手术或实验。乙醚为无色透明、极易挥发、有刺激气味的液体，其作用机制为抑制中枢神经系统，使肌肉松弛。具有应用范围广、适用于各种动物、麻醉安全系数大、麻醉深度易于掌握等优点。缺点是需专人管理麻醉，在麻醉初期动物常出现强烈的兴奋现象，对上呼吸道黏膜有较强烈的刺激作用，易发生呼吸道阻塞。因此，使用中应注意观察动物的呼吸道是否通畅。其他吸入性麻醉药主要包括氯仿、氟烷等，在实验中应用较少。

2)非吸入性麻醉药

巴比妥类药物：具有镇静及催眠效应，根据其作用时限可分为长、中、短、超短时作用四类。其主要作用机制为阻止神经冲动传到大脑皮质，从而达到对中枢神经系统产生抑制的作用。常用药物有以下几种。

戊巴比妥钠：最为常用。本品为白色粉末，用时配成 3%～5%的溶液静脉或腹腔注射。作用发生快，持续时间 3～5 小时。静脉注射时，前 1/3 剂量可快速注射，以快速渡过兴奋期；后 2/3 剂量则应缓慢注射，并密切观察动物的肌紧张状态、呼吸频率及深度和角膜反射。动物麻醉后，常因麻醉药的作用及肌肉松弛和皮肤血管扩张而使体温下降，所以实验过程中应注意保温。

硫喷妥钠：淡黄色粉末，其水溶液不稳定，故需临时配置成 2.5%～5%溶液静脉注射。一次给药可维持 0.5～1 小时。实验时间较长时可重复给药，维持量为原剂量的 1/10～1/5。

阿米妥钠：对迷走神经有很大的抑制作用，但对糖类代谢无影响(静脉注射时)。用时需溶于稍偏碱性的温水。

氨基甲酸乙酯(乌拉坦)是一种非挥发性麻醉药，常用于兔、狗、猫、蛙等动物。本药易溶于水，使用时可配成 20%～25%的溶液。其优点为：廉价、使用简便，一次给药可维持 4～5 小时，且麻醉过程平稳，动物无明显挣扎现象。因此，手术或实验过程中无需专人管理麻醉。缺点：苏醒慢，麻醉深度和使用剂量较难掌握。兔、狗、猫的使用剂量为 0.7～1 g/kg 体重，可采用静脉注射、腹腔注射或直肠灌注。值得注意的是，此药在低温下易形成结晶析出，使实际浓度降低，此时应加温溶解后使用。其麻醉机制需进一步研究。

氯氨酮，主要阻断大脑联络径路和丘脑反射到大脑皮质各部分的经络，选择性的阻断痛觉，是一种具有镇痛效应的麻醉药。注射后，可使整个中枢神经系统出现短暂的、由浅入深的轻微抑制，称为浅麻醉。

(2)麻醉的方式

1)吸入麻醉

小鼠、大鼠、家兔常用乙醚吸入麻醉。把5%～10%乙醚浸过的脱脂棉或纱布铺于麻醉用的透明容器,以利于观察。将实验动物置于容器内,容器加盖。20～30 min动物进入麻醉状态,然后可将一大小合适的烧杯内放大小适当的乙醚棉球后,套于实验动物的头部,再进行实验操作,可延长麻醉时间。

2)注射麻醉

静脉注射,应根据动物的种类选择血管。大鼠和小鼠多选用尾静脉,家兔多选用耳缘静脉,犬多选用后肢小隐静脉。

腹腔注射,啮齿类动物常用此方法给药。注射部位应在腹部的左、右下侧1/4的部位,因为此处无重要器官。其家兔在腹部近(腹)白线1 cm处,犬在脐后腹白线侧缘1～2 cm处注射。给大鼠、小鼠注射时,左手捉拿动物,使腹部向上,头部略低于尾部,右手持注射器将针头平行刺入达皮下,再向前进针3～5 mm,针头能自由活动,说明已注入皮下。然后注射器以45度斜刺大腹肌,进入腹腔,此时可有落空感,回抽注射器,若无回流血液或尿液时即表明未伤及肝脏和膀胱,可缓慢注入药物。

(3)麻醉效果的观察

动物的麻醉效果直接影响实验的进行和实验结果。如果麻醉过浅,动物会因疼痛而挣扎,甚至出现兴奋状态,呼吸心跳不规则,影响观察。麻醉过深,可使机体的反应性降低,甚至消失,更为严重的是抑制延髓的心血管活动中枢和呼吸中枢,使呼吸、心跳停止,导致动物死亡。因此,在麻醉过程中,必须善于判断麻醉程度,观察麻醉效果。判断麻醉程度的指标有以下几个方面。

呼吸。动物呼吸加快或不规则,说明麻醉过浅,可再追加一些麻醉药,若呼吸由不规则转变为规则且平稳,说明已达到麻醉深度。若动物呼吸变慢,且以腹式呼吸为主,说明麻醉过深,动物有生命危险。

反射活动。主要观察角膜反射和睫毛反射,若动物的角膜反射灵敏,说明麻醉过浅;若角膜反射迟钝,麻醉程度适宜;角膜反射消失伴瞳孔放大,则麻醉过深。

肌张力。动物肌张力亢进,一般说明麻醉过浅,全身肌肉松弛,表示麻醉适宜。

皮肤夹捏反应。麻醉过程中可随时用止血钳或有齿镊夹捏动物皮肤,若反应灵敏,则麻醉过浅;若反应消失,则表示麻醉程度适宜。

总之,观察麻醉效果要仔细,上述四项指标要综合考虑,在静脉注射麻醉时还要边注入药物边观察。只有这样,才能获得理想的麻醉效果。

(4)常用麻醉药的剂量及给药途径

常用麻醉药的剂量及给药途径见表4.2。

表 4.2 常用麻醉药剂量和给药途径

麻醉药	动物	给药途径	浓度	剂量	持续时间	其他
乙醚(Ether)	各种动物	吸入		适量		可用阿托品抗分泌黏液
戊巴比妥纳(Sodium Pento barbital)	兔	静脉	3%	30 mg/kg	3～5 h	麻醉较平稳
	狗、猫	腹腔	3%	35 mg/kg		
	鼠	腹腔	3%	40 mg/kg		
氨基甲酸乙酯(Urethane)	兔、猫	静脉	25%	1000 mg/kg	2～4 h	对器官功能影响较小
		腹腔	25%	1000 mg/kg		
	鼠	腹腔	25%	1000 mg/kg		
	蛙	皮下囊	25%	1000 mg/kg		
硫喷妥钠(Sodium Thiopental)	狗、猫	静脉	2.5%～5%	(15～25)mg/kg	0.5～1.5 h	溶液不稳定，现用现配；不宜做皮下肌内注射；注射速度要慢
	兔	静脉	2.5%～5%	(10～20)mg/kg		
安密妥钠(Sodium Comgital)	狗、兔、猫	静脉	10%	60 mg/kg	4～6 h	
		腹腔	10%	100 mg/kg		
	鼠	腹腔	10%	100 mg/kg		
氯醛糖(Chloralose)	狗、兔、猫	静脉	1%	70 mg/kg	3～4 h	对呼吸和血管运动中枢影响较小
		腹腔	1%	100 mg/kg		
		胃肠	1%	100 mg/kg		

4.3.4 常用手术基本操作

(1)动物手术的基本方法

1)剪毛、切口和止血

对哺乳动物进行手术之前，需将切口部位及其周围的毛剪去。剪毛应使用剪毛剪或粗剪刀，不可用组织剪及眼科剪。持剪姿势同一般手术剪。剪毛时，应将剪毛剪的凸面贴近皮肤，依次剪毛，注意勿剪及皮肤。剪下的毛应放于盛有水的烧杯内，以免到处飞扬，污染环境。做切口前，应注意切口的大小和解剖结构，一般以少切断神经和血管为原则，同时应尽可能地使切口与各层组织的纤维方向一致。切口的大小，便于手术操作为宜。方法是先用左手拇指和食指、中指将预定切口上端两侧的皮肤固定，右手持手术刀，用执弓式或执笔式，以适当的力量，一次全线切开皮肤和皮下组织，直至肌层。

在手术过程中必须随时注意止血，以免造成手术血肉模糊，难以分辨血管和神经，延误手术时间。止血的方法有：组织渗血，可用温热盐水纱布压迫、明胶海绵覆盖或电凝等方法；较大血管出血，应用止血钳夹住出血点及其周围少许组织，结扎止血；骨组织出血，先擦干创面，再及时用骨蜡填充堵塞止血；肌肉的血管丰富，肌肉组织出血时要与肌组织一同结扎。为避免肌肉组织出血，在分离肌肉时，若肌纤维走向与切口一致，应钝性分离；若肌纤维走向与切口不一致，则应采取两端结扎中间切断的方法。干纱布只用于吸血和压迫止血，不可用来揩擦组织，以免组织损伤和刚已形成的血凝块脱落。实验中，应将创口暂时闭合，或用温热生理盐水纱布盖好，以免组织干燥。

2)神经和血管的分离方法

神经和血管都是易损伤的组织，因此在分离过程中要细心、轻柔，切不可用有齿镊子进行剥离，也不可用止血钳或镊子夹持，以免损伤其结构与功能。分离时应掌握先神经后血管、先细后粗的原则。分离较大的神经和血管时，应先用蚊式止血钳将其周围的结缔组织稍加分离，然后用大小适宜的止血钳沿分离处插入，顺神经或血管的走向逐步扩大，直至将神经血管分离出来。在分离细小的神经或血管时，要用眼科镊或玻璃分针小心操作，须特别注意保持局部的自然解剖位置，不要把结构关系弄乱。分离完毕后，在神经或血管的下方穿以浸透生理盐水的丝线，供刺激时提起或结扎之用。然后，盖上一块盐水纱布，防止组织干燥。

3)气管插管术

在哺乳动物急性实验中，为保证呼吸道通畅，一般均需做气管插管术。其操作步骤为：动物麻醉后，将其仰卧位固定后，用剪刀紧贴颈部皮肤依次将手术所需用部位的毛剪去。不可用手提起毛，以免剪破皮肤。

沿颈部下颌至锁骨上缘正中线做一长 4～6 cm 的皮肤切口，分离皮下筋膜，暴露胸骨舌骨肌。注意：手术刀的用力要均匀，不可因用力过大、过猛而切断气管表面的肌肉组织。

用止血钳插入左右两侧胸骨舌骨肌之间，做钝性分离，将两条肌肉向两外侧缘牵拉并固定，以便充分暴露气管。用弯形止血钳将气管与背侧面的结缔组织分开，游离气管约 5 cm，在其下面穿线备用（穿线时应注意将气管与大血管和神经分开）。

用手术刀或手术剪在甲状软骨下方 3 或 4 软骨环上，横向切开气管前壁，用尖剪刀向气管的头端做一小纵向切口，使整个切口呈倒“T”字形。气管上的切口不宜大于气管直径的 1/3，需防止血液流入气管内。

如气管内有血液或分泌物，应先用棉球揩净，再用组织镊夹住气管切口的一角，将气管插管在切口处向胸腔方向插入气管腔内，用备用线结扎插管，并固定于侧管分叉处，以免“Y”形插管滑脱。如气管内有较多分泌物或血液，应先清除，再行插管，插管后如动物突然出现呼吸急促，说明提示气道不畅，应及时进行处理。

4)动脉插管术

颈总动脉插管术。首先将动物麻醉后固定于手术台上;再选择手术视野、剪毛(以家兔为例),在家兔下颌至锁骨处的范围内,紧贴动物颈部皮肤(不可提起动物毛),小心地剪去动物毛,并用生理盐水纱布清理手术范围;切开颈部皮肤,第一、第二术者右手持组织镊轻轻提起两侧皮肤,沿离下颌下 3～4 cm 至锁骨上 1 cm 处的手术视野内剪开皮肤 3～4 cm 的小口。随后用止血钳贴紧皮下向下钝性分离皮下筋膜。注意及时止血、结扎出血点;分离颈部皮下筋膜:用止血钳钳夹左、右侧缘皮肤切口向外牵拉,以便充分暴露手术视野。用蚊式止血钳或剪刀钝性分离皮下筋膜或在筋膜上无大血管的情况下剪开皮下筋膜,暴露肌肉层组织结构。注意剪开或切开的皮下筋膜,应与皮肤切口大小一致;分离肌肉层组织,当剪开皮下筋膜后,迅速用直型止血钳夹住皮下筋膜,并与皮肤固定在一起向外牵拉,充分暴露肌肉层组织特征。此时不要盲目地进行各种手术操作,应仔细地寻找颈部组织解剖学的特殊结构。在气管的表面有 2 条肌肉组织的走向。一条与气管走向一致、紧贴且覆盖于气管表面上的胸骨舌骨肌,另一条肌肉即是向侧面斜行的胸锁乳突肌。在这 2 条肌肉组织的汇集点上插入弯止血钳,以上下左右的分离方式分离肌肉组织,即可清晰地暴露出深部组织内的颈动脉血管鞘结构;游离颈总动脉血管,细心分离血管鞘膜,游离与颈动脉伴行的各种神经纤维。在靠近锁骨端,分离出 3～4 cm 长度的颈总动脉血管,并在其下面穿入 2 根手术线备用。当确定游离的颈总动脉有足够的长度时结扎远心端的血管,待血管内血液充分充盈后,在近心端先用动脉夹夹住颈总动脉血管,以便实施插入导管;颈总动脉插管—— 一般选择左颈总动脉,靠近颈总动脉血管的远心端血管处,用医用眼科直剪成 45 度剪开血管直径的 1/3(注意:血管切口面一定要呈斜向近心端的斜切面,不能呈垂直面)。用弯形眼科组织镊的弯钩插入到血管腔内,轻轻挑起血管。此时可见到颈总动脉的血管腔呈现一小“三角口”,迅速沿着此切口准确地插入血管导管 1～1.5 cm 后,在近心端结扎、固定血管、放开动脉夹。利用远心端的结扎线再次结扎插管导管,记录血压信号。

股动脉插管术。首先把动物麻醉后固定于手术台上;再选择手术视野、剪毛,在动物的后肢股三角处,紧贴动物皮肤剪去局部毛,并用生理盐水纱布清理手术范围;切开股部皮肤,第一、第二术者手持组织镊轻轻提起两侧皮肤,沿股三角内动脉搏动的走行方向剪开皮肤约 4 cm。如出现渗血或出血的情况需要及时止血;分离股部皮下筋膜,家兔的股部皮下筋膜较薄,只要用弯形止血钳采取不断撑开筋膜的方法 1 次或 2 次,即可暴露股三角肌肉层的解剖学特征。然而大鼠类动物,切开皮肤后会有一定的脂肪组织涌现,可用弯止血钳钳夹住已暴露的脂肪组织，用手术线结扎后剪去多余的脂肪组织。此时可以见到皮下筋膜组织，用眼科镊钝性分离筋膜，清晰暴露股三角解剖学结构后即可；游离股动脉血管，股三角指的是上面以腹股沟韧带为界，外侧面以缝匠肌的内侧缘为界，内侧面以长收肌的内侧缘为界，所形成的一个三角形的区域。在此区域内由外向内分别为股神经、股动脉、股静脉。然而，实际上我们只能见到的是股神经和股静脉。因为股动脉的位置是在中间偏后，恰恰被股神经和股静脉所遮盖。了解这些解剖学的特征是十分重要的，它可避免盲目地去寻找血管，同时只有确认了此部位的血管，才可进行血管导管插入操作。当寻找到股三角部位的血管后，要及时判断血管的类别。一般情况下判断动静脉血管的标准有两项——一是动脉血管的颜色较为鲜红或淡红色，静脉血管的颜色为深红或紫红色；二是动脉血管看似刚劲，有明显的搏动现象，而静脉血管看似单薄、无搏动感。对于小动物，利用眼科镊细心地分离股部血管鞘膜、分离血管间的结缔组织，游离股动脉表面的神经。对大动物则需要借助小号蚊式止血钳和配合眼科镊，分离股部血管鞘膜和分离血管间的结缔组织，游离股动脉表面的神经。在靠近血管远心端的区域分离出 2～4 cm 长度的动脉血管，并在其下面穿入 2 根手术线备用。当确定游离的股动脉有足够的长度时结扎远心端的血管，待血管内血流充分充盈后再在近心端用动脉夹夹闭股动脉；股动脉插管。在靠近远心端血管结扎线处，用医用眼科直剪成 45 度剪开血管直径的 1/3，血管切口应斜向近心端，呈倒“V”形的斜切面，不能呈垂直面。用弯形眼科镊的弯钩或特制的血管探针准确地插入到血管腔内并轻轻挑起血管，此时可见到动脉血管切口呈现一小“三角口”，迅速沿着此切口准确地插入血管 1.5～2.5 cm(小动物)或 2～4 cm(大动物)，在近心端结扎固定血管导管、放开动脉夹。

肺动脉插管术。肺动脉插管常用于检测肺动脉压、肺动脉楔压，同时可了解肺血管舒缩活动，是生理实验常用的技术；首先调试计算机生物信号记录分析系统，连接压力换能器，校零位、定标，将肺动脉插管套在三通上，固定三通与压力传感器上，向压力传感腔内注入液状白蜡及肺动脉导管内注入肝素，排尽各部位的气泡。将肝素塞接在三通上，以便随时冲导管，防止血液栓塞导管；取健康大白鼠一只，体重 250 g 左右，用 20%氨基甲酸乙酯(乌拉坦)溶液按 1 ml/100 g 体重，腹腔注射麻醉，将麻醉好的仰卧位固定于实验板上。在颈部正中剪毛，切开皮肤，分离右侧颈外静脉 2～3 cm 在血管下穿两条线备用，一条线结扎远心端，靠结扎近心端用眼科剪剪开血管(注意剪刀与血管保持 45 度，以防剪断血管)，用眼科镊提起血管壁，将充满肝素的导管插入血管，通过显示器观察导管所到部位(图 4.13)，直至进入肺动脉，用另一条线固定血管和导管，完成肺动脉插管。

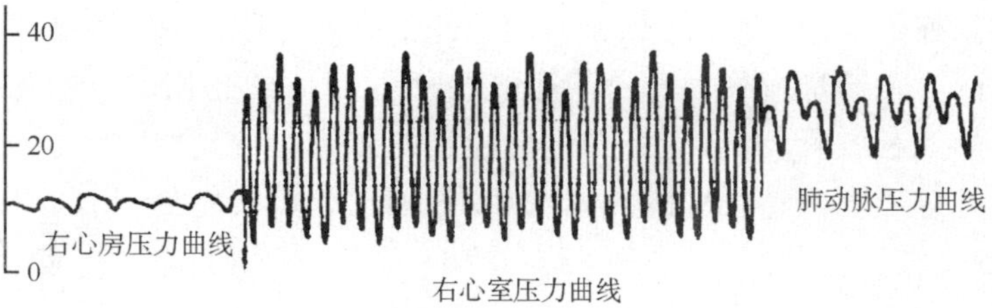

图 4.13　心房、心室、肺动脉压力曲线

5)静脉插管术

颈静脉插管术。首先将动物麻醉后固定于手术台上;再准备手术视野,在家兔下颌至锁骨处剪去动物被毛,用浸泡过生理盐水的布清理手术视野;切开颈部皮肤。手术者可用组织镊轻轻提起两侧皮肤,沿离下颌 3 cm 至锁骨上 1 cm处剪开皮肤约 1 cm 的小口后用止血钳紧贴皮下,向上钝性分离皮下筋膜 3～4 cm,再用医用直剪刀剪开皮肤。用同样的方法向下分离皮下筋膜,剪开皮肤 3～4 cm。手术中注意及时止血和结扎出血点;暴露颈总静脉。颈外静脉较浅,位于颈部皮下。当完成切开颈部正中皮肤组织后,只要轻轻提起左侧缘皮肤,用手指从皮肤外将一侧部分组织外转翻起即可在胸锁乳突肌外缘处清晰见到粗而明显的颈总静脉。沿血管走向用蚊式止血钳钝性分离皮下筋膜,暴露颈总静脉 3～5 cm,穿 2 根手术线备用。在靠近锁骨端用动脉夹夹闭颈总静脉的近心端,待血管内血液充分充盈后结扎颈总静脉的远心端;颈总静脉插管。靠近血管远心端处,用眼科直剪成 45 度剪开血管直径的 1/3,用弯形眼科镊的弯钩插入到血管内轻轻挑起血管,此时可见到颈总静脉血管腔,插入静脉插管 1.5～2 cm;静脉插管固定。导管插入静脉血管后,先在近心端结扎血管导管,然后在静脉插管上打结固定,放开动脉夹。

股静脉插管术。首先将动物麻醉后固定手术台上;在选择手术视野。在动物股三角处的范围内,紧贴局部皮肤剪去毛,并用生理盐水纱布清理手术范围;切开股部皮肤。用手指触压动物股部,触感其动脉搏动后,手持组织镊轻轻提起两侧皮肤沿股三角内动脉搏动的走向剪开皮肤约 4 cm,并注意及时结扎出血点;分离股部皮下筋膜。家兔及犬的股部皮下筋膜较薄,只要用弯形止血钳采取不断撑开筋膜的方法,即可暴露股三角解剖学的特征。然而大鼠类动物切开皮肤后会有一定的脂肪组织涌现,可用弯形止血钳夹住已暴露的脂肪组织,采用手术线结扎方法剪去多余的脂肪组织。此时可以见到皮下筋膜组织,用眼科镊钝性分离筋膜,清晰暴露股三角解剖学特征后即可;游离股静脉血管。在股三角内由外向内依次为股神经、股动脉、股静脉。对于小动物而言,利用眼科镊细心地分离股部血管鞘膜、分离血管间的结缔组织,游离股静脉表面的神经。对大动物则需要借助小号蚊式止血钳和配合眼科镊分离股部血管鞘膜和分离血管间的结缔组织，游离股静脉表面的神经。直至在靠近远心端的区域，分离出 2～4 cm 长的静脉血管，并在其下面穿入两根手术线备用。当确定游离的股静脉有足够的长度时，用动脉夹夹住近心端的血管，待静脉血管内血液充分充盈后再结扎远心端血管；股静脉插管。在靠近远心端血管处，用医用眼科直剪成 45 度剪开血管直径的 1/3。注意血管切口一定要呈斜切面，不能呈垂直面。用弯形眼科组织镊的弯钩或特制的血管探针准确地插入血管腔内，并轻轻挑起血管。此时可见到静脉血管切口呈现一小"三角口"，迅速沿此切口准确地插入血管导管 1.5～2.5 cm，在近心端结扎、固定血管导管。再利用远心端的结扎线再次结扎插管导管。

6)心导管插管术

心导管插管通常有两种方法，即右心导管插管术和左心导管插管术。经静脉插入导管至右心腔，称为右心导管插管术；经动脉逆行插入导管至左心腔，称为左心导管插管术。现对右心导管插管技术和左心导管插管技术分别介绍如下。

右心导管插管术。在家兔或大鼠下颌至锁骨上缘的范围内剪去动物被毛，用生理盐水纱布清理手术范围。距下颌 2 cm 处至锁骨上 1 cm 处，剪开 2～3 cm的皮肤切口并止血。提起皮肤切口，钝性分离浅筋膜、肌肉，在胸锁乳突肌外缘清晰可见颈外静脉(一般用右侧)。暴露右侧颈外静脉 2～3 cm。在靠近锁骨端用动脉夹夹闭近心端颈外静脉，在血管的远心端穿手术线，待血管内血液充盈后用棉线结扎颈总静脉的远心端。测量切口到心脏的距离，并在心导管上做好标记，作为插入导管长度的参考。靠近远心端已用棉线结扎血管处用眼科剪成 45 度剪开 1/3 血管，用弯形眼科组织镊的弯钩插入到血管内轻轻挑起血管，此时可见到静脉血管腔，迅速插入心导管约 2.5 cm 后，在近心端结扎血管与导管，放开动脉夹。当将心导管插入到颈静脉后，平行地继续推送导管时遇到了阻力，此阻力是因接触锁骨所致，应将心导管提起成 45 度的角度，稍后退再继续插入导管至心导管上所做标记处，插管时出现一种"扑空"的感觉，表示心导管已进入到右心室。此时应借助显示器上图形的变化，证实心导管是否已进入右心室。在近心端处重新牢固结扎血管。在远心端处将结扎血管的棉线再结扎到导管上，起到加固的作用。

左心导管插管术。动物麻醉后固定于手术台上。颈部手术，找到颈动脉鞘并游离颈总动脉(一般用左颈总动脉)。右手持玻璃分针顺着血管走向钝性分离颈总动脉 2～3 cm，穿两根手术线备用，一根线结扎远心端，近心端用动脉夹夹住，另一根线打一松结备用。在靠近远心端血管结扎处用左手拇指及中指拉住远心端线头，食指从血管背后轻撬血管，右手持眼科剪与血管成 45 度剪开血管直径的 1/3。测量切口到心脏的距离，在心导管上做一标记作为插入导管距离的参考依据。用弯形眼科组织镊的弯钩插入到血管腔内轻轻挑起血管，此时可见到颈总动脉血管腔。右手持心导管以其尖端斜面与动脉平行地向心方向插入动脉内，插入心导管约 2 cm 后，用手轻轻捏住血管切口部位，放开动脉夹。操作者一手捏住血管切口处，另一手将心导管继续、平行地推送到预定部位。在计算机屏幕上可以看到平均动脉压的曲线图形变化。当心导管到达主动脉入口处时，即可触及脉搏搏动的感觉，继续推进心导管。若遇到较大阻力，切勿强行推入，以免损伤主动脉瓣，此时可将心导管略微提起少许成 45 度，再顺势向前推进，出现一种“扑空”的感觉，表示心导管已进入到心室部位，心导管进入心室，在计算机屏幕上出现心室压力波形。此时，在近心端重新牢固地结扎血管。在远心端将结扎血管的手术线再结扎到导管上，起到加固的作用。

(2)采血法

1)大、小鼠的采血法

断尾采血。当采血量很少时采用本法。固定动物露出鼠尾，将鼠尾在 45℃ 温水浸泡数分钟，也可用二甲苯等化学药物涂抹，使尾部血管扩张。将鼠尾擦干，剪去尾尖，血自尾尖流出，让血液滴入盛器或直接用移液器吸取。如需间隔一定时间，多次采取鼠尾尖部血液，每次采血时，将鼠尾剪去很小一段，取血后，先用棉球压迫止血并立即用 6% 液体火棉胶涂于尾巴伤口处，使伤口外结一层火棉胶薄膜，保护伤口。也可采用切割尾静脉的方法采血，3 根尾静脉可交替切割，并自尾尖向尾根方向切割，每次可取 0.2～0.3 ml 血，切割后用棉球压迫止血。这种采血方法在大鼠进行较好，可以在较长的间隔时间连续取血，进行血常规检查。

眼眶后静脉丛采血。当需要中等量的血液，且需避免动物死亡时采用此法。用左手捉鼠，尽量捏紧头部皮肤，使头固定，并轻轻向下压迫颈部两侧，引起头部静脉血液回流困难，使眼球充分外凸(示眼眶后静脉丛充血)，右手持毛细玻璃管，沿内眦眼眶后壁向喉头方向刺入。刺入深度小鼠 2～3 mm，大鼠 4～5 mm。感到有阻力时再稍后退，使毛细管保持水平位，稍加吸引，由于血压的关系，血液即流入玻璃管中。得到所需的血量后，拔出毛细管。小鼠一次可采血 0.2～0.3 ml，大鼠一次可采血 0.4～0.6 ml。

断头采血。当需要较大量的血液，而又不需继续保存动物生命时采用此法。左手捉持动物，使其头略向下倾，右手持剪刀猛力剪掉鼠头，让血液滴入盛器。小鼠可采血 0.8～1.0 ml，大鼠可采血 5～8 ml。

摘眼球采血。此法既能采取较大量的血液，又可避免断头采血法中因组织液的混入导致溶血的现象，现常取代断头采血法。操作时先使动物眼球突出充血后，以弯头眼科镊迅速钳取眼球，并将鼠倒置，头向下，眼眶内很快流出血液，让血液滴入盛器，直至不流为止。此法由于采法过程中动物未死，心脏不断在跳动，因此采血量比断头法多，一般可取 4%～5%鼠体重的血液量，是一种较好的采血方法。

心脏采血。动物仰卧固定在固定板上，剪去心前区部位的被毛，用碘酒、乙醇消毒皮肤。在左侧第 3～4 肋间，用左手食指摸到心搏处，右手取连有 4～5 号针头的注射器，选择心搏最强处穿刺，当针刺入心脏时，血液因心脏跳动而自动进入注射器。此法要点：要迅速而直接插入心脏，如第一次没刺准，将针头抽出重刺，取血时要缓慢而稳定的抽吸。若不需保留动物生命时，也可麻醉后切开动物胸部，将注射器直接刺入心脏抽吸血液。

2)家兔的采血法

耳缘静脉采血。如要采集少量血液，可采用此法。将家兔放在固定盒内，小心剪去拟采血部位的毛，用电灯照射加热，或用二甲苯棉球擦耳壳，使血管扩张。用粗针头刺破耳缘静脉，让血液自然流出。采血后用棉球压迫止血。亦可用针头插入耳缘静脉采血，其操作步骤基本与耳缘静脉注射相似。助手帮助压紧耳根部，这样抽血时比较容易。

耳中央动脉采血。在兔耳的中央有一条较粗、颜色较鲜红的中央动脉，用左手固定兔耳，右手持注射器，在中央动脉末端，沿着动脉向心方向平行刺入动脉，此法一次可采血 10～15 ml。取血完毕后注意止血。抽血时要注意：由于兔耳中央动脉易发生痉挛性收缩，因此抽血前，必须先让兔耳充分充血，当动脉扩张，未发生痉挛性收缩前立即抽血。不要在近耳根处取血，因耳根部软组织厚，血管位置较深，易刺透血管造成皮下出血。

心脏采血。兔心脏采血法和大、小鼠心脏采血法类似，且比较容易掌握。将兔仰卧固定在手术台上，将心脏部位被毛剪去，用碘酒、乙醇消毒皮肤，选择心搏最明显处穿刺，针头刺入心脏后即有血液涌入注射器。取得所需血量后，迅速将针头拔出，这样心肌上的穿孔易于闭合。经 6～7 d 后，可以重复进行心脏采血。

3)豚鼠的采血法

背中足静脉采血。助手固定动物，将其后肢膝关节伸直捉到实验者面前，实验者将动物脚背面用乙醇消毒，找出背中足静脉后，以左手的拇指和食指拉住豚鼠的趾端，右手拿注射器针刺入静脉，确认针头在静脉内应立即抽血，采血后，用纱布或脱脂棉压迫止血。反复采血时，两后肢交替使用。

心脏采血。豚鼠的心脏采血法与兔的采血方法相似。

4)狗的采血法

狗常从前肢皮下静脉，后肢小隐静脉采血，其操作步骤与静脉注射相似，但技术需熟练。在新生仔狗、小狗大量采血时，可选颈静脉采血。

4.4　常用生理盐溶液

生理盐溶液(PSS)一般指用于温浴或灌流离体组织或器官的近似于生物组织液的液体。PSS 为离体标本提供近似体内的生理环境，其中包括适当的各种离子浓度和渗透压、适当而恒定的酸碱环境、足够的能量和氧气。PSS 的选择与配制是影响实验成败的最重要的因素之一，若 PSS 选择或配制不当，标本的反应性会出现异常甚至难以存活。生理学实验中常用的 PSS 有数种，其成分和用途各异，如表 4.3 所示。

表 4.3　生理实验常用盐溶液　　单位：g(水：ml)

药品名称	生理盐水		任氏液	乐氏液	台氏液
	两栖类	哺乳类	两栖类动物	哺乳类动物	哺乳类动物(小肠)
氯化钠(NaCl)	6.5	9.0	6.50	9.00	8.00
氯化钾(KCl)	/	/	0.14	0.42	0.20
氯化钙($CaCl_2$)	/	/	0.12	0.24	0.20
氯化镁($MgCl_2$)	/	/	/	/	0.10
葡萄糖(GS)	/	/	2.00	1～2.5	1.00
碳酸氢钠($NaHCO_3$)	/	/	0.20	0.1～0.3	1.00
磷酸二氢钾(KH_2PO_4)	/	0.01	/	0.05	/
蒸馏水(H_2O)	加至 1000	加至 1000	加至 1000	加至 1000	加至 1000

常用抗凝剂的配制。生理学实验中常需要抗凝剂防止血液凝固，以便实验顺利进行。如通过插管和导管记录血压或心室内压时，抗凝剂可以抑制血液凝固保证压力传送过程通畅及时、准确；体外分离血小板测定其功能；制备血清进行生化化验等。常用的抗凝剂有肝素、枸橼酸钠、草酸钾等。

草酸钾，用于血液样品检验的抗凝。在试管内加饱和草酸钾溶液 2 滴，轻轻叩击试管，使溶液均匀分散到管壁四周，置≤80℃的烘箱内烤干备用。此抗凝管可用于 2～3 ml 血液。

肝素用于体外抗凝时，取 1%肝素溶液 0.1 ml 于试管内，均匀浸润试管内壁，放入 80～100℃烘箱中烤干备用。每管可用于 5～10 ml 血液。用于体内抗凝时，常用量为 5～10 mg/kg。市售肝素注射浓度为 12500 U/ml，相当于肝素钠 125 mg。应置于 4℃保存。

枸橼酸钠，一般仅用于体外抗凝，如用于分离血小板测定其功能，分离血浆等，其抗凝浓度一般为 0.1～0.2 mg/ml。体外抗凝常用 3.8%枸橼酸钠溶液，用量为枸橼酸钠溶液：血液＝1：9，如用于红细胞沉降率的测定等。急性血压实验常用 5%～7%枸橼酸钠溶液抗凝。

习　题

(1)医学常用的实验动物包括哪些？它们主要用于什么实验目的？
(2)简述如何选择实验动物。
(3)实验动物健康状态的判断标准是什么？
(4)简述动物生理实验常用的手术器械的使用方式及用途。
(5)实验动物是如何进行编号的？
(6)以小白鼠为例，简述捉拿、固定及给药。
(7)在动物实验中，理想的麻醉药应具备哪些条件？
(8)简述麻醉药的种类及麻醉方式。
(9)简述动物手术的基本方法。
(10)按不同的要求，如何对大、小鼠进行采血？
(11)常用的抗凝剂包括哪些？如何使用？

第 5 章　气象条件对人体生理机能的影响

人生活在大气中，无时不受气象条件变化的影响，气象要素对人体的影响是通过皮肤、呼吸系统、感觉系统等神经感受器，下丘脑、植物神经及内分泌腺等来实现的。随着气象要素的季、月、周及日变化，人的生理机能也发生着一系列变化，当气象条件发生剧烈变化时，人体的生理机能不能迅速调整，并发生功能障碍，就会导致人体生病。

5.1　气象要素作用于人体的途径

气象要素作用于人体的途径是通过人体的外感受器接受不同气象要素的刺激，感觉器将刺激转变为神经冲动，该冲动经过感受神经和中枢神经传导至大脑皮层，产生对气象要素刺激的感觉。经对刺激行为的整合，通过传出神经、下丘脑、垂体、植物神经等，调整机体功能活动与气象要素不断变化的环境相适应。

人体不同部位的感受器可接受不同的气象要素刺激。皮肤和黏膜主要接受气温、湿度、降水、风、大气酸碱度、太阳辐射、雾等刺激；呼吸系统主要接受气温、湿度、风、大气酸碱度、气压、气溶胶、臭氧、大气电及大气中一切化学物质的刺激；感觉器官，包括眼、鼻、耳，可接受光线（如可见光）、气压、雾、大气电、气味等刺激，眼睛可接受可见光、闪电、雾的刺激，耳内压力感受器接受气压变化的刺激，鼻子接受气味的刺激等。

不同的气象要素作用于人体不同的部位、可引起不同的生理功能变化，气温作用于皮肤，通过皮肤感受器，产生 EP（内生致热原）传递到下丘脑温敏神经元，引起调温效应器反应，使血管收缩或扩张来保持体温的恒定；气温可影响内分泌功能——影响脑垂体，调节抗利尿素，促甲状腺素及促性腺素；影响甲状腺，调节甲状腺激素，甲状腺素具有促进体内大多数组织细胞内的物质氧化，提高耗氧率，增加人体产热量，使基础代谢率增高的作用；影响肾上腺，调节血液中的肾上腺素和去甲肾上腺素影响胰腺，调节胰岛素的生成及血糖水平；气温影响肝功能，比如寒冷可促进肝细胞的呼吸，使肝脏中酶的活力增高——谷草转氨酶、谷丙转氨酶、乳酸脱氢酶增高。紫外线作用于皮肤对人体的影响，

297～302 nm 波段对人体有较强的抗佝偻病作用；皮肤吸收 295 nm 波对人体有如下影响：(1)黑色素沉着；(2)皮肤中维生素 D 增加；(3)增加胃酸分泌；(4)血液中血红蛋白及钙、镁、磷微量元素含量上升；(5)基础代谢率下降；(6)促进甲状腺、肾上腺的功能。

气温与湿度相结合对呼吸系统的影响，干燥空气可使呼吸道黏膜干燥，减少弹性，出现微小的裂口，纤毛活动减少，排泄异物功能减退；血流减少使气管吸入空气加温的能力降低；空气寒冷可使呼吸管道黏膜的穿透性降低，毛细血管收缩；气温及湿度也可以影响细菌及病毒在呼吸道的生长，湿度大时革兰氏阴性细菌易于繁殖，湿度小时，革兰氏阳性细菌及流感病毒易于繁殖。电离子作用于呼吸道，大气中正离子增多，特别是二氧化碳增多时，使纤毛活动从 1400 次/min 降至 1100 次/min，使人感到喉干燥和头痛，正离子还可以作用于细胞的酶，释放 5-羟色胺，引起支气管平滑肌收缩；大气酸度当 pH＞8.0 时黏膜穿透性增加，粘膜细胞膨胀、纤毛活动减慢，pH＜7.0 时，细胞皱缩；pH＜5.0 时，出现气管炎症状。负离子对人体有利，它被称为“长寿素”，对高血压、气喘、流感、失眠、关节炎、烧伤等治疗有利；对预防佝偻病、坏血病的发展有利，还能改善肺的换气功能，促进新陈代谢，提高免疫力。还能使大脑皮层的抑制作用加强，调整大脑皮层功能；使支气管平滑肌松弛，解除其痉挛；使红细胞沉降率变慢，凝血时间延长；使肾、肝、脑等组织的氧化作用加强。同一个地方，负离子浓度随气象因素而变化，根据未来气象因子及太阳辐射等可预报负离子浓度。

5.2 人体生物气象效应

在第 1、2 章中的医学知识已知道，人体是受内外各种因素刺激的，气象要素仅仅是外因中的一种主要的因素，它又受的其他因素的制约，因此，在不同的条件下，即使人体接受同样的气象要素刺激，它会出现不同的反应。下面从人体本身生物气象效应做一阐述。

5.2.1 生物节律

地球围绕太阳公转，使大气出现了一年四季的变化，地球自转，使地球出现了昼夜的 24 h 的日期变更，月球的影响，使海洋出现了以月为周期的潮汐变化。人为适应上述这些变化，机体出现了年、月、日的生物节律周期变化，松果腺负责人体生物节律的调节，它通过光的刺激来调整内分泌腺，通过调节使人体与环境之间保持较好的平衡。

人体每天 24 h 生理节律变化，如表 5.1 所示，它反映出，正常人体的生理值有 24 h 周期变化，当气象要素刺激与它的极值相叠加时，将加大对人体生理变化的作用，加重致病效应。

表 5.1　人体生理指标日周期极值出现的时间

项目	时间(地方时)	
	最高值	最低值
体温	19～21	4～6
心率	16～20	4
血压	12～18	3
促肾上腺皮质激素	6	18
促甲状腺素	2～3	24
抗利尿激素	0～6	8～20
17-酮类固醇	10	24
糖皮质激素	8	12
肾上腺素	2	24
5-羟色胺	4～14	16～24
肾素	2～8	12～18
甲状腺素	24	8～16
胰岛素	7～8	15～16

5.2.2　不同群体的生物气象效应

不同个体对气象要素刺激产生的反应是不相同的，根据这种反应差异可将人类分成五种类型：

(1)平衡型

该型多为健康人，具有良好的应激能力，以适应各种日常刺激，当然也包括气象要素的刺激。

(2)迷走神经型

迷走神经型又称冷锋型，因为这类群体对寒冷较敏感。当接受天气刺激时，迷走神经(副交感神经系统)出现了强反应。这些反应的症状表现为副交感神经递质乙酰胆硷的作用，如流涕、呕吐、咳嗽、腹泻及平滑肌活动的亢进等等。

(3)交感神经型

交感神经型又叫暖锋型，对热敏感，此类群体肾上腺分泌的肾上腺素、正肾上腺素及神经末梢分泌的正肾上腺素较多。此类型人表现为不倦，注意力集中，多话，精神愉快，精力旺盛。但易失眠，血压偏高，脉搏、呼吸较快、胃口差。

(4)5-羟色胺型

该型对天气变化特别敏感，出现症状复杂多变而且其症状与迷走神经型和交感神经型的反应也有交叉，主要反应有失眠、紧张、激怒、偏头痛、晕眩、呕吐、视力障碍、心悸、呼吸困难、出汗、潮热、寒颤、尿频等。

(5)甲状腺型

这种类型有潜在甲状腺功能亢进，临床常规检查，并不能符合甲状腺功能亢进的诊断，但尿中甲状腺素排泄增多，对冷及热都表现敏感，出现的症状与5-羟色胺类似。

上述(2)—(5)型，女性较男性敏感，老年对天气变化的反应也较年青人为剧烈。

5.3 天气变化对植物神经系统的影响

在第2章人体解剖知识中，已系统地介绍了植物神经对机体内脏器官的调节作用，气象要素作为一个明显的外因，通过植物神经的调节，引起人体发生一系列生理变化。

植物神经是由交感神经和副交感神经两部分组成，交感神经分布在全身，几乎所有内脏器官都受它的支配，而副交感神经分布就比较局限，像皮肤、肌肉内的血管、汗腺、肾上腺髓质就没有副交感神经支配。交感神经与副交感神经的作用是相互对立的。当它们兴奋时，各器官变化如表5.2所示。

表5.2 植物神经系统的功能

器官	交感神经系统	副交感神经系统
循环器官	心跳加快，冠状血管舒张，腹腔内脏与皮肤血管收缩，贮血库收缩	抑制心跳，冠状血管收缩
呼吸器官	支气管舒张，抑制分泌	支气管收缩，黏液腺分泌增加
消化器官	分泌黏稠的唾液，抑制胃肠运动，促进括约肌收缩，抑制胆囊收缩，抑制胃肠分泌	分泌稀薄的唾液，促进胃液和胰液分泌，促进胃肠运动，使括约肌舒张，促进胆囊收缩
泌尿生殖器官	肾脏血管收缩，膀胱逼尿肌舒张，括约肌收缩，外生殖器血管收缩	膀胱逼尿肌收缩，括约肌舒张，阴茎勃起
眼	瞳孔散大，眼睑平滑肌收缩，睫状肌舒张	瞳孔缩小，睫状肌收缩，促进泪腺分泌
皮肤	竖毛肌收缩，汗腺分泌	
代谢	促进糖元酵解，促进肾上肾素分泌	促进胰岛素分泌

Straube等通过在不同天气过程中，在同一个人的胸部皮肤上，分别用肾上腺素(代表交感神经)和乙酰胆硷(代表副交感神经)溶液作皮肤试验，发现在不同天气条件下交感神经与副交感神经兴奋性不同。

(1)当天气晴好时，天气状况处于平静状态，皮肤反应微弱。说明交感神经、副交感神经处于正常状态。

(2)锋面经过或天气转变时，皮肤试验反应强烈，其中副交感神经反应发生在锋面通过及气团转换前5～6小时，交感神经反应出现在副交感神经反应后约8小时，有部分试验者在锋面通过后16～30小时期间，交感神经反应最强烈。

(3)春、夏、秋的焚风天气可发生强烈的皮肤反应，冬季无此现象。说明焚风对人体植物神经影响较大。

(4)逆温层较高时，反应强烈，说明它对人体植物神经也有明显作用。

前节已讲述，人体生理活动有一定的生物节奏，因此，同样的气象条件对刺激时间的不同，而出现的生理反应则不同，经研究得知，夜间副交感神经活动占优势，在凌晨3时达到最强，这一现象可以解释为何哮喘病人的发作多以夜间为剧烈。交感神经白天占优势。

5.4 气温对人体的生理影响

人是恒温动物，为了保持机体体温与外界气温的平衡，体温调节就成了人体适应环境气温变化的重要机制。体温调节中枢包括视前区下丘脑，第三脑室底和两侧，以及灰白结节内的各神经核。纹状体和沿骨髓的神经细胞也参加体温调节。体温调节的最高中枢是大脑皮层。人体体温调节中枢接受皮肤神经感受器各种温热的刺激，通过神经装置调整产热与散热过程，使二者达到平衡。

5.4.1 气温对体温调节的影响

气温对人体体温调节起着主要作用。当气温升高时，由温觉感受器传入的冲动到达体温调节中枢，神经反射使皮肤血管舒张，皮肤温度升高，增加了皮肤与环境间的温差，从而增加了辐射、传导和对流等方式的散热。由于血管扩张，使血压下降。如果气温继续升高，则出汗蒸发成为主要的散热方式，汗液大量分泌，引起体内水分，盐分减少，出现热痉挛，皮肤出现痱子，长时间出汗引起汗腺疲劳，致使出汗量减少，使体温升高，中枢调节机能失调，体内温度迅速上升，引起中暑。

气温降低时，体热散失加大，皮肤的冷感受器受到刺激，通过体温调节中枢的作用，一方面引起代谢率增加和寒颤等产热反应，同时皮肤血管收缩，皮肤温度降低，通过辐射、传导、对流的散热减少，使体温不致下降。

5.4.2 气温对关节的生理影响

关节痛病人对天气变化反应非常灵敏，尤其是寒冷对关节的影响较大。有人做了一项试验，在常温下，人体不同组织的温度，发现最高为直肠温度，其次为皮肤、肌肉，而关节温度最低。当被试者暴露于寒冷环境中20分钟后再测定，直肠温度不变，皮肤温度下降，肌肉温度下降较多，但关节温度下降最多。当被试者回到实验前的气温环境后，关节温度又继续下降，甚至比实验时出现的最低温还低，表明关节温度恢复也慢。

伴随关节温度的下降，细胞渗透性减少，关节活动的阻力增加，关节活动的最大速度减低。根据连续 X 片，观察膝关节的运动，可以看到关节运动在机械上具有滑动的性质，因此摩擦力对关节活动非常重要。滑液是人体关节间的液体润滑剂，其黏度对关节的滑动运动影响很大。滑液中含有约 0.14%的黏蛋白，黏蛋白为一糖蛋白，加热并不凝固，但可溶于碱性溶液中。人体膝关节约含滑液 0.5 ml。滑液的黏度直接与黏蛋白的含量有关，当气温下降时，滑液中的黏蛋白含量增多，这增加了滑液的黏度，影响了关节的活动。

血浆中蛋白含量高亦会影响滑液中的蛋白，肾上腺素则可增加血浆的黏度。冬季，血浆中原来蛋白含量已高，突然降温时寒冷刺激又可使肾上腺素分泌增多，这些都可增加滑液的黏度。再加细胞渗透性的减低，使关节代谢废物如尿酸等不能及时从关节中排出，这也增加了关节运动的阻力。综上所述，天气变化尤其是寒冷能引起关节病加重。

5.4.3 气温对内分泌腺的影响

气温可影响脑垂体功能。例如寒冷能使抗利尿激素分泌减少，故而多尿；寒冷还可以使脑垂体增加促甲状腺素的分泌。

气温可影响甲状腺功能，寒冷时，使甲状腺功能活跃，温暖使甲状腺功能不活跃，这些变化使人体产热功能与外界气温协调。

气温可影响副甲状腺功能，寒冷时副甲状腺功能减低，使血清中钙的水平下降，因此人们在寒冷时易于发生肌痉挛和抽搐。

气温可影响肾上腺皮质功能，当强冷锋或冷气团到达后，肾上腺皮质功能活跃，暖空气或焚风发生时肾上腺皮质功能活跃减弱，调节产热能量的多少，寒冷肾上腺皮质功能增加、产热量多，反之减少。

气温对肾上腺髓质功能的影响，冷锋通过后，降温使肾上腺髓质兴奋，肾上腺素分泌增加，使毛细管抵抗力增强；暖锋通过后毛细血管抵抗力降低。毛细管抵抗力与出血性疾病有关。

5.4.4 气温对消化器官的影响

气温对消化液的分泌与胃肠机能有明显影响。高温能抑制胃的运动机制，在气温 9～15℃，相对湿度 72%～78%时，胃收缩每分钟约 20 次。当气温为 32～34℃，相对湿度为 32%～40%时，胃收缩减为每分钟 1 次。高温还能抑制胃腺的分泌，也能抑制胰腺和肠腺的活动，对胃腺作用最明显，胰腺次之，肠腺的影响最小。因此，高温可降低人的消化功能，所以夏季人们的食欲减退。

5.4.5　热环境气象条件划分

凡有高温或强热辐射、高温高湿气象条件工作的环境均叫作热环境。根据不同的特点可将热环境划分成三种类型。

5.4.5.1　按热辐射对人体作用特点划分

根据气温与热辐射对人体作用的特点，可将热环境划分为三个类型，分别是一般热环境、高热环境与强热环境。

一般热环境，气温一般在 28～35℃之间，在这种环境下人体安静时基本能保持热平衡状态，主要依靠出汗蒸发散热来维持平衡。但是从事中等强度的体力活动时，人体可有余热积蓄。

高热环境，指气温在 36～40℃的环境，环境气温大于人体皮肤温度，人体接受环境的辐射对流加热，此时人体热负荷量明显大于蒸发散热量，蓄热量显著增加。

强热环境，指气温在 40～45℃的环境，气温明显高于人体体表温度，环境加热成了人体主要的热负荷，人体散热出现严重障碍。

5.4.5.2　按人体对热的耐受力划分

根据人体对热环境的耐受力可将环境划分为舒适的热环境，可生理代偿的热环境及不能耐受的热环境三种。舒适的热环境，在这一环境下人体能达到热平衡。每天连续工作对身体健康和日常生活没有危害；可生理代偿的热环境，在这种环境下人体亦能达到热平衡，但这种热平衡并不是完全取决于代谢水平，是通过人体的生理机能的代偿性作用达到的。在这种环境条件下，劳动者不能每天连续从事劳动，在间歇期间则应在凉爽的环境下休息；不能耐受的热环境，在这种环境条件下人体不能达到热平衡，人不能在这种条件下长时间工作。

5.4.5.3　按人体对热的反应划分

根据未着衣的实验对象受热时的反应，将 20～40℃的环境分为三级。二级热环境，为 28.1～30.5℃的环境，人体在这一环境下，产热与散热能保持平衡。与一级热环境相比，散热减少。由于外围血管中度扩张，体内热量的体表转移增加，因而皮肤温度升高；三级热环境，为 30.5℃以上的环境，人体在这一环境下开始出汗，皮肤血流量增加，当血管高度扩张时，体内热量的体表转移更为显著。蒸发方式的散热量开始增加，皮肤温度可因汗的蒸发而略有降低。当环境温度高至 36℃以上时，人体完全靠皮肤汗液蒸发散热，皮肤温度可进一步下降。

5.4.6 气温对热代谢的影响

人体内每时每刻都存在着产热与散热两种相互矛盾的生理过程。并且与外部环境密切相连,它不断适应外部气象条件的变化,同时又要适应人类不断进行的劳动和生活活动,这些使得体内产热与散热过程不断发生不同程度的变化。在中枢神经系统调节下,产热和散热过程总是相互联系、相互制约,使体内热代谢保持平衡,使人体保持生命活动所必需的体温恒定。

人体与环境的热交换由两个系统来实现,一是受控系统,分两种方式:热流由体中心到体表方式,主要通过外周皮肤层内的血管作用,使机体的产热由体内向皮肤表面传送;热流由皮肤表面向环境散发方式,这主要是体表与环境之间通过辐射、对流、传导和蒸发的热交换。二是调节系统,神经调节皮肤血流、出汗等体温调节机能。

机体热代谢的生理功能在于调节体热平衡,热量与周围环境热交换可分为两个过程,一是非蒸发性热交换,在常温或冷环境下,该方式占优势,起主导作用(见图 5.1),其包括辐射、对流和传导,有时人们称它为显热交换(sensible heat exchange)或干热交换(dry heat exchange);另一个是蒸发性热交换(evaporative heat exchange),是机体在热环境下维持热平衡的重要方式,取决于机体与环境之间的水蒸气张力差,又称潜热交换(latent heat exchange)。从图 5.1 中可以看出,机体在冷或适中温度的环境下,显热交换是散热,而在热环境下是获热。33℃以上人体散热主要以潜热交换为主。

人体与环境之间的热交换可用如下热平衡公式来表示:

$$S=M+R+C-E$$

其中 S 为人体内蓄热量,M 为人体代谢产热量,R 为辐射换热量,C 为对流换热量,E 为皮肤蒸发换热量。

机体的产热是人体各器管进行新陈代谢的结果,各器官的产热量取决于其代谢率。其中,骨胳肌和肝脏产热量最多。人体在安静状态下,肝脏的代谢旺盛,产热最多。肝脏血液的温度比主动脉高 0.4~0.8℃。在体力劳动或其他活动时,产热比率发生改变,肌肉产热占总产热量的大部分,如表 5.3 所示,骨胳肌产热量占 75%。

表 5.3 人体各种器官产热率

器官	安静产热量(209.1 kJ/m^2 · h)	劳动产热量(795.0 kJ/m^2 · h)
骨胳肌	20%	75%
呼吸与循环系统	10%	10%
腹部器官(肝脏)	50%	10%
神经系统(脑)	20%	5%

在气温 10～45℃的范围内，人体安静时，身体各部位的皮肤温度有不同的变化，如表 5.4 所示，额部皮肤温度较为恒定，可能与该处皮肤血管反应及维持脑部必需的恒定温度有关，而肢端皮肤温度变化比较明显。手腕部皮肤温度在气温为 10℃时，为 24.2℃，45℃时为 35.9℃，随体温调节有很大的变动。有人还发现在气温为 15～18℃时，脚趾皮肤温度接近于气温。在 28～32℃时，则与全身皮肤温度相等。说明随气温的上升，额与脚之间的皮温差减少，低于此温度时，脚部比额部的皮温低 10℃以上。气温在 19～25℃范围内时，体温正常调节主要靠上肢散热。气温在 35～40℃时，则脚部散热为主。肢端温度变化对整个机体起到缓冲作用，在一定程度上保证了内脏温度恒定及功能正常的活动。

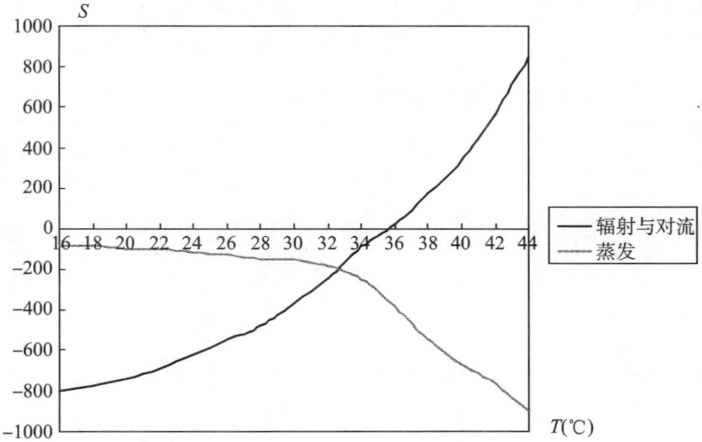

图 5.1　辐射与对流、蒸发对人体热平衡的贡献图

表 5.4　不同温度下体表的平均温度

部　位	气温(℃)				
	10	18	28	35	45
额	31.9	33.2	35.2	35.8	37.2
胸	18.6	24.2	31.2	34.2	37.6
手腕	24.2	28.0	33.0	34.5	35.9
大腿	20.0	26.2	30.9	35.4	37.9
胫	15.0	21.2	32.8	34.9	38.1
平均体表温度	19.4	24.7	31.0	34.8	37.6

5.4.7　气温对能量代谢的影响

气温是影响能量代谢的基本因素之一，实验发现人体在 40℃的大气条件下，安静受热 2 h 过程中，在开始的 15～30 min 内，体内代谢产热量升高得较

快，比受热前提高了11%～17%。随后有的人产热量停留在这个水平上不再提高，有的人产热量则继续缓慢升高，较受热前升高22%。停止受热后产热量则逐渐下降，到20 min后又降至受热前水平。如表5.5是人体在安静状态下，不同气温作用下的产热情况。发现在28℃气温下产热量即开始增加，但是产热量变化并不明显，从表中可知，气温从24℃升高到45℃时，产热量才不过升高了12%，属正常范围。

气温对人体耗氧量有明显的影响。如图5.2是人体在相对湿度为50%，经过2.5 h，在不同气温条件下的耗氧量变化图。从中可知，在22～30℃气温时，人体耗氧量比较稳定，也可以反映出人体能量代谢最为稳定，当低于20℃时人体耗氧量逐渐增加，当到10℃时增加约67%，到6℃时增加98%；但当气温升至31～38℃耗氧量呈马鞍型变化，其中35℃下降最多，达7.5%。气温继续上升，40℃时耗氧量上升12%，45℃时上升36.5%，50℃时上升66.5%。

表5.5　人在安静时不同气温条件下的产热情况

气温	肺通气量	耗氧量(L/min)	产热量(kJ/min)	产热量增加(%)
10	7.71	305	6.17	100
24	7.68	306	6.17	100
28	8.57	326	6.64	107
35	8.53	323	6.80	110
45	8.52	322	6.93	112

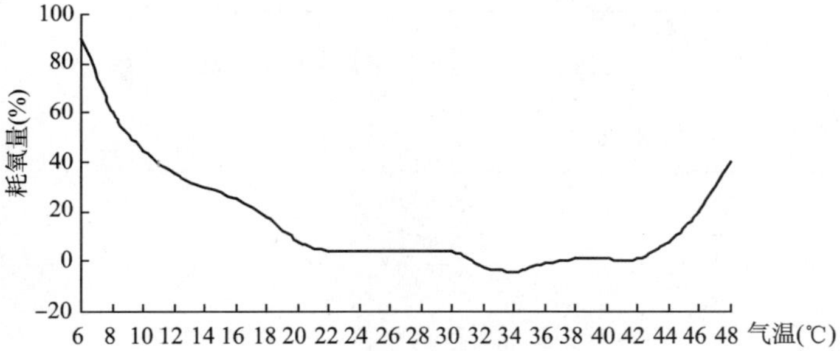

图5.2　气温对耗氧量的影响图

在高温气候条件下活动时，能量需要较常温下明显增高，主要是由三种因素引起的。(1)由于输送大量血液到体表面散热，血循环系统负荷增加；(2)由于需要大量出汗蒸发散热，而汗腺活动加强，增加了能量消耗；(3)体温升高和汗液蒸发使机体热量大量丧失等等。

5.5　空气离子的生物效应

宇宙线和太阳辐射在大气上层产生空气离子；在近地面，地球辐射对空气离子的形成也至关重要。另外，中子流、紫外线、大气中的闪电、火焰、多种化学反应、金属与金属盐类的灼烧等都可以造成空气离子化。

空气中离子的多少，还受地理条件、土壤放射性物质的活动、气象和季节等因素的影响。例如土壤与地壳中存在放射性物质，气压愈小，土壤空气向外渗出的离子越多，焚风天气能产生正离子，烟、云、雾可以吸附负离子，使负离子减少；树尖可以传导地面负电，故清晨树林处负离子较多。空气中的离子可分为大、中、小三种。大离子无生物效应，小离子有生物活性，平时所谓的空气离子是指空气中的小离子。空气中小离子的直径为 10～7 nm；中离子介于 10～7 nm至 10～6 nm；大离子为 10～6 nm 至 10～3 nm。大离子是中小离子附着在灰尘、水滴和冰晶上所形成的。

在离子产生的同时，正、负离子又相互中和，故大气中离子在不断产生，也不断消失。一般情况下，大气中负离子数较为恒定，大约在每立方厘米 40～700 个之间，农村大气中含量较城市大气含量为高。据测定，住房中每立方厘米空气中的离子含量为 25～450 个，城市街道上为 70～500 个，公园里为 170～600 个；山顶上为 240～1100 个，喷泉和瀑布处离子可达 4000 个。晴天比阴雨天的离子多，早晨比下午多，夏季比冬季多。负离子在清洁空气中的寿命只有几分钟，在灰尘多的地方仅几秒钟。地球表面带负电，由于排斥作用及空气负离子较活泼，故平时地面的正、负离子数二者并不相等，其比约为 1.1～1.2(正离子)∶1(负离子)，在海面测定为 1.53∶1，正离子与负离子的比值称单极化系数。

空气负离子有非常好的生物效应，它通过两种途径进入人体：一是通过呼吸进入人体，使呼吸道上皮纤毛运动加速，并刺激呼吸道内感受器传导到大脑皮层，通过反射作用于人体；二是通过肺泡上皮层进入血液，经血脑屏障进入脑脊液，直接影响中枢神经系统。进入人体的负离子能引起肌体一系列的生理变化，主要原因是使体内的神经递质 5-羟色氨浓度减少。反之，正离子使人体血液中的 5 羟色氨增加，并使人体出现一系列不适的症状。

人吸入负离子后，经脑电图检查，发现脑电图的 a 波从 10～11 Hz 降到 8～9 Hz，幅度增大 20%；运动员吸入负离子，心血管功能改善，呼吸适应性好，血压和呼吸频率可较快地恢复；参加高温作业劳动后，给以负离子吸入，其心率、皮肤温度、体温较对照组恢复为快；给司机驾驶室内充入每立方米 15000 个空气负离子，司机的工作效率提高，血压、脉搏、心律和脑流图都有明显改善。

总之，负离子通过神经系统及经过血液循环能对机体生理活动产生影响。

负离子能使大脑皮层抑制过程加强和调整大脑皮层的功能，故能镇静、催眠及降低血压；负离子在进入呼吸道时，使支气管平滑肌松弛，解除其痉挛；负离子进入血液，可使红细胞和血钙含量增加，白细胞、血钾和血糖下降，疲劳肌肉中乳酸的含量也减少。负离子能使肾、肝、脑、肾上腺等组织的氧化过程加强，其中脑组织对负离子最为敏感。负离子还能促进体内合成和储存维生素，提高基础代谢率，促进蛋白质代谢。

空气负离子可以治疗许多疾病，可以治疗哮喘、慢性支气管炎；烧伤病人用负离子治疗，可以加速创伤面的愈合；肿瘤病人由于化疗引起的白细胞减少，使用负离子后，可以使白细胞上升；负离子还可以治疗萎缩性鼻炎、萎缩性胃炎、神经性皮炎、溃疡病及失眠等。

习 题

(1)简述气象要素作用于人体的途径。气象要素对人的生理功能有什么影响？

(2)什么是生物节律？简述不同群体的气象生物效应。

(3)简述天气对植物神经系统的影响。

(4)简述气温对人体的生理影响。

(5)热环境气象条件可划分成几类？如何划分的？

(6)简述气温对热代谢的影响。

(7)简述气温对能量代谢的影响。

(8)简述空气离子对人体的生物效应。

第 6 章　气候变化对人体健康的影响

气候系统包括大气圈、水圈、冰雪圈、岩石圈、生物圈以及各圈层之间的相互作用和影响。气候变化是地球上与气候变化相联系的一切变化，是大气圈、水圈、冰雪圈、岩石圈和生物圈相互作用的结果。人类的进化、生存乃至文明的进步，无论过去和现在都与气候系统密切相关。人与自然的关系是人类社会生存与发展必须面对的基本关系，抵御气象灾害、适应气候变化始终与人类社会的发展相伴随。

气候变化影响自然环境(生态系统、气候变化)和社会环境(社会、经济、文化特征、人口状况)。自然环境和社会环境既相互作用，又相互影响，总体上影响人类健康。天气、气候变化会影响人体对疾病的抵抗能力，一定的气象条件使得对人体有害生物如病毒、细菌繁殖和传播速度加快，适宜的天气气候条件对人体健康还能产生有利的影响。

6.1　气候与健康

人类的适应能力包括遗传和后天两种：一般来讲，人们适应自己出生地区的气候。就中国而言，南方人比较适应潮湿多雨，北方人比较适应干旱多风。各种气候条件和各种族群表征形态及生理特征表明，遗传起着主导作用，一旦迁居他乡就可能出现水土不服，还会产生疾病。比如，出生在低海拔的人，如果迁居高海拔地区生活就出现了需要适应的问题，特有气候条件和人的生理就会出现相适应的调整，这种适应就是后天因素起着主导作用。气候变化也可以导致人类出现重新适应现象，如果不能适应这种变化，也会使人生病，甚至死亡。

(1)高温热浪发生的频次和强度增加

英国科学家的研究表明，受全球气候变暖的影响，到 2050 年，英国平均气温会比现在上升 2℃，目前平均每 350 年才出现一次的夏季特大热浪，到那时可能每 5、6 年就会发生一次；我国科学家对上海和广州气温变化的分析表明，由于气候变暖，引起的极端天气事件，使上海每年的热日(最高气温大于等于 34℃)，将由现在 12 d/a，增加到未来 15.7 d/a；广州每年的热日，将由现在 24.7 d/a，增加到未来 36.0 d/a。

2003 年夏季，印度北部拉贾斯坦邦气温高达 48℃。据官方公布的数字，全国共有 1094 人在热浪中丧生。印度的热浪灾害有加重的趋势，主要与全球气候变化造成的连续干旱有关。

(2)厄尔尼诺现象

厄尔尼诺常伴随干旱、暴风雨(雪)、龙卷等灾害性天气。IPCC 气候评估报告中指出：与过去 100 年相比，厄尔尼诺事件更频繁、更持久、强度更大。1982—1983 年和 1997—1998 年两次严重的厄尔尼诺事件期间，全世界各地极端天气事件频发，干旱洪涝热浪最为突出，使人类蒙受巨大的灾难，尤其是极端天气事件造成人类的巨大伤亡。

1980 年，当时非洲大陆的干旱和饥荒给人民带来了灾难。在巴拿马东南部的阿苏埃罗半岛，土地由于七个月没有降雨而干涸开裂。

2002 年 12 月上旬，在澳大利亚悉尼周边地区 70 多处森林大火由于高温和强烈的季风而失去控制；美国中部的密苏里、阿肯色、田纳西和堪萨斯等州遭到特大龙卷风袭击，至少 37 人死亡，数十人受伤；2003 年 7 月 4 日，南京城区一夜降雨量达 216 mm，达到千年一遇的标准；2007 年 3 月 2 日至 5 日，我国东北等地出现了 1951 年以来历史同期最强的暴风雪，局部地区积雪深度超过 1 m。民航、公路、铁路、电力、教育、设施农业和居民生活等受到严重影响，直接经济损失超过 45 亿元。5 月 23 日，重庆开阳县遭雷击，造成 46 名小学生伤亡；2008 年初，我国发生了历史罕见的大范围持续低温雨雪冰冻极端天气灾害，铁塔倒了、火车停了、高速公路关了、通讯断了……人们对这次全国大范围的冰冻雨雪灾害记忆犹新。

(3)城市热岛更加明显，污染加剧

据日本的科学家统计，近 100 年来，大城市的平均气温上升了 2～3℃，期间东京市区的气温竟上升了 7℃。在日本，气温不低于 25℃的夜晚称为“热夜”。东京 50 年前的“热夜”每年平均不到 5 个，1961 年到 1970 年平均每年有 14.9 个，1981 年到 1990 年，“热夜”增加到 23.8 个。大阪 1991 年到 2000 年的 10 年中，年均“热夜” 数达 38 个。

据有关资料显示：1997 年观测到全国最大热岛强度(城乡温差)，北京为 9℃(高于上海 6.8℃，仅次于加拿大温哥华 11℃和德国柏林 13.3℃)。

城市热岛环流模型表明，城市热岛加剧了空气污染。

气候作为人类赖以生存的自然环境的一个重要组成部分，它的任何变化都会影响到自然生态系统、社会经济和人类健康。全球气候变化的影响将会是全方位、多尺度和多层次的，既包括正面影响，同时也包括负面效应，但目前它的负面影响更受关注，因为不利影响可能会危及人类社会未来的生存与发展。

6.2　气候变化带来的健康问题

(1)全球变暖与传染病

气候变暖导致气温升高、降水异常、城市热岛等。气温升高引起的炎热刺激会使人身体出现不适，容易导致中暑。通过一些媒介的传播，导致出现植物病虫害，同时会带来传染病和农药污染等，从而导致人出现农药中毒等危害；降水异常引起水质恶化，会出现水污染和饥荒；城市热岛引起的炎热和空气污染会引起呼吸道疾病、心脑血管疾病高发。

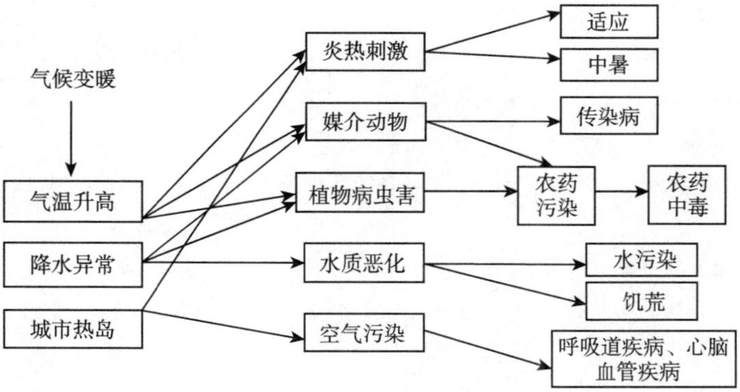

图 6.1　气候变暖影响人体健康的模式

气候变暖对传染病的影响模式是：气候变暖引起气候带发生改变，热带传染病会扩大到温带，使传染病传播范围和时间增加；气候变暖使适宜媒介动物生长繁殖环境时空范围扩大，进而使细菌、病毒生长繁殖期扩大，最终导致传染病传播范围扩大和时间增加。

我国江南一带的恙虫病，1980 年代以来流行的地理区域向北推进。1986 年山东省有流行报告，1989、1990 年天津农村首次发现恙虫病流行。这一发现将恙虫病流行的地理区域向北推进了四个纬度，而天津恙虫病流行地区年平均气温上升 1.3～1.7℃。据此估计，我国恙虫病在气候变暖的影响下有可能出现全国分布的趋势。

“西尼罗河”病毒近年出现在欧洲和北美的温带区域。2002 年的夏季，在美国再次爆发。专家分析，病毒传播速度如此快的主要原因是干燥炎热的天气。(西尼罗河病毒是在 1937 年从乌干达西尼罗河区的一位妇女身上分离出来的)

由于气候变暖，适宜媒介动物生长繁殖环境时空范围扩大，从而使细菌和病毒的生长繁殖期扩大(见表 6.1)。例如，携带鼠疫病的黄胸鼠的活动范围，也已不仅仅限于北纬 17 度以南地区；霍乱弧菌(埃尔托生物型)在外界水体中维持存活的温度为 16℃，以 22℃最为适宜，流行季节的水温多在 20～30℃，全球变暖,具备这样水温的区域必将扩大,经水传播是多种肠道传染病爆发、流行的最危险的途径。始于1961年的世界霍乱第七次大流行,在全球变暖的环境中已持续流行35年,90年代以来仍保持着高发病率水平,1994年成为大流行以来报告国家(地区)和发病人数最多的一年,共有94个国家(地区),患者达38万多人。

表6.1　全球虫媒传播疾病的流行状况与气候变暖的关联程度

序号	疾病名称	危险人口(百万)	感染流行人数(百万)	地域分布	与气候变暖关联程度
1	疟疾	2100	270	热带、亚热带	+++
2	淋巴丝虫病	900	90.2	热带、亚热带	
3	盘尾丝虫病	90	17.8	非洲、拉丁美洲	
4	血吸虫病	600	200	热带、亚热带	++
5	非洲维虫病	50	25000新病人/年	热带	
6	利什曼原虫病	350	1200万感染者+	亚洲、南欧	
			40000新病人/年	非洲、南美洲	?
7	麦地那龙线虫病	63	1	热带、非洲、亚洲	0
8	登革热	尚无估计数字		热带、亚热带、非洲 拉丁美洲、东南亚	++
9	黄热病	尚无估计数字		同上	
10	日本脑炎	尚无估计数字		同上	
11	其他虫梅病毒疾病	尚无估计数字		同上	

注:0为尚无证据,?为不清楚,+轻度相关,++为比较相关,+++为明显相关(1990年世界卫生组织的统计数,当时人口为48亿)

很多传染病的病毒是通过昆虫进行传播的。据世界卫生组织1990年统计的数字,与气候变暖相关联的传染病是:疟疾、血吸虫病、登革热。气候变暖有利于媒介昆虫的滋生繁衍,提早出蛰,提前形成密度高峰,并使其体内的病原体毒力增强,致病力增强。传播多种疾病的蚊子在低于16℃不叮咬吸血,20℃开始活动,25℃以上活动显著增加。乙型脑炎病毒在蚊体内发育时,气温低于20℃失去感染能力,26~31℃时体内病毒梯度上升,传染力增强。登革热病毒在蚊体内繁殖复制的适宜温度在20℃以上,低于16℃不繁殖,登革热流行也即终止。间日疟原虫孢子增殖时间,在14.5℃时为105 d,而在27.5℃时只需8.5 d。

(2)高温热浪与死亡率

全球气候变化对人类健康最直接的影响之一是极端高温产生的热效应,它将变得更加频繁、更加广泛。由于高温热浪强度和持续时间的增加,而导致以心脏、呼吸系统为主的疾病或死亡增加。

高温热浪是热带干旱地区主要的气象灾害，每年都有很高的死亡率。据分析，这与全球气候变化有关，温带地区高温日数增加，导致逐日的死亡人数增加。

美国芝加哥市 1995 年热浪期间，死亡人数达 500 人以上，其中老年人死亡率最高。葡萄牙的里斯本 1991 年 7 月的高温天气，日最高死亡达 150 人，而且是随温度升高，日死亡人数随之增加。

2003 年入夏以来，热浪席卷整个欧洲。各地气温破记录地高达 38～42.6℃。许多人英国因身体不适"休病假"而使工作空岗；德国南部萨尔州的白天温度达到了 40.4℃，打破了 1983 年 40.2℃ 的纪录；法国炎热天气持续的时间之长，打破了 60 年来的高温纪录，持续两周的酷暑导致大约 3000 人死亡，其中大部分是老年人，与 2002 年同期相比，死亡人数增长了 50%。仅在巴黎大区，就有上百人耐不住高温折磨而丧生；意大利不少城市的日平均气温都创下了多年来的最高纪录，罗马 7 月份的日最高气温达 36.9℃。北部地区不少城市的日最高气温甚至接近 40℃。由于高温，从 8 月 9 日到 11 日的三天时间里，仅都灵和米兰全省就有 30 多人因中暑而死亡，其中多数是 60～70 岁的老年人。

表 6.2 在厄尔尼诺事件期间世界各地出现的极端天气和发生的疾病

地区	1982—1983 年		1997—1998 年	
	极端天气	发生疾病	极端天气	发生疾病
巴基斯坦	高温天气	疟疾流行	大面积干旱	疟疾和猩红热爆发
玻利维亚、厄瓜多尔	暴雨灾害	疟疾流行		
印度尼西亚	干旱	森林大火	干旱	森林大火
印度、斯里兰卡、东非			大面积干旱	疟疾和猩红热爆发
索马里和肯尼亚			高温天气、洪涝	裂谷热病/霍乱
乍得、几内亚比绍、坦桑尼亚			洪涝	霍乱爆发
秘鲁	暴雨灾害	疟疾流行	平均气温升高	儿童腹泻人数增加

研究表明：热浪对健康的影响城区比郊区和农村要大得多。由于城市"热岛效应"，市区不仅出现高温且持续时间长。炎热强度及持续时间比瞬时最高温度对死亡率有更大影响。热浪又往往与高的污染水平相联系，在 1995 年美国和威尔士热浪期间，估计死亡人数有一半以上是由当时空气污染加重引起的。

英国预计 2050 年，英国每年因高温热浪而死亡的人数将增加到近 3000 人。澳大利亚的分析表明，2050 年澳大利亚的一些城市因炎热引起的疾病的死亡率将是现在的 164%。法国的科学家预测，到本世纪中叶，由于气候变暖，法国人在冬季的死亡率下降 5%～7%，而夏季因炎热死亡率将升高 12%～18%。

(3)“厄尔尼诺”与疾病

据分析(见表6.2):发生厄尔尼诺现象后的第一年,委内瑞拉疟疾病例增加37%,哥伦比亚增加35.1%。如1997—1998年的厄尔尼诺活动高潮期,在索马里和肯尼亚,感染上裂谷热病的人数为8.9万,死亡人数近250人。另外,由于干旱,还引发了灾害性的森林大火,造成当地严重的空气污染,危害着人类的健康。

据世界卫生组织的一份报告表明,1982—1983年的厄尔尼诺事件,使全球大约10万人患上了抑郁症,精神病的发病率上升了8%,交通事故也增加了5000次以上。原因是厄尔尼诺事件引发的全球天气异常,极端天气出现频繁,灾害性天气带来的后果,很多人心理承受不了,从而发生坐卧不安、精神迟钝等症状。

天气、气候对人类心理健康的影响,已经引起心理学家、行为学家和管理学家的高度重视。据美国的专家分析,在夏季高温天气下,随气温升高,犯罪率有递增的倾向。

(4)气候变化与紫外线

伴随着全球气候变暖,紫外线辐射有所增加。试验表明,大气中的臭氧每减少1%,到达地表的紫外线辐射量将增加2%,全球白内障的发病率将增加0.6%～0.8%,全世界由于白内障而引起的失明的人数将增加10000～15000人。研究结果显示,若臭氧浓度降低10%,非恶性皮肤瘤的发病率将会增加26%。已有研究表明,长期暴露于强紫外线辐射下,会导致细胞内的DNA改变,人体免疫系统的机能减退,抵抗能力下降。

英国科学家认为,由于臭氧减少,英国的皮肤癌患者至少增加15%;美国医生预测,到2060年,美国的皮肤癌患者将达到4000万人。

6.3 气候变化对人体健康影响研究的不确定性

(1)关键是从影响健康的诸多因素中分离出气候的影响

在流行病学研究中,由于气候变化通常伴随其他各种环境变化,而气候变化对人体健康影响不是唯一的,还受其他如遗传、自身素质、饮食、生活习惯,以及环境等因素的综合影响,因此,在进行气候变化对健康的影响研究中,关键技术在于从影响健康的诸多其他因素中分离出气候的影响。

(2)健康对气候变化响应的敏感性是很复杂的

气候变化是一个长期的、多变的、复杂的过程,而对于平均气候变化状况,一般与区域极端事件发生频率相关联。对目前全球气候变化及未来变化,作出响应的某些人类健康的变化,可能正在或即将发生。在未来几十年内,在气候变化的同时，社会、经济、人口、技术和健康保健等都将发生变化，这些变化在未来几十年内很难准确预料。因此，人类健康对气候变化响应的敏感性相当复杂，这就给研究气候变化对人类健康带来很大的困难。

人类大部分疾病的发病原因是十分复杂的；疾病类型也非常复杂，有急性的和慢性的，传染的和非传染的，物理损伤的和脑神经紊乱的等等。这些都会给检测和定量评估气候变化对人类健康的影响带来一些困难和不确定性。

第7章 人体舒适度

人类在大气环境中活动，经受着气象要素的综合作用，尽管人们通常用气温高低来表示环境冷热，但是，人体对 外界冷热的舒适感，并不能仅仅根据气温或其他任何单一的气象要素来评价。通常人的皮肤温度比体温度略低一些，大约是32℃左右，从理论上讲，当气温高于32℃时，人体就应该产生炎热的感觉，然而事实并非如此，例如，在气温35℃的环境中，如果空气的相对湿度在40%～55%左右，平均风速在3 m/s以上，人们就不会感到很热，但是同样的温度环境下，湿度若增大到70%以上，风速在很小时，就会产生闷热难熬的感觉，甚至出现中暑现象，同样的道理，在低温环境下，不同的湿度和风速也会给人们带来不同的寒冷感受。总之，人们对环境温度的感觉是受诸多气象要素合影响的，这也是通常我们对天气预报所预告的温度和自身的实际感觉常常存在差异的原因。

7.1 湿度、风对人体舒适感的影响

(1)湿度对人体舒适感的影响

当气温适中时，大气湿度变化对人体舒适感的影响较小，当气温较高或偏低时，温度才对人体的温热感产生影响。

1)当气温在15.5～26.5℃，静风时，不论相对湿度多大，人体均感觉舒适。其中气温在15.5～20℃时，相对湿度明显升高时，即使达80%以上，人们也会感觉舒适。当气温在21～27℃，相对湿度达到或超过80%时，人体散热量减退，皮肤温度比低温环境情况下，稍微升高，但仍属舒适的范围。

2)当气温在27.1～32℃，静风、相对湿度70%时，人体皮肤温度稍有上升，但非常不明显，也属舒适的范围，如果相对湿度超过70%，人体则感觉不适，有湿热感，如若有2～3级以上的风，人体仍感觉舒适。

3)当气温在32.1～35℃，静风或微风时，如果相对湿度大于60%，人体就会感到闷热，小于60%则称热。

4)当气温在35.1℃以上，相对湿度大于60%，风速不论大小，人体均感闷热，38℃以上时为酷热，当相对湿度小于60%时为炎热。高温、高湿对人体热平

衡影响非常大，高温时，机体主要依靠蒸发散热来维持热平衡，如果相对湿度过高就会妨碍汗液的蒸发，使汗液大滴落下，机体的热平衡被破坏，人体感觉极度难受，如果长时间在这种条件下工作，就会中暑。

(2)气流对人体舒适感的影响

气流对人体体温调节也起着重要作用，它决定人体的对流散热，并影响空气的蒸发力，从而间接影响出汗的散热效率。对流散热与气温有关，而气流对蒸发力的影响则与空气湿度有关。当气温低于人体皮肤温度时，气流总是产生散热效果，当气温高于皮肤温度时，可对人体起到加热和散热两个相对的作用。①风速加大，使空气与人体之间对流加强，从而使人体加热；②风速加大，气流使人体表面蒸发力加大进而提高了人体散热率。当人体皮肤排汗散热率低于100%时，风速加大，气流增加的散热率大于对流对人体的加热值。正反两个作用相抵，人体净得为散热。气流使人体皮肤由排汗引起的潮湿逐渐变为干燥，从而减轻了人体皮肤出汗潮湿引起的人体感觉不适，气流速度适宜的散热仅延续到皮肤变干为止。当高温时，气流速度超过某个特定值，反会造成人体皮肤加热，使人不舒适(表7.1)。

表7.1 气流流速对皮肤温度的影响(相对湿度为50%)

气温(℃)	不同风速(cm/s)时皮肤温度的改变(原温度为32.5℃)			
	20	106	203	282
35	+1.83	+1.84	+1.80	+1.98
30	+0.43	−0.14	−1.29	−0.51
25	−0.68	−2.20	−3.78	−3.53
22	−1.85	−4.35	−5.29	−6.48
15	−3.37	−7.73	−10.03	−11.3

当低气温(气温低于人体温度)时，气流散热效果加强，气流越快，散热亦增加，人就易感觉寒冷，并且气流使人体不同部位的皮肤温差幅度加大，如表7.2所示。从中可以看出，脚和手的温度最低，这就是在寒冷季节，人们的手、脚极易冻伤的原因。

表7.2 在特定风速下，人体各部位的皮肤温度

部位	皮肤温度(℃)	
	室温时	当气温15℃，风速182 cm/s时
前额	33.1	21.5
上臂	31.5	20.5
前臂	32.6	20.8
手背	32.0	17.1
胸部	32.8	24.4

续表

部位	皮肤温度(℃)	
	室温时	当气温 15℃,风速 182 cm/s 时
脸下	33.6	21.4
腹部	32.6	20.7
大腿	31.9	21.1
脚背	31.8	15.4

7.2 几种人体舒适度的确定方法

前面已经叙述人体的实感温度与气象百叶箱中的气温有明显差异,人们在长期的研究和实践中提出了许多表征人体舒适度的方法,主要包括实感气温、体感温度、不适指数(温湿指数)、等价温感、寒冷指数等等,下面介绍一些常用的方法。

(1)体感温度

体感温度计算涉及气温、人体着装颜色、天空云量(即太阳辐射程度)、大气湿度、风速五种气象要素,计算公式为:

$$T_G = T_A + T_R + T_U + T_V \tag{7.1}$$

其中 T_G 为体感温度,T_A 为气温,T_R 为辐射作用对体感温度的修正,T_U 为湿度对体感温度的修正,T_V 为风速对体感温度的修正。

$$T_R = 0.42C_A(1-0.9M_C)I_A \tag{7.2}$$

其中 C_A 为外衣吸热能力,白色外衣为 20%,杂色外衣为 60%,黑色外衣为 90%;M_C 为云量系数,晴天为 0.0;少云为 0.3;多云为 0.7;阴天为 1.0;I_A 为辐射增温系数。

北京市气象局专业气象台,采用自动气象站,把干球温度探头放在 1.5 m 高度的百叶箱外部,直接与自由大气接触,直接接受太阳辐射的作用,因此,在这种条件下测得气温,包含了太阳辐射对气温的修正,目前,人们就把这个气温称为"体感温度"。相当于(7.1)式中的 T_A 和 T_R 之和。即

$$T_G = T_{AR}$$

$$T_{AR} = T_A + T_R \tag{7.3}$$

(7.3)式是实际监测获得"体感温度"值。在 8 月 26 日 11 时 15 分北京市某站百叶箱气温为 29℃,"体感温度"(T_{AR})为 31.4℃,水泥面温度为 45℃,人体舒适度预报结果为舒适。

由于实测(T_{AR})的"体感温度",没有考虑湿度和风速的影响,因此在高温、高湿、微风或低温、大风情况下,就出现了较大偏差,所以还要进一步考虑对它的修正。

$$T_G = T_{AR} + T_U + T_V \tag{7.4}$$

T_U 修正值如表 7.3 所示，当气温或湿度小于某个临界值时，湿度的增温效果变为零。风速的修正值如表 7.1 所示。

表 7.3　湿度增温数值表

相对湿度	气温(℃)												
	28	29	30	31	32	33	34	35	36	37	38	39	
>90%	0	0.1	0.2	0.25	0.35	0.5	0.65	1.0	1.25	1.5	1.75	1.80	2.0
75%～89%	0	0	0.1	0.15	0.2	0.25	0.3	0.6	0.75	1.0	1.25	1.5	1.65
60%～74%	0	0	0	0.01	0.10	0.2	0.25	0.35	0.5	0.55	0.65	0.85	1.15
50%～59%	0	0	0	0	0	0.05	0.15	0.2	0.25	0.30	0.45	0.55	0.75
40%～49%	0	0	0	0	0	0	0	0	0.02	0.1	0.2	0.25	0.40
<40%	0	0	0	0	0	0	0	0	0	0	0	0	0

(2)实感气温

实感气温是由 Houghton 和 Jaglou 提出来的，它是人体在不同气温、湿度和风速条件下，所产生的热感觉指标。它以静止饱和的大气(风速＝0 时，相对地湿度＝100%)条件下使人产生舒适的温度，来代表不同风速，不同相对湿度，不同气温使人产生的同样感觉。例如下述三种情况所说的感觉都相当于实感气温 17.7℃。

气温 17.7℃，相对湿度 100%，风速 0；

气温 22.4℃，相对湿度 75%，风速 0.5 m/s；

气温 25℃，相对湿度 20%，风速 2.5 m/s。

冬季，实感气温在 17.2～21.7℃时，夏季在 18.9～23.9℃，人们感觉舒适，在此范围内的实感气温叫作舒适带。有人将实感气温分成不同几类感觉标准。

>28℃	高度不适
27～28℃	不适
25～26.9℃	暖
17～24.9℃	舒适
15～16.9℃	冷
<15℃	不适

实感气温在日常工作中不太实用，这里仅仅作一介绍。

(3)不适指数(温湿指数)

1)Tom 提出，Bosen 进一步发展，研究出了评介不同气象条件下人的舒适感，公式如下：

$$B_{on} = 0.72(T_a + T_w) + 40.6 \tag{7.5}$$

其中 T_a＝气温(℃)，T_w＝湿球气温(℃)，B_{on} 为不适指数(温湿指数)。指数在

60～65 大部分人舒适，75 时一半人不适，>80 时大部分人不舒适。

2)国家气候中心，张清提出了如下温湿指数

$$E_T = T_d - 0.55(1-r)(58-T_d) \tag{7.6}$$

其中 E_T 为温湿指数，单位为℃，T_d 为 14 时的温度，r 为 14 时相对湿度。$E_T<18.9$ 可看作由冷应力引起的不舒适指标，$E_T>25.5$ 看作由热应力引起的不舒适指标。

(4)寒冷指数(风冷力指数)

寒冷指数由 Bedford 提出，Siple 等进一步研究、试验发展完成的，寒冷指数适用于室外寒冷环境下，反映风速及气温对裸露人体的影响。公式为：

$$H = \Delta t\ (9.0 + 10.9\sqrt{V} - V)$$

其中，H 为寒冷指数，即人体皮肤温度为 33℃时，人体表单位面积散热量〔kcal* /(m^2 · h)〕，V 为风速(m/s)，Δt 为体温与周围气温之差。根据寒冷指数划分的舒适度，如表 7.4，使用于春、秋、冬三季。

表 7.4　不同寒冷指数的人体感觉

H(kcal/(m^2 · h)	人体感觉(舒适度)	
<80	热	
80～100	暖	
150～300	适宜	舒适
300～500	凉	
500～700	很凉	
700～900	冷	
900～1100	很冷(寒冷)	
1100～1300	极冷(严寒)	
1300～2500	不能耐受的严寒	

7.3　舒适度对各种事故的影响

气象要素可影响人体的反应速度，当气温过高时，人们可出现不舒适，使人心情不快，易于急躁等症状，反应灵敏度降低，对各种交通工具司机、高空、井下等场合作业的工人，容易造成事故。

(1)舒适度与工伤

适宜的气温条件，工伤发生的较少，据研究，当环境气温在 18.5～20.5℃时，人体感觉非常适宜，舒适指数为 236.25～274.05 kcal/(m^2 · h)，超出此范围，无论过

---

* 1 kcal＝4.184×1000 J。卡(cal)是已废除的计量单位。

热、过冷工伤发生都会增加，如气温超出24℃的日期，平均发生工伤数，比18.5～20.5℃时平均发生工伤数增加了23%，此时舒适度指数为100 kcal/(m^2 · h)，人体舒适度属于暖的范围，当气温超过32℃时，工伤的发生率比环境气温 为25℃高出了77%；当气温为13℃以下，舒适度指数大于378 kcal/(m^2 · h)时，工伤发生的几率比气温为18.5～20.5℃时的工伤数增加了32%～35%。

(2)气象条件对交通的影响

气象条件是造成交通事故的重要原因，交通事故主要由雪、大雨、雾、霜、潮湿、冰冻路面及天气条件引起司机不舒适，反应迟钝造成的。有人分析了大量交通事故与天气的关系，结果发现最易发生事故的原因，由大到小的排序为：①冬季入冬以来第一次路面冰冻；②夏季不稳定天气过程发生之前；③冬季霜冻；④夏季副热带气团控制；⑤雪天、雨天；⑥雾天等。由此可以看出，雾天对交通事故影响并不很大。冬季主要造成事故的原因是冰冻、霜冻引起的路面阻力系数减小，车辆打滑；夏季主要造成事故的原因是不稳定天气和副高控制造成的闷热，司机极度不舒适，反应非常迟钝引起的。

习　题

(1)什么是人体舒适度？简述湿度、风对人体舒适度的影响。

(2)某气象台中午观测到百叶箱的气温、湿度分别为35℃、50%，分速为2.03 m/s，百叶箱外1.5 m高度的温度是35.7℃，请计算出该气象台观测地点的体感温度。

(3)什么是实感气温？舒适带是怎样确定的？

(4)某地气温是30℃，风速为5.6 m/s，试问此地的寒冷指数是多少？人体的感觉如何？

第8章　紫外线辐射

紫外线辐射对人体存在有利的一面，也有害的一面。适量的接受紫外线照射，可以使人体合成维生素D，具有预防和治疗佝偻病的作用等。紫外线还有杀灭细菌的作用。过量的紫外线照射可使人体产生红斑、色素沉着、免疫系统受到抑制，患皮肤黑瘤、皮肤癌及白内障等，因此，预防紫外线长时间照射已成为发达国家气象工作者开发的任务之一。澳大利亚的昆士兰州首先开展了关于预防皮肤癌和过度照射紫外线危害的宣传教育活动，在20世纪80年代澳大利亚开始监测紫外辐射，并在新闻联播时间播出各大城市的紫外线辐射剂量。1987年新西兰开始每一小时发布一次紫外短时预报，加拿大、美国先后也开始发布紫外指数预报，让人们在日常生活中不要在紫外辐射最强烈的那一段时间里晒太阳，或外出要穿长袖衬衣、涂满防晒油等。

8.1　晴空紫外线辐射理论计算

这种理论计算方法，考虑大气分子散射作用、臭氧吸收及气溶胶的削弱作用，没有考虑云量的影响，因此这种计算模式只适用于研究。

晴空瞬时UV总辐射通量密度参数化公式：

$$Q_{UV-1}=\eta\xi Q(a^2/r^2) \tag{8.1}$$

其中Q_{UV-1}为晴空紫外线总辐射，Q为太阳总辐射，η是Q_{UV-1}与Q的比值，通常取值为0.043，ξ为臭氧订正系数，通常取1，(a^2/r^2)为日地距离订正值。采用如下公式计算：

$$(a^2/r^2)=1.00011+0.034221\cos(d)+0.00128\sin(d)+0.000719\text{con}2d -0.000077\sin 2d \tag{8.2}$$

$$d=(2m\pi/365)$$

m为日数(正整数)，以1月1日为零开始，到12月31日止。由于1月1日的$(a/r)=0.9832$，7月1日的$(a/r)=1.01671$，与1.0偏差很小，所以不作日地距离订正也无妨。则紫外线的计算公式为：

$$Q=S_0(C_1-C_2\tau)\cdot\sin(h)$$

$$Q_{UV-1}=0.043Q \tag{8.3}$$

其中 S_0 为太阳常数，一般取为 1367 W/m²；C_1、C_2 为经验系数，分别取为 0.994、0.098；τ 为浑浊度系数，对于空气污染较重的城市 $\tau=3.5\sim4.5$，中小城市 $\tau=2.5\sim3.5$，乡村 $\tau=1.5\sim2.5$，h 为太阳高度角。

$$\sin(h)=\sin\varphi\sin\delta+\cos\varphi\cos\delta\cos\omega \tag{8.4}$$

这里 φ 为城市纬度，δ 为太阳赤纬，ω 为时角。

任意时段（$\omega_1\sim\omega_2$）内的 UV 总量：

$$Q_{R-1}=\int_{\omega_1}^{\omega_2}Q_{UV-1}\,\mathrm{d}\omega \tag{8.5}$$

8.2 紫外线的生物效应

按照紫外线的不同波长所起的生物作用，可分为三部分，紫外 A 段，波长为 315～400 nm，该生物作用较弱，主要有色素沉着作用；紫外线 B 段对人体有较大的影响，具有抗佝偻病和产生红斑作用，是引起皮肤癌、白内障、免疫系统能力下降的主要原因之一。此段的波长为 280～315 nm；波长为 100～280 nm 波段称为 C 段，来自太阳辐射的这段紫外线不能到达地面。

(1)红斑效应

1)红斑定义——紫外线 B 段长时间照射人体皮肤会出现潮红，这种变异反应叫红斑效应。

2)红斑形成的机制——人体皮肤在紫外线照射一定时间后，使皮肤表皮细胞破坏，释放出组胺和类组胺，当组胺与类组胺达到一定浓度，刺激神经末梢，通过反射使皮肤毛细血管扩张，通透性增加，导致皮肤发红，进而形成红斑。

3)紫外线不同生物效应波长的划分。

通过规定以功率为 1 W 的 297 nm 波长的紫外线灯的红斑辐射强度为一个红斑剂量。如表 8.1 所示，红斑作用在可到达地面的紫外线波长中，分布在280～315 nm 范围内，其中，红斑作用最强的紫外线波长为 294 nm，最小的为 315 nm，大于 315 nm 波长时，红斑作用均为零，相对作用最强的波段位于 290～305 nm之间。

表 8.1　红斑作用强度表

波长(nm)	275	279	285	290	297	300	305	310	315	320
红斑作用程度(%)	22	20	25	45	100	85	60	40	20	0

在到达地面的紫外线波段中，具有杀菌作用的波长位于 275～300 nm 之间，如表 8.2 所示，杀菌强度与波长相关成线性关系，275 nm 最大，杀菌作用为单位杀菌强度的 55%，300 nm 波长以上杀菌强度均为零。

表 8.2　杀菌作用强度表

波长(nm)	275	280	285	290	295	300
杀菌作用强度(%)	55	40	25	18	10	0

在到达地面紫外线的波长中，300～435 nm 范围的波长紫外线具有色素沉着作用。如表 8.3 所示，最大色素沉着强度位于 355 nm 为 100%色素沉着强度相对单位，小于 300 nm 或大于 435 nm 紫外线色素沉着作用为零。

表 8.3　色素沉着强度表

波长(nm)	300	310	320	330	340	355	360	370	380	390	400	410	420	435
色素沉着相对强度(%)	0	30	50	70	90	100	95	90	80	65	45	35	21	0

在到达地面紫外线的波长中 275～310 nm 范围的波长紫外线具有抗佝偻病作用，最大抗佝偻病强度位于 282 nm 为 100%强度单位。大于 308 nm 波长，抗佝偻病作用为零。

4)红斑剂量的季节变化

不同地区，不同季节，由于太阳高度角的不同，造成太阳辐射强度和紫外线波长的变化较大，一般 5—8 月份红斑剂量占全年总量的 75%～76%，4 月、9 月占 8%～9%，3 月与 10 月占 3%～4%，2 月与 12 月占 1%以下，可见夏季紫外线照射到地球表面的剂量最大，冬季最小。低纬度比高纬度获得的波长较短的紫外线为多。

(2)紫外线的色素沉着效应

紫外线可通过氧化酶催化作用，使皮肤中的黑色素原转变为黑色素，皮肤沉着黑色素的部位加大了紫外线的吸收，尤其是对短波辐射的吸收，被吸收的光能转变为热能，促使汗液分泌，增强了局部散热作用，同时色素沉着也对局部皮肤有保护作用，防止短波辐射损害深部组织。加大对短波的吸收，又引起红斑产生，甚至长时间照射还能导致皮肤癌。

(3)紫外线的杀菌效应

紫外线最强杀菌作用位于 253 nm，不同细菌对不同波长的紫外线敏感性不同，比如金黄色葡萄球菌、绿脓肝菌对波长 265 nm 紫外线最敏感，大肠杆菌对 234 nm 波长的紫外线最敏感，这些致病菌是通常到达地面的紫外线波长所不能杀死的。也就是说杀死的能力不强。

紫外线杀死细菌的机理是，细菌细胞核吸收紫外线短波，使核蛋白中的单核苷酸之间的磷脂键和嘌呤、嘧啶间的氢键破裂，导致核蛋白变性，蛋白凝固，致使细菌死亡。

另外，在尘埃颗粒中的细菌不易被紫外线杀死。大气中细菌的数量与紫外线强度直接有关，在中午 12 时至下午 2 时紫外线强度最大，波长最短，空中细菌最少。可见在空气中的细菌夜、早晨、傍晚较多，中午最少。

(4)紫外线对人体其他器官的生物效应

1)紫外线的过度照射，红斑效应还能使胃液分泌增加，使胃病加重或使健康人发生胃炎；2)紫外线可以影响血循环系统，使毛细血管扩张，血压下降，使血液中血红蛋白、红细胞增加，使血钙、钾、磷、钠增高等。

伴随着全球气候变暖，紫外线辐射有所增加。试验表明，大气中的臭氧每减少 1%，到达地表的紫外线辐射量将增加 2%，全球白内障的发病率将增加 0.6%～0.8%，全世界由于白内障而引起的失明的人数将增加 10000～15000 人。研究结果显示，若臭氧浓度降低 10%，非恶性皮肤瘤的发病率将会增加 26%，长期暴露于强紫外线辐射下，会导致细胞内的 DNA 改变，人体免疫系统的机能减退，抵抗能力下降。

8.3 大气中水汽对紫外线的影响

通过在贵州六盘水市，对紫外线强度、云量、地面高空水汽观测试验，并与昆明、贵阳等地进行了对比研究，发现水汽对紫外线有明显的影响，是吸收紫外线的主要因素之一。

8.3.1 太阳总辐射和紫外线理论计算

计算方法：

(1)太阳总辐射：$Q=S_0(C_1-C_2\tau)\sin h$，其中 S_0 为太阳常数，一般取为 1367 W/m^2，C_1、C_2 为经验系数，分别取为 0.994、0.098，τ 为混浊度系数，对空气污染较严重的城市 $\tau=3.5\sim4.5$，中小城市 $\tau=2.5\sim3.5$，乡村 $\tau=1.5\sim2.5$。

(2)晴空瞬时紫外线计算公式：$Q_{UV-1}=0.043Q$。

(3)太阳高度角计算：$\sin h=\sin\phi\sin\delta+\cos\phi\cos\delta\cos\omega$，式中 ϕ 为当地纬度，δ 为太阳赤纬，

$$\delta=0.0028-1.9857\sin Q_1+9.9059\sin 2Q_1-7.0924\cos Q_1-0.6882\cos 2Q_1,$$

$$Q_1=2\pi\times57.3(\mathrm{N}+\Delta N-N_0)/365.2422,\ L=(D+M/60)$$

其中 D 为纬度度值，M 为分值，换算成与格林尼治时间差，并取负值。

$$\Delta N=(W-L)/24,\quad N_0=79.6764+0.2422(Y-1985)-INT(0.25(Y-1985))$$

(4)海拔高度订正：辐射剂量增加值(%/km)$=-0.04556+6.62033z-0.23067z^2$，$z$ 为海拔高度，单位：km。

6 月昆明、贵阳、六盘水市理论计算值，τ 取 2.5，Q_{UV-1} 每日瞬时紫外线极值曲线如图 8.1 所示。从中可以看出，昆明紫外线最强、六盘水次之、贵阳第三。

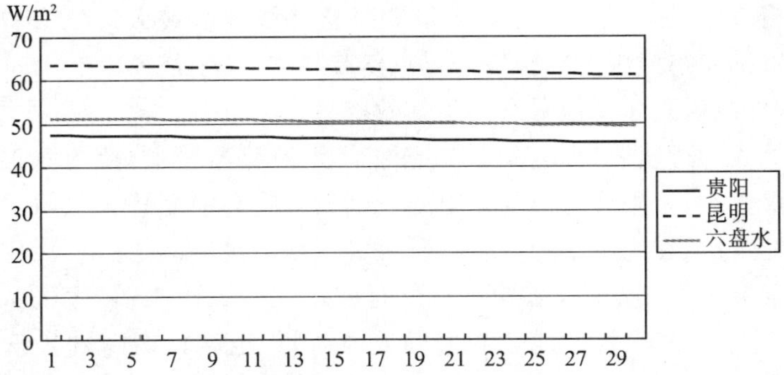

图 8.1　2004 年 6 月贵阳、昆明、六盘水紫外线理论值

8.3.2　实况观测值、理论计算值对比

图 8.2 是六盘水和昆明 2004 年 6 月观测资料的对比分析图，六盘水紫外线强度明显比昆明低。

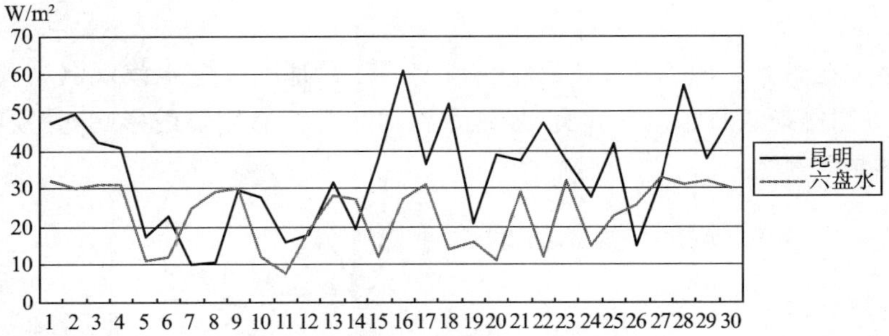

图 8.2　六盘水、昆明紫外线实况对比分析图(2004 年 6 月)

影响到达地面紫外线的因素很多，其中较重要的有：臭氧、二氧化硫、气溶胶、地表反照率和云。图 8.3 是六盘水 2004 年 6 月观测实况与理论计算值对比分析图，观测实况最大值明显要比理论值低，最大也只相当于理论值的 66.5%。

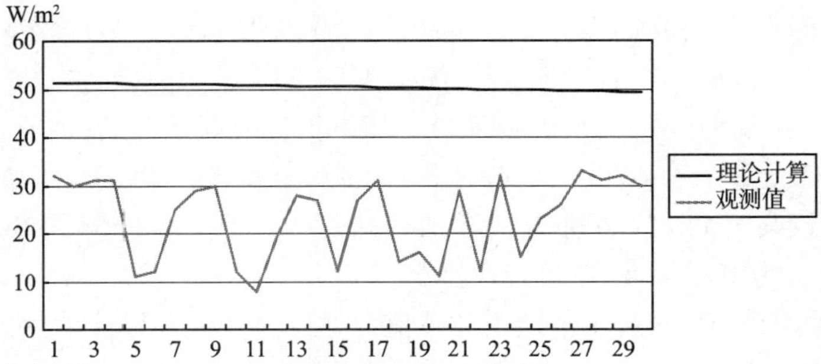

图 8.3　水城 2004 年 6 月理论计算与实况观测

从6—7月观测结果来看,瞬时值最强为32 W/m²,紫外线强度也不过三级(根据中国气象局紫外线指数分级),而且时间短。

8.3.3 地面相对湿度分析

六盘水与昆明、昭通毗邻,同属低纬高海拔地区,亚热带季风气候区。六盘水日照较少,降水日数多,相对湿度较大,由于相对湿度的大小与紫外辐射有关,而且直接影响人体舒适度。为此,我们分别计算了昆明、昭通、六盘水夏季及6—8月各月的1971—2000年近30年的日平均相对湿度,结果发现:近30年来夏季六盘水、昆明、昭通的相对湿度分别为83.0%、80.9%、77.7%。

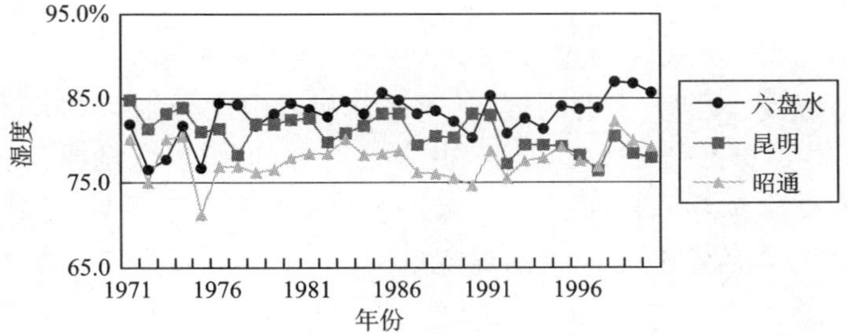

图8.4 六盘水、昆明、昭通夏季(6—8)月相对湿度变化

从上图可以看出,20世纪70年代前期昆明的相对湿度最大,六盘水与昭通夏季相对湿度接近,70年代中期以后,六盘水的相对湿度远远大于昭通,相对湿度历年平均均达到80%以上,而昭通几乎在80%以下。六盘水比昆明的相对湿度也大,尤其近10年来,六盘水的相对湿度呈上升趋势,而昆明下降趋势较显著。

为了进一步了解夏季各月六盘水、昆明、昭通相对湿度的变化情况,我们分别对三个地区1971—2000年的6、7、8月的相对湿度进行比较。

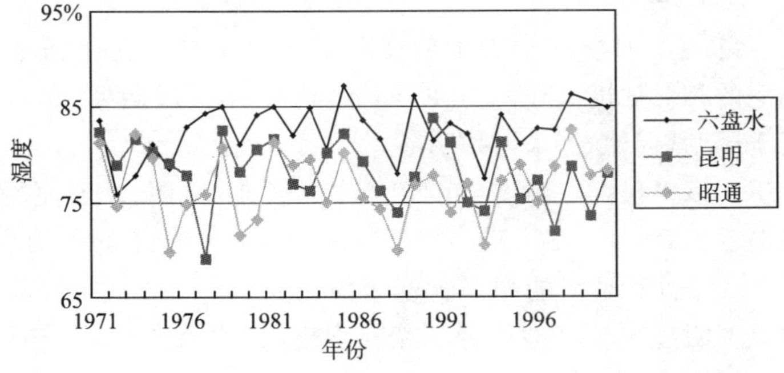

图8.5 1971—2000年六盘水、昆明、昭通6月相对湿度变化

分析表明近30年来6月份相对湿度六盘水为82.5%,昆明为78.1%,昭通为76.7%。从图中可明显看出,6月份六盘水历年的平均相对湿度一直高于昆

明、昭通两地，其相对湿度变化幅度较小，基本在75%～85%之间，而昆明、昭通相对湿度年际变化大，很不稳定。

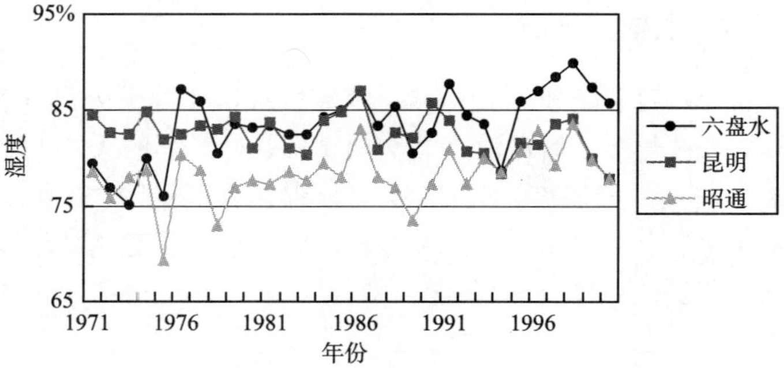

图8.6　六盘水、昆明、昭通7月相对湿度变化

7月份六盘水、昆明、昭通的近30年平均相对湿度分别为83.5%，82.5%，78.3%。从图8.6我们可以发现，近30年来7月份六盘水、昆明的相对湿度均明显高于昭通。70年代中期以来，六盘水的相对湿度大于昆明，尤其是近10年来更加明显，与6月份相比，7月的湿度略大。

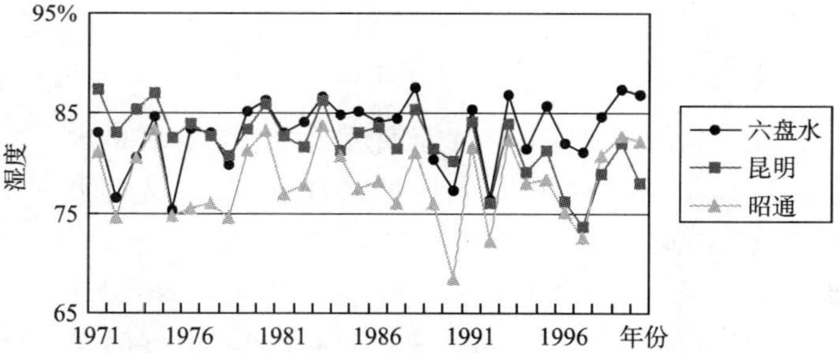

图8.7　六盘水、昆明、昭通8月相对湿度变化

8月份六盘水、昆明、昭通的30年的平均相对湿度分别为83.1%，82.1%，78.2%。可以看出，8月份相对湿度的变化趋势与7月的变化基本一致，1970年代前期昆明的相对湿度大于六盘水、昭通，1970年代后期到1990年代初期，六盘水略高于昆明，近10年来增加明显。

从上分析可以得出四点事实：近30年来六盘水、昆明、昭通夏季(6—8月)季平均相对湿度为83.0%、80.9%、77.7%，依次减小，历年的平均相对湿度多在75%～90%之间，而昆明的相对湿度变幅在67%～88%之间，六盘水的月、季平均相对湿度明显大于其他两地。相对湿度大、水汽条件好，有利于紫外辐射的衰减；各月的分析表明，7、8月的相对湿度比6月大；近30年来六盘水相对湿度的年际变化小。而昆明、昭通的相对湿度年际变化大，很不稳定。近10年来，六盘水的相对湿度呈上升趋势，而昆明、昭通下降趋势较显著。

8.3.4 六盘水、昆明云量对比分析

由于云层能削弱到达地面的太阳辐射，云量是遮蔽天空面积的成数，如果云量为10，满天是云，依此类推。下面我们根据每天08、14、20时三次定时观测的云量，三次云量的平均作为这一天的日平均云量。由于低云最浓厚，所含水滴最大，因此阳光完全不能透过。日平均表8.4是昆明、六盘水的总云量和低云量变化特点。

表8.4 昆明、六盘水的日平均总云量和低云量

	6月		7月		8月		夏季	
	总云量	低云量	总云量	低云量	总云量	低云量	总云量	低云量
昆明	8.5	6.6	8.7	6.9	8.1	6.5	8.4	6.7
六盘水	8.4	6.0	8.7	5.8	7.7	5.3	8.3	5.7

六盘水夏季各月及夏季的总云量与低云量均与春城昆明相当。六盘水与昆明的总云量分别为8.3成、8.4成，低云量分别为5.7成、6.7成。6月、7月两地的总云量基本一致，而8月份六盘水的总云量比昆明低，六盘水为7.7成、8.1成。

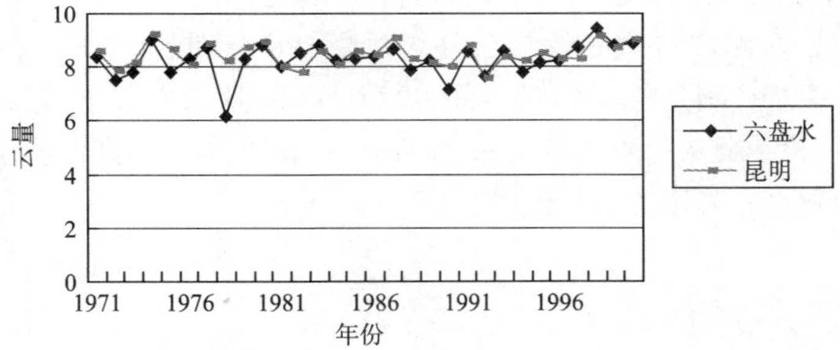

图8.8 六盘水、昆明夏季总云量变化

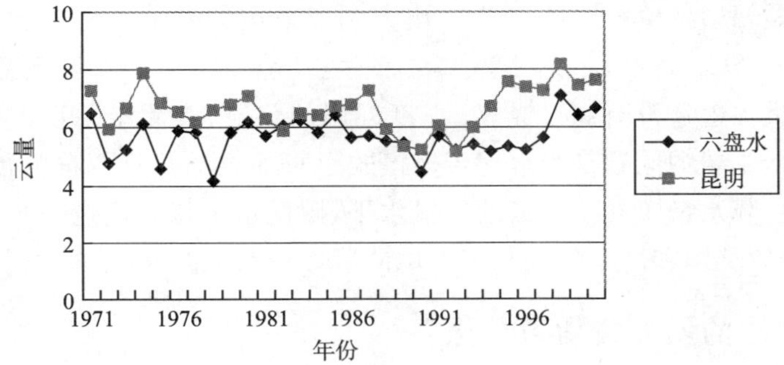

图8.9 六盘水、昆明夏季低云量变化

由于14时紫外辐射最强，我们统计了昆明、六盘水的总云量及低云量变化特征。

表8.5 昆明、六盘水14时的总云量及低云量

	6月		7月		8月		夏季	
	总云量	低云量	总云量	低云量	总云量	低云量	总云量	低云量
昆明	8.7	5.9	9.3	6.3	8.4	6.2	8.8	6.1
六盘水	9.0	6.2	8.8	6.3	8.3	6.0	8.7	6.1

从上表我们可看出，夏季14时低云量昆明与六盘水均为6.1成，总云量分别为8.8、8.7成。

8.3.5 高空湿度分析

作者等于2004年6月底到7月初在贵州六盘水市，104°49′E，26°36′N，海拔高度1842 m处进行了五天准晴空状态的高空探测。结果表明从地面到高空相对湿度的变化没有明显的规律性，随天气不同而不同；28日淡积云底高945 m，对应相对湿度81%，29日淡积云底高1181 m，对应相对湿度80%。云量与相对湿度大于80%的厚度之间存在正比变化特征。相对湿度小于80%时，无低云出现；25日透光高积云底高2650 m，对应相对湿度70%；25日、29日、30日这3次同时次探测，1小时的太阳紫外辐射曝辐量分别是0.06、0.09、0.10，与之对应的总云量分别是7、3、2，两者间呈反比关系，即天空云越多，太阳紫外辐射强度越弱；除了云层的遮挡吸收外，厚度达1000米以上的高湿度层对到达地面的紫外辐射也有一定的吸收作用。

8.4 紫外线指数预报

确定地面上的紫外线辐射量，国际上采用了两种办法，一种是地面仪器测定，另一种是辐射传输模式推测出。澳大利亚采用的是前一种方法，美国采用的是后一种方法。目前，不论哪种方法都存在着不足，用仪器测定最主要的问题是，至今世界上还没有高度精密、高度准确的仪器，观测结果误差很大；采用模式推测，最主要的问题是为辐射传输模式运算提供的总臭氧量的预报还远没有达到气温、降水量等气象要素的预报水平，因此也亟待人们进一步开发研究。下面分别介绍美国和广东省气象局采用的紫外线预报方法。

8.4.1 美国的紫外线指数预报

首先用数值预报模式作出臭氧场预报，在运用辐射传输模式计算出每个一个网格点290～400 nm间每一波长的光辐射量，进而得到晴空条件下海平面的红斑病辐射量(mW/m^2),这是瞬间的预报值,红斑病一般需要经过一段时间的累积辐射量才能发生,在夏季(5—8 月),中午 11:30～12:30 1 h 辐射量积分所得到的累积量值,仅比红斑病的致病辐射量少 2%。

美国环保局根据晴空条件下瞬间海平面红斑病辐射量的大小来划分紫外线指数,1994 年 7 月世界气象组织召开了紫外线的专家会议,在美国紫外线指数基础上,用中午产生红斑病的辐射量加权后所得到的剂量变率,制定出了一个无量纲的指数,世界气象组织规定一个单位紫外线指数相当于 25 mW/m^2。美国依据紫外线指数大小,将紫外线辐射强度划分成了五个级别,并给出了相应的防护措施。如表 8.6 所示。

表 8.6　紫外线强度等级划分表

级别	*UV* 指数	防护措施
最低(弱)	0、1、2	使用防晒护肤品
低(较弱)	3、4	使用护肤品,并戴帽子
中等(较强)	5、6	除上述措施外,并戴太阳镜
高(强)	7、8、9	尽量避免日晒(其他同上)
最高(非常强)	10	一定不要被太阳晒着

为了使预报的红斑剂量更准确,1994 年夏季美国国家气象中心,首先对红斑剂量作了海拔高度订正,高度越高,空气越稀薄,空气散射量越小,紫外线辐射量就越大,有人观测指出,海拔每升高 1 km 辐射剂量升高 14%～18%,Frederick 用模式计算每上升 1 km 提高 6%,可由下式计算海拔升高剂量增加的量值:

$$\text{辐射剂量增加值}(\%/\text{km})=a_0+a_1z+a_2z^2$$

其中 $a_0=-0.04556$,$a_1=6.62033$,$a_2=-0.23067$,z 为高度,单位为千米(km)。升高 1 km 时,剂量提高 6.34%,其后每上升 1 km,提高的速率是下降的,另外还有云量的影响订正。

8.4.2　广东省紫外线预报

根据到达地面的紫外辐射的气候分布,得到华南地区晴天的到达地面紫外线辐射强度,然后通过热带有限区域数值天气预报模式得出各地云量,计算出有云天气的紫外线辐射强度,最后根据美国 Eppley 紫外线辐射仪观测值,对紫外辐射强度预报进行订正后,发布华南地区各大城市和主要旅游区的紫外线指数预报。

由于紫外线辐射光谱与红斑订正曲线的高度非线性分布,一般需要紫外线光谱仪资料才能计算紫外线指数,吴兑在国内首先提出了用廉价的紫外线辐射表资料计算紫外线指数的近似算法。利用 Eppley 宽波段紫外辐射计观测的紫外线辐射强度换算成紫外线指数的计算方法如下：

$$UVI \approx \frac{D_{\lambda 0} E_{uv} C_{er} \times 1000}{D_{\lambda} \Delta I} \tag{8.6}$$

式中 E_{uv} 是观测的紫外线辐射强度，单位 W/m^2；

$D_{\lambda 0}$ 是 $UV-A$、$UV-B$ 的理论谱宽，取为 110 nm；

D_{λ} 是仪器实际观测的紫外线辐射谱宽，单位 nm；

C_{er} 是等效红斑订正因子，建议暂用 0.01；

ΔI 是单位紫外线指数相当的紫外线辐射强度，取 25 mW/m^2。

习　题

(1)简述紫外线对人体影响的利弊。

(2)请计算北京、广州 10 月 1 日中午 12 时至 13 时，晴空紫外线理论总辐射量。

(3)简述紫外线 A、B、C 三个波段的生物效应。

(4)试分析相对纬度低，海拔较高的贵州省六盘水市紫外线辐射较低的原因。

第 9 章　大气环境对健康的影响

在人类长期生存、进化和发展的过程中，人和环境之间具有紧密的、不可分割的联系，既相互作用、相互制约又相互依存、相互适应，从而构成对立统一的整体。随着人类社会的发展，这种关系也不断地发生变化。在原始社会时期，人类主要靠采集自然野生食物和狩猎为生，以洞穴为居，对环境的影响力并未明显超过其他生物，其生存在很大程度上受环境的制约。进入农业革命，人类把森林和原野变成农田和牧场，发展种植和畜牧业，增加了食品及生活资料供应的多样性和稳定性，对环境的影响也很小。但进入工业革命以来，在科学和技术的推动下，人类大量利用环境资源，开矿冶炼、加工制造、化工合成等，极大地丰富着人类所需的物质基础，创造了更加舒适方便、有利于人类生存和繁衍的生活条件。同时也对环境施加了巨大的影响。带来了诸如生态破坏、环境污染等全球性的环境问题。这些环境问题对人类的生存和健康所造成的威胁和危害，其规模之大，影响之深远，是人类始料未及的。环境污染物(因素)种类繁多，按其属性通常分为化学性、物理性和生物性三类。由于环境有害因素的多样性及产生有害作用的机制十分复杂，可对机体造成多种多样的危害。这些有害效应所涉及的靶可以是人类任何器官系统。因此，开展环境与健康关系的研究也是医疗气象学的一项重要任务，而且显得十分重要而迫切。环境与健康关系的研究涉及问题广泛，既有原生环境问题，又有次生环境问题；既包括环境因素对健康的有益作用，也包括对健康的不良影响；既涉及环境与健康关系的宏观规律，又涉及其作用的微观机制。环境与健康的关系十分复杂，迄今人类远未了解得非常清楚。

9.1　环境与健康关系的研究方法

环境与健康关系的研究分宏观和微观两个方面，研究所采用的主要手段是环境流行病学和环境毒理学的方法。

9.1.1　环境流行病学研究方法

环境流行病学是应用传统流行病学的方法，结合环境与人群健康关系的特点，从宏观上研究外环境因素与人群健康关系的科学。

(1)环境流行病学研究的基本内容

1)研究已知的环境暴露因素对人群的健康效应，如某工厂氯气污染大气、某城市苯并芘污染的大气等对其接触的居民健康影响的调查。通过调查和分析，描述其健康效应的构成(健康效应谱)及其在空间(地区)、人群(按年龄、性别、职业、生活条件等特征组)的分布。由于环境因素对人群健康的影响是一个反应较广的健康效应谱，环境流行病学除了研究疾病的发生，还应注重研究发病前处于亚临床状态人群的一系列健康效应，包括生理功能、生化代谢等的改变，以揭示环境污染或自然环境因素引起的不同级别的效应在整个人群中的分布。

2)探索导致健康异常的环境有害因素，就是出现健康异常以后，探索引起健康异常的环境暴露因素的研究。例如，国内学者对宣威肺癌、林县食管癌、克山病、大骨节病等病因研究。这是一类非常重要的环境流行病学研究，也是最为困难的一类研究。因为，环境中共存的作用因素多、它们之间交互作用的类型和机制复杂。环境流行病学的研究，可以提供健康异常与可疑的环境作用因素之间的相关性资料，提出环境病因学线索。要确切阐明两者之间的因果关系，往往需要采用多种研究手段、长期探索，才能获得最终突破。

3)暴露剂量—反应关系的研究。环境流行病学中的剂量—反应关系，主要是人群暴露剂量的大小与群体中特定效应的出现频率间的关系。在环境流行病学研究中特别注意暴露剂量与反应关系的研究。因为，剂量—反应关系的存在是暴露与效应依存性的重要依据，是对暴露剂量和所产生的效应之间的一种定量描述，可为制订环境卫生标准、法规及进行环境危险度评价提供重要依据。在剂量—反应关系的环境流行病学研究中，要求对暴露的剂量和产生的相应效应进行尽可能精确地测量，获得准确的定量数据。

(2)环境流行病学研究的基本方法，采用的方法与传统流行病学所使用的方法相同。通常采用描述性(包括环境现况)研究、分析性(病例——对照、定群)研究和实验性流行病学的研究方法。根据在环境流行病学研究的内容选用不同的流行病学方法。如已知环境暴露因素，欲研究对人群健康的危害及其程度，可采用现况研究和定群研究及实验研究。出现健康异常或临床表现后探索环境致病因素，可以先进行现况研究和病例、对照研究，获得暴露与健康效应之间的联系，找出导致异常和临床表现的主要危险因素后，再选用定群研究或实验研究加以证实。

(3)环境暴露与健康效应的测量

在进行环境流行病学研究时，环境暴露测量和人群健康效应测量是最基本、也是最重要的研究内容。只有在获得两者科学、准确的数据或资料后，才能够将暴露与健康效应联系起来进行分析、判断并作出正确结论。

1)暴露测量。环境污染物存在于空气、水、土壤等环境介质中,可通过呼吸道、消化道、皮肤直接接触或经胎盘血液接触(母婴垂直传递)进入人体,经吸收、代谢,转运到作用的靶器官,产生有害效应。人体接触某一有害环境因素的过程称之为暴露。环境暴露水平是指人群接触某一环境因素的浓度或剂量。在暴露测量中,被检测的剂量有三种,分别是外剂量、内剂量和生物有效剂量。

环境暴露测量是指测量环境的外暴露剂量。通常是测定人群接触的环境介质中某种环境因素的浓度或含量,根据人体接触的特征(如接触的时间、途径等),估计个体的暴露水平。测量时,需在不同的环境暴露区域,按照调查研究计划和要求在不同的时间或空间进行抽样测量。根据实测结果,计算出平均值,代表人群接触的平均水平。测量结果从宏观上可以为环境流行病学调查划分出高、中、低浓度区和对照区,是研究该环境因素对人群健康影响的基础资料。但是用这种抽样测量,常常很难精确地估计环境污染物进入不同个体的暴露剂量。因为个人活动、生活环境、工作环境都不相同,会直接对个人暴露量产生明显影响。事实上,个体的暴露途径是多样的,在环境流行病学调查中,应考虑到多种暴露途径,来估计总的暴露量。

内暴露剂量测量是指对内暴露剂量的测量。在过去一段时间内机体已吸收入体内的污染物量称为内暴露剂量。通过测定生物材料(血液、尿液等)中污染物或其代谢产物的含量来确定。如以血铅、血汞的含量分别代表铅和汞的暴露剂量;血尼古丁或可铁宁的含量作为香烟暴露的暴露剂量。内暴露剂量能真实地反映暴露水平,不仅能反映多种途径暴露的总水平,而且能避免由环境外暴露剂量估计暴露水平时吸收率的个体差异性的影响。因此,内暴露剂量与其产生的效应间的关系更好。

生物有效剂量测量是指对生物有效剂量的测量。经吸收、代谢活化、转运、最终到达器官、组织、细胞、亚细胞或分子等靶部位或替代性靶部位的污染物量称为生物有效剂量。如致癌物或其活化的产物与 DNA 或血红蛋白形成的加合物的含量。生物有效剂量直接与产生的有害效应相关。

人乳中污染物的浓度既反映了母亲内暴露水平,又反映了婴儿外暴露水平。化学性质稳定、易蓄积于某些组织(如脂肪、毛发)的化学污染物,在进行相应生物材料的监测时,能说明这些污染物的“体内负荷”,同时也能代表人体暴露的水平。

2)健康效应测量。环境流行病学调查应根据研究的目的和需要、各项健康效应的可持续时间,受影响的范围、人数以及危害性大小等,选取适当的调查对象和健康效应指标进行测量和评价。在暴露于环境污染物的人群中,常随暴露量,暴露时间及个人健康状况而不同,出现从污染物的体内负荷增加到出现组织器官病理损害及疾病、死亡的不同水平的效应。从保护人群健康出发,除了疾病率的测量以外，还应当选择在个体中仅产生体内负荷增加或出现轻微生理、生化代谢改变的指标作为健康效应调查、测量和评价的依据。健康效应测量的内容包括疾病率的测量及生化和生理功能测量。疾病频率测量常用的指标有发病率、患病率、死亡率，或各种疾病的比率，各种症状或功能异常的发生率，以及各种人群的比率，例如年龄或性别比率、某职业人群某病的比率等。

生化和生理功能测量——反映各种功能的指标和方法很多，按其手段的类型可分为生理、生化、血液学、免疫学、影像学、遗传学、分子生物学等的检测指标和方法；按人体器官系统包括呼吸系统、消化系统、神经系统、造血系统、生殖系统等的功能检测。总之，任何临床的检测指标，环境流行病学都可以借鉴。环境流行病学还应该不断吸收和利用环境毒理学、基础和临床学科的研究成果，解决其健康效应的测量问题，丰富和发展环境流行病学。尤其重要的是，通过作用机制的研究，建立有害健康效应的生物标志，提高检测的特异性和敏感性。

(4)生物标志与环境流行病学

从环境暴露到机体中毒和疾病的发生之间的内在变化，是一个连续性的、渐进的过程。然而，以往对这一过程中的变化知之甚少。以近代分子生物学领头的生命科学的飞速发展，使得有可能从细胞和分子水平上认识疾病的发生和发展，揭示在这一发生和发展过程中一系列与发病机制有关联的“关键事件”，从而解读从暴露到疾病的“黑匣子”；并可通过对体内发生的这些关键事件的监测应用于流行病学研究，从根本上推进传统环境流行病学的发展。

生物标志是生物体内发生的与发病机制有关联的关键事件的指示物，是机体由于接触各种环境因子所引起机体器官、细胞、亚细胞的生化、生理、免疫和遗传等任何可测定的改变。生物标志中的分子生物标志则着重研究外来因子与机体细胞，特别是生物大分子（核酸、蛋白质）相互作用所引起的一切分子水平上的改变。以应用分子生物标志而建立的分子流行病学更能准确地反映出暴露与反应两者的关系，对早期预测环境有害因素对机体的损害、评价其危险度、及时提出切实可行的预防措施有着重大意义。传统环境流行病学和分子流行病学的关系见图 9.1 所示。

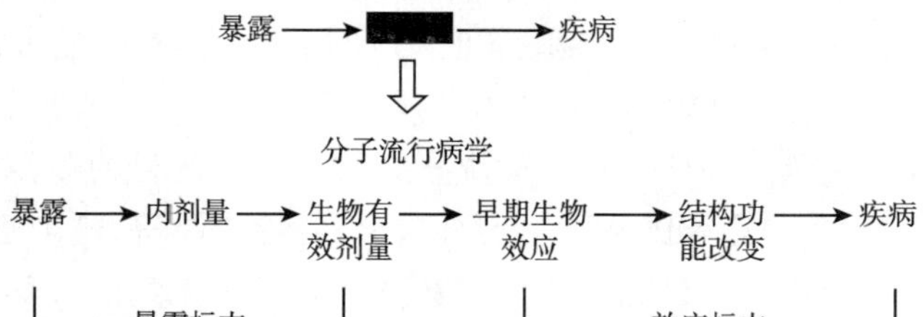

图 9.1　传统环境流行病学和分子流行病学的关系图

1)生物标志的种类。1989 年美国国家科学院将生物标志分为暴露生物标志、效应生物标志和易感性生物标志三大类。暴露生物标志包括内剂量和生物有效剂量生物标志,生物有效剂量标志比内剂量标志更赋予生物效应意义。效应生物标志指机体内可测定的生化、生理或其他方面的改变。易感性生物标志是能指示机体接触某种特定环境因子时的反应能力的一类生物标志。

2)生物标志在环境流行病学中的应用。生物标志的运用能加强暴露、效应和易感性的测量,对病因联系提供更有说服力的证据。因此,生物标志在环境流行病学与分子流行病学研究中的应用前景十分广阔。应用的范围与价值,有下列几方面:

一是暴露的精确测量。在体内生物材料中检测外源性化学物质或其代谢产物的含量,比通过询问所得的暴露情况或环境监测到的暴露水平精确得多。致癌物(或代谢活化产物)与其靶分子 DNA 结合形成了加合物,则可提供直接的已作用到靶分子的准确测量,这被称之为特定暴露的"指纹"。美国 1993 年正式将 DNA 加合物用于暴露致癌物的人工监测,国内对宣威室内煤烟暴露人群的 PAHs—DNA 加合物进行了监测。大量研究结果表明,DNA 加合物能敏感地指示环境低剂量致癌物的暴露。血红蛋白(Hb)加合物是某些致癌剂暴露替代性的生物有效剂量标志物。这是因为:①加合物在红细胞中的寿命更长,能反映累积效应;②技术上易行;③已证明血红蛋白(Hb)加合物的量与靶组织 DNA 加合物的量相关。最近的研究表明,某些环境因素的暴露与特定的基因表达有关。因此,可分析特定的基因表达以评价其暴露。基因芯片可高效、大规模地检测基因表达,有望为环境化学暴露提供广泛的生物有效剂量的生物标志。

二是早期生物效应的显示。生物效应标志包括从轻微效应到疾病过程中的整个阶段的各类效应。对于环境流行病学,更重要的是揭示早期效应。这不仅因为早期效应相距产生此效应的暴露时间间隔短,容易建立暴露—效应关系;而且为采取预防干预措施赢得了宝贵的时机。研究认为,DNA 加合物属于一种 DNA 损伤形式,是化学致癌过程中一个早期关键步骤,尤其是某些特殊类型或处于特殊位点的加合物与致突变、致癌效应密切相关。因此,DNA 加合物不仅是致癌物暴露的生物标志,也可用以监测致癌剂的遗传毒性效应。

三是宿主易感性的判定。从暴露到发病的每一个阶段,易感性均起到重要的作用,是决定疾病是否发生的主要因素。这类生物标志是在暴露之前就已存在的遗传性的或获得性的可测量指标。遗传易感性的差异是通过可编码特异性蛋白的 DNA 的变异,以增加疾病发生的频率。遗传性易感个体可能产生结构上不同的蛋白,或者产生蛋白的数量高表达或低表达。如患有着色性干皮病的个体暴露于紫外线发生皮肤癌的危险性增高,是因为他们缺乏 DNA 损伤的修饰蛋白。遗传决定的易感性因素大部分是稳定的，而获得性易感性因素如年龄、生理变化、膳食、生活方式等则随环境与时间的变化导致易感程度的变化。

9.1.2 环境毒理学研究方法

(1)环境毒理学研究的基本内容和任务

在环境因素对健康影响的研究中，环境毒理学是十分有用的手段，它的研究内容和任务主要是：

1)对未知毒性效应的化合物或环境因素，研究其毒作用大小、蓄积性、作用的靶器官和组织等基本毒理学特征，以及对其致畸、致癌、致突变性的特殊毒性作出评价；

2)对特定的环境污染物或因素，研究其剂量—反应关系，为医疗气象预报及环境对人体健康影响评价提供依据；

3)毒作用机制研究，探索环境污染物或因素在机体反应中出现的特异、敏感的测试指标，即生物标志，为环境流行病学调查提供新的手段；

4)对已造成健康危害，并通过环境流行病学调查提出的可疑致病因素，建立动物模型予以证实，确定病因；

5)应用于环境生物监测。

(2)一般毒性的研究方法

一般毒性的研究内容和方法如图 9.2 所示。其中慢性毒性试验是研究在较长时期内以小剂量反复染毒后所引起的毒性作用。其目的是评价化学污染物在长期小剂量作用下对机体产生的损害及特点，获得剂量—反应关系资料。并根据剂量—反应关系确定最大无作用剂量和最小作用剂量，分别相当于未观察到有害作用剂量和最低观察到有害效应剂量。以最大无作用剂量作为外推到人体暴露安全剂量的基础，根据受试物毒作用性质和特点，选择适宜的方法外推到人，再换算为不同环境介质中的限制浓度，作为环境有害物质浓度的基准值，为制订该物质的环境防御标准提供依据。

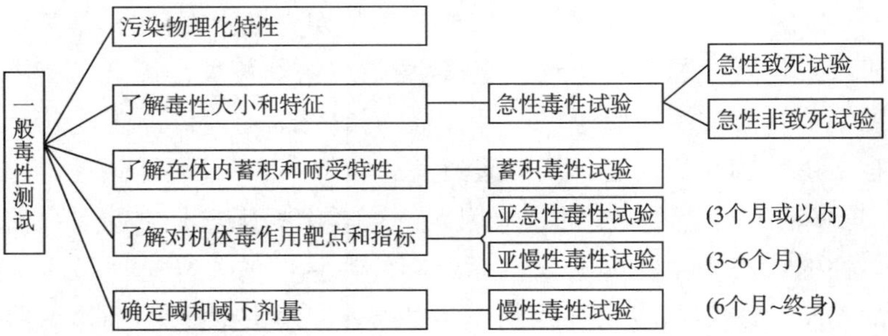

图 9.2 一般毒性的研究内容和方法图

9.1.3 致癌性和致畸性测试

致癌试验，首先对化学性污染物进行致癌性的初筛，若在初筛试验中得到阳性结果，需要对其进行致癌性确认时，则应进行动物致癌试验。动物致癌试验包括短期诱癌试验和长期动物致癌试验。长期动物致癌试验是目前鉴定致癌物最可靠、使用最广的一种经典方法。这是因为它能满足癌症发生有相当长的潜伏期、可以控制各种干扰因素和模拟人群暴露等优点。长期动物致癌试验的实验方案，已有公认的指南。试验结果以观察哺乳动物组织病理学的形态变化为终点。

致畸性测试，致畸性测试方法主要是实验动物三段试验及体外致畸试验。国内外应用"三段试验"确证和筛选环境化学性污染物的致畸性。在我国一般测试环境因素致结构畸形效应，通常只进行第Ⅱ段试验。近 10 年来体外致畸试验方法发展很快。主要用于研究致畸机制及筛选化学致畸物。体外致畸试验种类很多，常见的体外致畸试验主要是全胚胎培养、器官培养和细胞培养三个层次的试验。目前，为观察低剂量外源性暴露对胚胎发育期中枢神经系统的影响而导致出生后行为功能异常和障碍，发展了行为致畸试验。

9.1.4 环境生物监测方法

传统的环境监测主要采用化学或物理学方法测定介质中污染物的含量，从而了解环境是否受到污染及污染的水平。尽管这样的监测数据非常重要，但它只能为该污染物对人群健康影响的可能性作出间接判断。只有生物监测才能够迅速反映出污染物是否能对生物体，特别是体内的遗传物质产生影响。因此，环境理化监测与生物监测并用，应当是今后环境监测的趋势。同时，环境污染物种类多，往往以综合作用影响机体，单一的化学检测难以反映总体的污染水平和可能产生的危害。环境生物监测则有可能解决这一问题。由于环境污染物与生物体之间所有的相互作用都始于生物分子，而且生物体之间的共性往往在分子水平上最大，因此，分子生物的监测具有更重要意义。

目前利用毒理学方法进行环境生物监测，方法主要分为两类：

(1)现场生物监测　主要通过对环境的植物、动物或微生物进行细胞遗传学或分子毒理学的直接监测。

1)植物细胞遗传学监测：用紫露草四分体微核试验、紫露草雄蕊毛突变试验、蚕豆根尖细胞有丝分裂染色体畸变试验，以监测大气和水体污染。上述三种试验方法经济、简便、快速、测试结果可靠。目前，国内外都已应用这些方法对各种不同活动场所如机场、停车场，学校、城市烟雾区、垃圾场和生活或工业废水的污染状况进行监测。

2)水生物的分子生物学监测:可通过对鱼、贝等水生物的监测评价水体化学诱变/致癌污染。

3)土壤微生物的分子生物学监测:土壤中含有大量的微生物,土壤污染物会首先作用于这些微生物,可以通过土壤微生物的反应(如微生物数量、细菌谱、对有机物代谢酶活性等)评价土壤污染状况。

(2)环境样品的生物监测 收集空气、水和固体环境样品进行毒理学测试。目前较普遍应用于空气(大气、室内空气)、水体(水源水、饮用水、生产和生活污水等)、食品等样品。环境样品制备方法视需要检测的对象和目的而定。根据环境介质及污染物的理化特性,采用不同的浓缩、萃取等方法处理,获取环境样品的混合物进行毒理学测试,也有部分研究者将混合物再分为各种组分(酸性组分、碱性组分等)或单个污染物成分进行测试。

环境样品的毒理学测试方法很多,现行的毒理学方法都可应用。测试的终点包括一般毒理、免疫毒性、致癌性、致畸性、致突变性、生殖和发育毒性等。浓缩、萃取的环境样品获取量比较小,多用作特殊毒性试验,并以体外试验为主。

9.2 环境污染导致人体异常反应的基本特征

环境因素的改变作用于人体,机体就会对其作用产生相应的反应,产生反应的质和量既取决于环境的污染程度,也取决于人的机体状态。他们都具有许多基本特征。

9.2.1 环境暴露特征与反应

环境暴露是环境因素产生健康有害效应的决定因素,没有环境的暴露,也就没有相应的效应。暴露的途径、强度和时间与其效应的产生密切相关。

(1)暴露途径

同一种有害化合物,可以有不同的污染来源。即便是同一污染来源,由于环境介质的物质迁移作用可以在不同的介质之间进行,许多环境物质和有害化合物进入环境后都会在多种介质存在。通过这些介质,环境有害化合物经呼吸道、口、皮肤暴露途径进入人体。因此,这些有害化合物往往通过多种途径,很少是单一途径暴露的。暴露途径与效应产生的关系密切,往往通过下列方式影响有害效应的产生。

1)影响总暴露量。暴露的途径越多,总暴露量可能越大,产生的效应也越明显。许多环境有害物质是通过多种途径暴露的,如呼吸室内外空气经呼吸道收入,暴露尘土或涂料经皮肤吸收。在暴露评价研究中,必须考虑多种暴露途径,反映总的暴露水平。

2)影响吸收率。不同暴露途径吸收率不同,当吸收率高、吸收量大时,产生的效应就强、危害也大。如金属汞,经口摄入时,由于经消化道吸收的量甚微,其危害小;但若以汞蒸气的形式经呼吸道吸入,其在肺内的吸收快,毒性也大。极端的亲水或亲脂的物质,是不能透过皮肤的,然而,易于经胃肠吸收。

3)改变作用靶。进入人体内的途径不同,首先到达的器官和组织不同,作用的机制也不同。如硝酸盐经口摄入在肠道菌的作用下,还原成亚硝酸盐,引起高铁血红蛋白症;经肝脏解毒的物质,经口摄入毒性较低。

环境暴露的特点是作用的途径多,因素复杂,在研究环境因素与健康效应的关系时,必须注意不同暴露途径可能产生的影响。

(2)剂量—反应关系

1)剂量与反应,剂量通常指进入机体的有害物质的量。与机体出现有害效应关系最为密切的是该物质到达机体靶器官或靶组织的量。但是,靶器官和靶组织的剂量在测定上有许多困难,因而在实际工作中常用环境外暴露量来反映人体的接触剂量。

有害环境因素作用于机体,可引起生化代谢改变、生理功能障碍、异常体征、死亡等多种生物学效应。这些效应一类是可以定量测定,用某种测量数值表示的,如氟化物摄入过多所致的血清碱性磷酸酶升高。这类效应的量度值统计学上属于定量变量,又称之为定量反应或量反应,暴露人群的量反应可用均数表示。另一类效应则不可定量测定,而仅作定性描述,如氟斑牙的发生、中毒死亡的发生,其量度值属于定性变量,常以出现其效应的例数占总观察例数的百分数如发病率、死亡率等表示,这类效应称为定性反应,又称为质反应。

随着暴露剂量的改变,产生某种反应(定量反应或定性反应)的数量而随之改变的相关关系称为剂量—反应关系。过去普遍将定量反应的剂量—反应关系称为剂量·效应关系,仅将定性反应的剂量—反应关系称为剂量—反应关系。

2)剂量—反应曲线的类型,产生某一反应的临界剂量值称该反应的阈值,根据阈值的存在与否,剂量—反应曲线分为无阈值和有阈值两种类型。无阈值和有阈值物质的环境毒理学特征是不同的。

无阈值化合物是指在大于零的剂量暴露下,均可能发生有害效应的化合物,又称为零阈值化合物。其剂量—反应曲线的延长线通过坐标的原点,认为这类化合物无安全剂量。无阈值化合物主要为遗传毒性致癌物。无阈值理论在学术上仍有争议。但是,在健康危险度评价实践中,遗传毒性致癌物均视为无阈值化合物。

阈值化合物:除了遗传毒性致癌物,一般化合物都存在阈值,有些化合物还有两个阈值。以垂直坐标表示对人体影响的效应程度,横坐标表示有阈值化合物的剂量大小。把仅在达到或大于某剂量(阈剂量)才产生其效应,低于此阈剂量则不产生其效应的物质称为单阈值化合物，其剂量—反应曲线多呈S形。有两个阈值的化合物主要是指人体必需的微量元素或必需的营养素。必需微量元素的剂量—反应曲线的形状，在整个剂量范围内呈U形。由于必需微量元素不能通过机体自身合成，若摄入太低，低于较低的阈值，就会产生必需微量元素缺乏造成的不良影响，如缺铁可导致贫血，缺碘可导致缺碘性甲状腺肿，缺氟可引起龋齿发病率增加。摄入量越低，有害效应越严重。随着摄入量增大，有害效应消失，机体呈自稳状态。但是，当暴露剂量升高至另一个较高的阈值时，又出现有害效应，并且其程度也随剂量增大而加重，如暴露高剂量的氟引起氟斑牙、氟骨症，暴露高剂量的硒引起硒中毒。

(3)暴露时间

作用剂量不仅与环境介质中物质浓度有关，而且与暴露的时间有关。有害因素的暴露可以是一次短时间的，也可以是多次长期的或者无限期持续性的。对于环境污染物的暴露，往往是在较低的剂量下数月或数年内的重复暴露。重复暴露的时间包括暴露频度和暴露持续期两个要素。暴露频度和持续期与靶器官和靶组织中的剂量(浓度)有关，所以它们是影响有害效应产生的重要因素。对不同生物半减期(化合物在体内含量减少一半所需的时间)的化合物，暴露频度和暴露期与靶部位浓度间的关系见图9.3。体内靶部位化合物的浓度一直处于动态变化之中。在第1次暴露后，靶部位的浓度随之升高，但随后由于机体的排泄等作用浓度逐渐下降。如果其浓度在下降至零以前，有第2次暴露，则靶部位的浓度在原来残留的基础上会有更大的提高。经过如此多次暴露，靶部位的浓度可蓄积到有害作用的水平。暴露频度高(即间隔期短)，靶部位的浓度蓄积到有害作用水平的期间越短。相反，暴露的间隔期长，靶部位的浓度蓄积到有害作用水平的时间越长，甚至永远蓄积不到有害作用的水平。

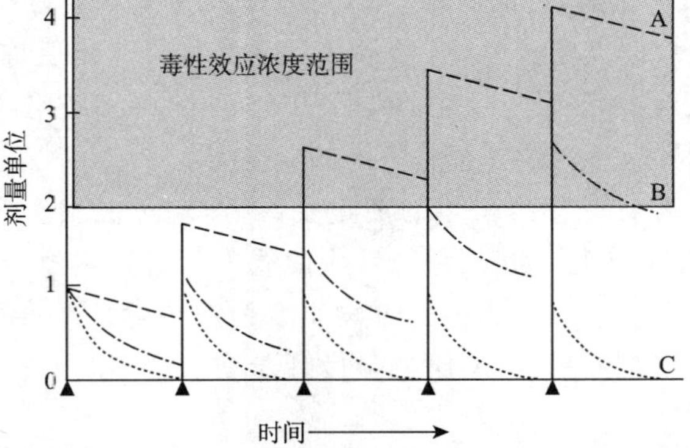

图9.3　不同$T_{1/2}$化合物暴露频度和暴露期与靶部位浓度

▲：一次暴露时间点

A：$T_{1/2}$较长(a)；B：$T_{1/2}$中等(d)；C：$T_{1/2}$较短(h)

除了作用时间以外，影响体内或靶部位蓄积量的重要因素还与化合物的生物半减期和摄入量有关。在图 9.3 中，生物半减期长的化合物 A 在较短的时间内蓄积量就达到有害作用水平，而生物半减期短的化合物 C，在一定的剂量下长期暴露也不会造成危害。从理论上讲，化学污染物进入机体经历六个生物半减期后，在体内最大可能的蓄积量趋于稳定，此后，摄入量与排出量趋于平衡。摄入量愈大，达到平衡后其最大蓄积量也愈大；摄入量少，则体内最大蓄积量也少。如果摄入量减少到致使体内最大蓄积量低于产生有害效应的水平，长期作用也观察不到对机体的有害效应。

9.2.2　环境多因素暴露与联合作用

(1)环境作用因素的多样性

环境有害因素是多样的，包括物理性、化学性和生物性因素。每一大类又包含许多小类和具体的因素。以化学物质为例，目前已知的化合物有数百万种，致癌物和致畸物有数千种。这些物质都可能进入环境，存在于人类暴露的各种环境介质中。同时，人类生产和生活活动不断排放的污染物，例如污染大气的烟道废气、汽车尾气及污染水源的各种工业废水，都是复杂的混合物；饮用水氯化消毒可产生 200 多种氯化消毒副产物；烹调油烟有 200 多种成分；烟草燃烧可产生 3800 多种物质，其中确认的致癌物至少有 44 种。这些物质也都不断地进入人类可能暴露的各种环境介质中。因此，人体吸入的空气、饮用的水、摄入的食物中的污染物都不是单一的，而是多种物质同时存在。

多种环境物质同时存在时对人体的作用与其中任何一种单独存在时所产生的效应有所不同，它们在体内往往呈现十分复杂的交互作用，彼此影响生物转运、转化、蛋白结合或排泄过程，使机体的毒性效应发生改变。凡两种或两种以上的化学物同时或短期内先后作用于机体所产生的综合毒性作用，称为化学物的联合毒性作用。随着外环境污染日益增多，联合作用的危害已引起高度关注。

(2)联合作用的类型

根据多种化学物同时作用于机体时所产生的毒性反应性质，可将化学物的联合作用分为下列四类：

1)相加作用。多种化学物质的联合效应的强度为各单独作用强度的总和，此种作用称为相加作用。化学结构相近或毒作用靶器官相同，作用机制类似的化学物同时存在时，往往发生相加作用。这是较常见的一类联合作用，如两种有机磷农药同时进入机体时，其抑制胆碱酯酶的作用常是相加作用。

2)协同作用。两种化学物质所产生的联合效应的强度远远超过各单个物质作用强度的总和，此种作用称为协同作用。例如四氯化碳和乙醇对肝脏均有毒性，当同时进入机体时，其对肝脏的损害作用要比它们单独作用大得多。又如暴露于石棉可使肺癌危险度增加 5 倍，吸烟可使肺癌危险度增加 11 倍，但是吸烟的石棉工人的患肺癌率增加了 55 倍。

3)增强作用。某一化学物本身对人体并无毒性，另一化学物对机体有一定毒性，但当二者同时进入机体时，则可使后者的毒性大为增强，此种作用称为增强作用或增效作用。例如异丙醇对肝脏无毒，但当其与四氯化碳同时进入机体时，则可使四氯化碳的毒性大大高于其单独作用。

4)拮抗作用。两种化学物同时进入机体后，其中一种化学物可干扰另一种化学物的生物学作用，或两种化学物互相干扰，使其联合效应的强度低于各自单独作用的强度之和，此种作用称为拮抗作用。例如大量口服铁剂可减轻锰的毒作用。二氯甲烷与乙醇之间也存在拮抗作用。按其机制，可将拮抗作用分为功能拮抗、化学拮抗、配置拮抗和受体拮抗等。

环境中共存的因素多、它们之间交互作用的类型和机制的复杂性可能远远超过了当今人们的认识水平，因此有待在环境因素或环境化学物的联合作用方面进一步的研究。

9.2.3 人群健康效应谱与易感人群

(1)人群健康效应谱

环境有害因素可引起不同程度的健康效应，效应从弱到强可分为 5 级：①污染物在体内负荷增加，但不引起生理功能和生化代谢的变化；②体内负荷进一步增加，出现某些生理功能和生化代谢变化，但是这种变化多为生理代偿性的，非病理学改变；③引起某些生化代谢或生理功能的异常改变，这些改变已能说明对健康有不良影响，具有病理学意义。不过，机体处于病理性的代偿和调节状态，无明显临床症状，可视为准病态(亚临床状态)；④机体功能失调，出现临床症状，成为临床性疾病；⑤出现严重中毒，导致死亡。在环境有害因素作用的人群中，由于各个体暴露剂量水平、暴露时间存在着差异，在年龄、性别、生理状态以及对该有害因素的遗传易感性不同，会出现不同级别的效应。而每一种级别的效应在人群中出现的比例是不同的。最强的危害、最严重的效应是死亡，所占比例很少；而最弱的效应所占比例最大。不同级别的效应在人群中的分布类似于金字塔形。不同级别的效应在人群中的分布称之为健康效应谱。这种效应谱有冰山现象之称。临床所见的疾病患者和死亡者只是“冰山之巅”，而不是冰山之全貌；预防医学需要了解和掌握“冰山”的全貌，即了解整个人群有害效应的分布。只有了解人群反应的全貌，才可能对其危害作出全面的定量评估，为制定预防措施决策提供可靠的依据。

(2)易感人群

从人群健康效应谱可以看出，人群对环境有害因素的反应存在着差异。尽管多数人在环境有害因素作用下仅有生理负荷增加或出现生理性变化，但仍有少数人产生机体功能严重失调、中毒，甚至死亡。通常把这类对环境有害因素反应更为敏感和强烈的人群称为易感人群。与普通人群相比，易感人群会在更低的暴露剂量下出现有害效应；或者在相同环境因素变化条件下，易感人群中出现某种不良效应的反应率明显增高。

(3)影响人群易感性的因素

影响人群对环境有害因素易感性的因素很多，包括与遗传特征有关的遗传因素和与遗传无关的非遗传因素两大类。

1)影响人群易感性的非遗传因素涉及更广泛的人群，因而存在更复杂的非遗传因素，这些因素主要包括：年龄、健康状况、营养状态、生活习惯、暴露史、心理状态、保护性措施等。不同年龄段的人群易感性可能有较大差异。婴幼儿解毒酶系统尚未成熟，血清免疫球蛋白水平低；老年人生理、生化、免疫等功能降低，DNA 损伤的修复能力降低。因此，婴幼儿和老人对环境有害因素的作用往往有更高的易感性。在多起急性环境污染事件中，老、幼、病人出现病理性改变、症状加重，甚至死亡的人数比普通人群多。如 1952 年伦敦烟雾事件期间，年龄在 45 岁以上的居民死亡人数为平时的 3 倍，1 岁以下婴儿死亡数比平时也增加了 1 倍，在 4000 名死亡者中，80%以上患有心脏或呼吸系统疾患。以上影响易感性的因素，对每一个体来说不是一成不变的。尤其是由于不良生活习惯导致的易感性增高，在纠正不良生活习惯以后则可能恢复到正常人群水平，从而减少暴露产生的危害。

2)影响人群易感性的遗传因素。在年龄、健康状况、营养状态和行为习惯大体相近的普通人群中，对环境有害因素作用的易感性仍有明显的个体差异，这往往与遗传因素如性别、种族、遗传缺陷和环境应答基因的基因多态性等有关。人们早就注意到，遗传缺陷是某些个体对特定的作用因素易感的原因。如着色性干皮病、共济失调性毛细血管扩张和先天性全血细胞减少症，有 DNA 损伤修复缺陷，对紫外线、烷化剂和某些致癌物的作用敏感性增高；先天性缺乏 α_1—抗胰蛋白酶的个体，对刺激性气体非常敏感，易造成肺的损伤；红细胞 6—磷酸葡萄糖脱氢酶缺陷者，对硝基苯类化合物及多种氧化物的损害异常敏感；高铁血红蛋白还原酶缺乏者，对亚硝酸盐、芳香胺和硝基化合物、臭氧和磺胺类药物等所谓高铁血红蛋白形成剂特别敏感。

现代分子生物学技术的发展和人类基因组计划的实施，正从基因和分子水平上不断揭示遗传改变和其表型变化的关系，从本质上认识遗传因素对易感性的影响。对环境因素的作用产生应答反应有关的基因称之为环境应答基因，环境应答基因的多态性是造成人群易感性差异的重要原因。人体许多功能基因都可能是环境因素作用的靶，所以环境应答基因十分广泛。这些基因结构上的多态，导致相应蛋白功能或酶活性的变化，最终表现应答反应的多样性，而产生易感性的差异。

涉及环境因素易感性的基因可能非常之多，一种疾病的易感性往往与多种基因的多态性有关，而目前只对与少数疾病有关的部分基因进行了研究。因此，更系统、更深人地研究是必要的。1997 年美国提出的环境基因组计划(EGP)，系统地研究了美国人群中与癌症、呼吸系统疾病等七大类疾病有关的十类候选基因的基因多态性。这十类候选基因包括：DNA 修复基因、毒物代谢酶基因、激素代谢酶基因、受体基因、细胞周期基因、信号传递基因、介导免疫和感染反应基因；介导营养因素基因、参与氧化过程的基因和细胞内药物敏感基因。环境基因组计划引起了世界各国科学家的极大关注，它将会全面提高对环境相关疾病易感性的认识。

人群易感性的研究对深入认识环境暴露与健康危害的关系，开展高危人群的筛查、更经济有效地进行预防工作具有十分重要的意义，也是该学科极其重要而又非常前沿的领域。

9.3 环境污染与健康

9.3.1 环境污染对人群的急、慢性危害

(1)急性危害

环境污染物在短时间内大量进入环境，可使暴露人群在较短时间内出现不良反应、急性中毒甚至死亡。环境污染引起的急性危害主要包括以下类型：

1)大气污染。在 20 世纪，由于工业生产的高速发展，大气污染烟雾事件的发生频率较高。如在英国多次发生的伦敦烟雾事件，美国的洛杉矶、纽约和日本大阪、东京发生的光化学烟雾事件，日本的四日市哮喘事件等。伦敦烟雾事件主要表现为肺和心血管系统疾患的患者病情急剧加重，死亡；光化学烟雾事件可引起大量居民眼和上呼吸道的刺激症状，呼吸功能障碍。大气污染烟雾事件的发生除了存在大气严重污染外，还同时存在不利于污染物扩散的气象条件或特殊的地形条件。此外，光化学烟雾的产生还需要强烈日照的天气条件。

2)过量排放和事故性排放引起的急性危害。由于工业设计上的不合理、生产负荷过重、管理上的疏漏或任何意外的原因，使有害的工业废气、废水或事故性泄漏的有毒有害物质大量排入环境。这些污染物可在环境介质中，特别是在大气和河流中迅速扩散和迁移，导致排放源附近及整个污染区的居民发生急性中毒。

一是废气、废水大量排放，使 Cl_2、NH_3、H_2S、HF、CO 等有毒物质排入大气

或废水中的农药、氟化物、铬化物、砷化物等污染地面水或地下水而发生人、畜急性中毒；二是事故引发的污染事件，有毒有害的化工原料、产品等在生产、储存、运输过程中由于意外事故而大量排入环境造成污染事件。如 2005 年 11 月，吉林石化公司双苯厂发生爆炸，造成松花江部分江段污染，导致沿江居民用水发生困难。2005 年 3 月 29 日京沪高速公路淮安段一辆载有 34 t 液氯的槽罐车发生车祸，导致车内液氯大量泄漏，散布于空气中的氯气造成当地居民 29 人死亡，300 多人送医院治疗，近 1 万村民被疏散。

3)生物性污染引起的急性传染病，饮用水受到病原微生物污染时，会使饮用者发生急性传染性疾病。集中供水系统受到病原体污染后，可引起供水区域人群某种水传染病暴发流行，如 1993 年在美国威斯康星州暴发的由隐孢子虫引起的水传染病，导致 40.3 万人患病，4000 多人住院治疗，112 人死亡。又如游泳池池水腺病毒污染，可导致“红眼病”传播。在人员拥挤、通风不良、阴暗潮湿的室内空气中，病原微生物可通过空气传播，使易感人群发生感染。迄今为止，已知的能引起呼吸道病毒感染的病毒就有 200 种之多，常见的经空气传播的传染病有流行性感冒、麻疹、白喉等。2003 春季世界范围内的严重急性呼吸道综合征(SARS)流行和 2009 年的甲型流感，都是患者通过飞沫呼吸途径传染传播的。

(2)慢性危害

环境中有害物质以低浓度，长时间反复作用于机体所产生的危害，称为慢性危害，无论环境化学污染物或有害的物理因素长期暴露均可造成慢性危害。慢性危害的产生与污染物的暴露剂量、暴露时间、化学污染物的生物半减期和化学特性、机体的反应特性等有关。低浓度的环境污染物对机体损害的逐渐积累，包括该物质在机体内的物质或功能蓄积是产生慢性危害的根本原因。

环境污染物所致的慢性危害主要有如下类型：一是非特异性影响。环境污染物所致的慢性危害，往往不是以某种典型的临床表现方式出现。在环境污染物长时间作用下，机体生理功能、免疫功能、对环境有害因素作用的抵抗力可明显减弱，对生物感染的敏感性增加。健康状况逐步下降，表现为人群中患病率、死亡率增加，儿童生长发育受到影响；二是引起慢性疾患。在低剂量环境污染物长期作用下，可直接造成机体某种慢性疾患，如慢性阻塞性肺病(COPD)，它是与大气污染物长期作用和气象因素变化有关的一组肺部疾病。随着大气污染的加重，居民慢性阻塞性肺部疾患在疾病死亡中的比重增加。又如无机氟的长期暴露可造成骨骼系统和牙釉质的损害；甲基汞的长期暴露可损害脑和神经系统；三是持续性蓄积危害，环境中有些污染物进入人体后能较长时间贮存在组织和器官中。尽管这些物质在环境中浓度低，长期暴露会导致在人体内的持续性蓄积，使受污染的人群体内浓度明显增加。长期贮存于组织和器官中的毒物，在机体出现某种异常如疾病、妊娠等情况下，由于生理或病理变化的影响，可能从蓄积的器官或组织中动员出来，而造成对机体的损害。同时，机体内有毒物质还可能通过胎盘屏障或授乳传递给胚胎或婴儿，对下一代的健康产生危害。持续性蓄积危害的污染物主要有两类，一类是铅、镉、汞等重金属及其化合物，它们的生物半减期很长，如汞的生物半减期为 72 d，镉的生物半减期为 13.7 a。另一类是脂溶性强、不易降解约有机化合物。这类化合物能在环境中长期残留持久存在、在生物体内持续性蓄积，被称为持久性有机污染物(POPs)。2001 年 5 月联合国环境规划署组织，通过了《关于持久性有机污染物的斯德哥尔摩公约》，旨在通过全球努力共同淘汰和消除 POPs 污染，保护人类健康和环境免受 POPs 的危害。首批列入公约受控名单的 12 种 POPs 是滴滴涕、氯丹、灭蚁灵、艾氏剂、狄氏剂、异狄氏剂、七氯、毒杀酚、六氯苯和多氯联苯、二噁英、呋喃等。

环境污染所致的慢性危害往往是非特异性的弱效应，发展呈渐进性。因此，出现的有害效应不易被察觉或得不到应有的重视，一旦出现了较为明显的症状，往往已经成为不可逆的损伤，造成严重的健康后果。如何早期评价环境污染对人群健康产生的慢性危害并及时地采取干预措施加以预防是医疗气象面临的巨大挑战之一。

9.3.2 环境污染与致癌危害

恶性肿瘤已经成为人类死亡的重要原因，20 世纪 70 年代，世界卫生组织公布过 45 个国家和地区的死因资料，其中 32 个国家和地区肿瘤死亡率居前二位。我国从 1957—1995 年对部分城市人口死因进行的统计表明，肿瘤在死因构成顺位已从 1957 年的第七位上升为第二位，在部分城市则已排在首位。全世界每年约有 700 多万人死于癌症，肿瘤已成为严重威胁人类健康的常见病。

自 20 世纪以来，愈来愈多职业和环境接触的致癌物被确定，用建立的一系列短期生物试验筛选出了大量的潜在致癌物，人类肿瘤发生与环境的关系也获得了更多流行病学研究的支持。据报道，日本本土居民胃癌的发生率比居住在夏威夷的白种人高 5～6 倍，日本男性的结肠癌却比夏威夷的白种人男性低 4～5 倍；而日本移民到夏威夷后经历一段时间或他们的后代胃癌的患病率则降至夏威夷白种人的水平，结肠癌和乳腺癌却明显上升，与当地白种人相当。说明相对于种族和遗传因素，环境因素与肿瘤发生的关系密切。有人认为 80%以上的肿瘤发生与环境因素有关。因此，肿瘤是一种与环境相关的疾病。

化学致癌物的分类

化学致癌物是指能引起恶性肿瘤发生增多的化学物，在某些情况下诱发良性肿瘤的化学物也可认为是化学致癌物。目前约有 7000 多种化学物经过动物致癌试验，其中 1700 多种为阳性结果。致癌物分类时，可按对人的致癌危险性、活化的需要、是否具有诱变性和化学结构等划分。

1）按对人的致癌危险性划分，可分为四类，一类是对人致癌，共有 87 种，已充分证明；第二类又分两部分，分别是 2A 类，对人很可能致癌，有 63 种。此类致癌物动物实验致癌性已充分证明；2B 类，对人可能致癌，有 234 种。此类致癌物对人类致癌性证据有限，对实验动物致癌性证据并不充分；或对人类致癌性证据不足，对实验动物致癌性证据充分。三类是对人的致癌性尚无法完全确认，即可疑对人致癌，有 493 种；四类是对人很可能不致癌，仅有 1 种。

2）按活化的需要划分，可把致癌物分为两类，一类是不需活化的，称为直接致癌物；二类是需活化的，称为前致癌物或间接致癌物，其中活性代谢物为终致癌物。

3）按是否具有诱变性划分，致癌的体细胞突变和非突变作用两大学说的确立，人们把致癌物分成两大类：一是诱变性致癌物，又称之为遗传毒性致癌物；二是非诱变性致癌物，或非遗传毒性致癌物。也有人称为基因外致癌物。这里所谓非诱变性致癌是不包括以 DNA 为靶的诱变机制，可能通过促进细胞分裂或抑制细胞凋亡起作用。非诱变性致癌物主要包括一是促进细胞分裂剂，如苯巴比妥、佛波酯（TPA）、某些内源性生长因子和激素；二是持久性细胞损害的物质如氯仿等。常见的环境致癌物见表 9.1。

表 9.1　常见的环境致癌物

类别	化学物举例
直接烷化剂	芥子气、氯甲甲醚、环氧乙烷、硫酸二乙酯
间接烷化剂	氯乙烯、苯、丁二烯、烷化抗癌药
多环芳烃类	苯并芘、二甲基苯蒽、二苯蒽、三甲基胆蒽、煤焦油、沥青
芳香胺类	联苯胺、乙萘胺、4-氨基联苯、4-硝基联苯
金属和类金属	镍、铬、镉、铍、砷
亚硝胺及亚硝酰胺	二甲基亚硝胺、二乙基亚硝胺、亚硝酰胺
霉菌和植物毒素	黄曲霉毒素、苏铁素、黄樟素
固体（不可溶）物	结晶硅及石棉
嗜好品	吸烟、嚼烟、槟榔、鼻烟、过量的酒精饮料
食物的热裂解产物	杂环胺类、2-氨-3-甲基-咪唑喹啉、2-氨-3，4-甲基-咪唑喹啉
药物（含某些激素）	环磷酰胺、噻替派、已烯雌酚

9.3.3　空气污染与肺癌

大气中存在多种致癌物，其中 15 种属于第一类和第二类致癌物。空气污染物和肺癌的关系最为密切。

(1)城市与乡村肺癌发生率和死亡率，大气污染在城市和乡村有着明显的差异，对比城市和乡村肺癌发生率和死亡率可在某种程度上反映出大气污染的致癌危害。一般来说，城市大气污染程度较乡村严重，其肺癌发病率和死亡率也高于乡村。例如上海市1973—1975年肺癌死亡率分析表明，市中心区肺癌死亡率最高(27.26/10万)，郊区次之(14.27/10万)，农村最低(8.5/10万)，市中心区向外围逐渐递减。沈阳市1979年市区肺癌死亡率为20.63/10万，农村5.94/10万，市区是农村的3.5倍。

(2)室内空气污染与肺癌

我国1973—1975年全国肿瘤死亡情况调查结果表明，云南省宣威县被发现为我国肺癌高发区，其女性肺癌死亡率居全国首位。通过生态流行病学调查得知，肺癌死亡率居各类恶性肿瘤死亡率之首；肺癌死亡率有明显地域差异，农民肺癌死亡率为厂矿、机关职工及家属的8.9倍，经分析证明，肺癌死亡率与吸烟率大小无关，与宣威居民生活燃料(煤)对室内空气污染有密切联系。燃烟煤农户室内空气中苯并(a)芘(BaP)浓度高，最高达626 μg/100 m^3，超过我国大气卫生标准值600多倍。图9.4是空气中BaP浓度与肺癌死亡率之间的关系，它反应出了两者有明显的剂量—反应关系，可见烧烟煤人群患肺癌危险性是非烧烟煤人群的6.05倍，烧烟煤人群肺癌死亡率是非烧烟煤人群肺癌死亡率的25.6倍。这进一步证明了烟煤燃烧产生的多环芳烃类(PAHs)化合物污染室内空气是肺癌发病的主要原因之一。

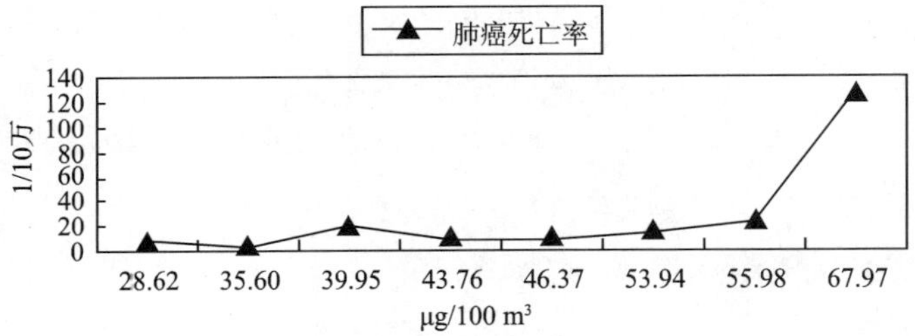

图9.4 空气中Bap浓度与肺癌死亡率

9.3.4 环境污染与致畸危害

人类出生缺陷又称为先天畸形，指胎儿的外观或体内器官的结构异常。尽管遗传因素对人类出生缺陷的发生有重要影响，但是环境因素对生殖细胞遗传物质的损伤、对胚胎发育过程的干扰和对胚胎的直接损害都对出生缺陷的发生具有重要作用。早在20世纪30年代，已有哺乳动物母体营养缺乏可能诱发出生缺陷的报道。继后，发现某些理化因子如氮芥、台盼蓝、抗代谢剂和X射线等均能诱发哺乳动物胎仔畸形。据报道受风疹病毒感染的孕妇所产胎儿出生缺陷(失明、耳聋、智力不全)率明显增加。1945 年美国在日本广岛市、长崎市投炸原子弹后,放射性污染诱发出生胎儿小头畸形和智力低下率增加。但是,真正引起人们关注外来化合物致畸作用是 20 世纪 60 年代发生的"反应停"事件。反应停作为镇静药在欧洲广为销售,因孕妇服用该药而导致新生儿肢体畸形数明显增加。受该药影响的儿童近万人,除肢体畸形外,也见到心血管、肠及泌尿系统畸形。震惊世界的反应停事件揭开了人类研究外来化合物致畸作用的序幕,并推动了实验致畸学的发展。

(1)环境致畸物和致畸因素

随着工业的发展,大量化学物排入环境,造成环境污染日益加重。在许多环境污染事件中,都观察到了由于孕期摄入污染物而引起胎儿畸形发生率明显增加。化学物在孕期特别是胎儿器官形成期对胚胎发育和结构畸形的发生有着重要影响。美国国家职业安全与卫生研究所有毒物质登记处所登记的 37860 种工业化学物中,585 种注释有致畸性。导致出生缺陷率增加的因素中,遗传因素占 25%,环境因素 10%,遗传与环境因素相互作用及原因不明的占 65%。

(2)致畸作用的基本特征

外来化学物作用于胚胎发育的不同阶段可引发多种后果,如胚胎死亡、流产、胎儿发育迟缓、结构畸形以及出生后再显现的各种生理和心理缺陷等,对胚胎的这些有害效应总称为胚胎毒性。致畸作用是胚胎毒性的一种主要表现形式。与暴露环境有害因素引起的一般毒性相比,致畸作用的产生有如下基本特征:

1)存在敏感期。原肠胚形成后,孕体迅速生长分化,整个胚胎的外形和基本器官形成。器官形成期是对致畸物最为敏感的时期。人的器官形成期在妊娠的第 3~8 周,大鼠为妊娠的 7~16 d。此外,在器官形成期间,由于各种器官原基形成按一定的先后顺序,因此每种器官都可能有相对敏感的特异期。

2)剂量—反应关系仅在特定条件下存在。致畸作用的剂量—反应关系的出现,与致畸物的剂量和给药时间有密切的关系。剂量过低,不足以显示确实存在的致畸作用;剂量过高,会引起母体毒性或大量死胎和吸收胎。引起特定器官畸形的致畸物还须在相应的敏感期给药才会有与剂量相关的反应;根据有关研究表明,致畸作用的剂量也有阈值,即低于其阈剂量,致畸危害可能不会出现。

3)种属差异性大。在致畸作用中,致畸性的种属差异很明显。造成这种差异的原因尚未完全阐明,可能与代谢能力、胎盘种类、胚胎发育的速度和方式等有关。致畸作用的种属差异性不仅表现在实验动物与人之间,也表现在不同的实验动物之间,出现对同一致畸物的反应性不一致。例如,反应停对人强烈致畸,引起短肢畸形综合征,然而在啮齿类动物实验中却为阴性结果。研究表明,在多数情况下人比最敏感的实验动物更敏感。因此,应用动物致畸试验结果进行安全性评价应当十分谨慎。反应停悲剧的发生就在于当时对致畸作用存在的巨大种属差异性的无知。

4)致畸物的胎盘转运和转化影响致畸性。胎盘作为一种脂膜得以让某些化学物在母体和胎体之间双向转移。转移速度与化学物的理化特性如分子大小、电荷、脂溶性和与蛋白质结合能力有关。同时也与胎盘性质有关,多数实验动物在胚胎器官形成期以卵黄囊胎盘占优势,灵长类包括人类则为绒毛膜胎盘。胎盘结构如细胞层数的多少对外来化合物的通过有不同的机械阻隔作用,同时胎盘中生物转化酶系统对化学物的转运有更重要的影响。人类分娩的胎盘中已被鉴定的细胞色素至少有 5 种,在胎盘中对化学物产生氧化、还原、水解、结合等生物转化效应。胎盘中的转化能力比肝脏要弱得多,但是其酶活性可以因诱导而增加。

(3)空气污染与致畸危害

山西省新生儿出生缺陷率明显偏高。2002 年全国新生儿出生缺陷率为万分之九十九点六二,而山西省高达万分之一百八十九点八六。其中,万分之二百到万分之四百的县市 39 个,万分之四百以上的县市 13 个。据了解,山西省人口出生缺陷致病因素较多。表 9.2 为山西省对全省 11 个地区、52 个县从 1978 年 8 月 1 日—1980 年 8 月 31 日出生婴儿随机抽取 48381 例进行调查,发现先天畸形发生率为 27.52‰,大同、太原、长治等工业较集中的城市、工业区、受污染的郊区畸形率比城市居民区和邻县明显升高。由此可见,环境空气污染是先天畸形发生率升高的重要因素之一。

表 9.2 山西省主要城市工业区与邻县胎儿出生缺陷率比较(‰)

城市	工业区与受污染的郊区	居民区	邻县
太原	39.72	23.02	14.15
大同	26.53	11.20	17.54
长治	48.89	33.12	15.31
阳泉	42.11	27.44	17.10

9.3.5 空气污染与呼吸系统、心血管疾病

这里以山西为例来阐明。太原是我国北方重工业城市之一,空气污染曾经十分严重。近年来,由于政府治理污染力度加大,空气污染程度呈下降趋势,但太原市的空气污染状况仍然不容乐观,对人群健康的影响仍然存在。燃煤产生的 SO_2 和烟尘是主要的大气污染物,因空气污染而导致某些疾病的反复发作,对人体健康造成一定的影响,严重者甚至引起死亡。人体对环境异常变化的反应,一般情况下,大多数人表现出对环境污染物负荷增加,并未发生生理功能改

变，属于正常生理调节范围，有些人则处于生理代偿状态，机体还可能保持着相对稳定，暂时并不出现临床症状。但人体的代偿力是有一定限度的，如果环境污染物继续作用，机体向病理状态发展而出现疾病的症状和体征，相对较少的人群出现明显的疾病症状，更少的人因病理反应的发展而死亡。空气污染物对人体的危害属于慢性危害，它以低浓度、长时间反复作用于机体，造成对机体损害的逐渐积累。因此，空气污染对人体健康具有直接或潜在的影响。

应用 1994—2001 年共计 10 万余例逐日住院病历资料(资料来自山西省人民医院、山西医科大学第二附属医院及太原市中心医院等三所医院)；1994—2001 年 SO_2、TSP、NO_x 等空气污染监测数据来源于太原市环境监测中心站。通过对所有原始的逐日住院病历资料进行初选和分类，对各种疾病分别统计了月均、年均住院人数；对空气污染监测资料进行月均、年均统计；将各种疾病与空气污染监测资料逐月、逐年进行相关分析，普查相关系数，找出通过显著性检验的病种。再将通过检验的呼吸系统疾病和心血管疾病 2001 年病历资料进行日、三日、候、旬统计，对 2001 年空气污染实况资料进行日均、三日均、候均、旬均统计，将各病种日均病历资料与当日、前一日空气污染资料进行相关分析，三日病历资料与本三日、前三日均空气污染资料进行相关分析，候病历资料与本候、前一候空气污染资料进行相关分析，旬病历资料与本旬、前一旬空气污染资料进行相关分析。

(1)污染状况及其对人体健康产生不同影响的统计分析

1)污染状况

1994—2001 年太原市空气污染物中总悬浮颗粒物(TSP)和 SO_2 日均值均超过国家空气质量二级标准，其中超标最严重的是 TSP，对采暖期和非采暖期的资料(表 9.3)分别对比分析发现，采暖期以 SO_2 为主，超标 1.59 倍，TSP 次之；非采暖期以 TSP 为主，超标 0.4 倍，SO_2 低于国家二级标准。氮氧化物虽未超标，采暖期与非采暖期相比仍高出一倍以上。8 年间，首要污染物为 TSP (PM_{10})的日数在 89%左右，其余日数首要污染物为 SO_2。从年均污染状况看，太原市的空气污染水平在 1998—1999 年达到峰值，之前为逐年上升趋势，1999 年以后呈现逐年稳步下降趋势。

表 9.3　太原市空气污染和相关疾病住院量

时间	住院量(人/月)			空气污染物(mg/m^3)		
	呼吸系统	COPD	心血管	TSP	SO_2	NO_x
1994—2001 年	102.78	53.91	50.7	0.5034	0.2106	0.0606
采暖期(11—3 月)	117.73	69.45	52.4	0.6199	0.3892	0.089
非采暖期(4—10 月)	92	42.81	45.9	0.4201	0.0897	0.042

2)住院量状况

将1994—2001年太原市呼吸系统、COPD(即慢性阻塞性肺部疾患,包括慢性支气管炎、支气管炎、支气管哮喘、哮喘性支气管炎和肺气肿等)、心血管等疾病按采暖期与非采暖期分别进行统计,结果见表9.3。1994—2001年呼吸系统疾病平均住院量为102.78人/月,采暖期住院量为117.72人/月,非采暖期住院量为92人/月,采暖期大于非采暖期,差值为25.73人/月,变异系数为28%;COPD平均住院量为53.91人/月,采暖期为69.45人/月,非采暖期为42.81人/月,采暖期和非采暖期差值为26.64人/月,变异系数为62%;心血管疾病平均住院量为50.7人/月,采暖期为52.4人/月,非采暖期为45.9人/月,采暖期和非采暖期差值为6.5人/月,变异系数为14%。

3)空气污染物与呼吸系统、COPD、心血管等疾病月住院量的相关性

表9.4　月住院量与各污染物之间的相关系数

月住院量(人/月)	SO_2	TSP	NO_x	$\alpha=0.05$	$\alpha=0.01$
呼吸系统疾病平均月住院量	0.7744	0.7513	0.7411		
COPD平均月住院量	0.8639	0.8542	0.8356	0.532	0.661
心血管疾病平均月住院量	0.6091	0.5874	0.5441		
呼吸系统疾病逐月住院量	0.3210	0.3154	0.2891		
COPD逐月住院量	0.4832	0.4582	0.4459	0.187	0.244
心血管疾病逐月住院量	0.2881	0.2299	0.2217		

对SO_2、TSP、NO_x等三种污染物指标与呼吸系统、COPD、心血管疾病等住院量分别计算相关系数,结果见表9.4,取显著水平$\alpha=0.01$和$\alpha=0.05$分别进行检验,除心血管疾病通过0.05检验外,其他均通过0.01检验,说明三种污染物与呼吸系统疾病,尤其是COPD住院量相关显著。SO_2与各疾病住院量的相关系数大于其他污染物,说明污染物中SO_2对各疾病的影响最大;而各污染物与COPD的相关系数均明显大于其他疾病相关系数,说明污染物对COPD造成的影响明显大于对其他疾病的影响,各污染物尤其是SO_2对心血管疾病的影响不及呼吸系统疾病。但空气污染造成了肺部疾患,使肺功能下降,肺动脉压升高,可以继发肺心病,此外CO、NO_2等使血红蛋白带氧能力下降而造成组织缺氧,加重心脏负担,引起心血管疾病。但在实际大气中,SO_2和其他污染物共同存在,各种污染物的联合作用比SO_2的单独危害大得多。

4)空气污染物与呼吸系统、心血管等疾病旬、候、三日、日住院量的相关性

通过上述空气中各污染物与呼吸系统疾病、COPD、心血管疾病平均月住院量和逐月住院量的相关分析得知,受空气污染影响引发或诱发的疾病主要集中在呼吸系统疾病和心血管疾病,尤其是COPD。

利用2001年污染资料和三家医院呼吸系统疾病和心血管疾病病历资料,

进一步深入分析得知：

(1)COPD 日病历数与 SO_2 日均浓度的相关系数为 0.259，通过 0.01 检验，与 PM_{10} 日均浓度的相关通过 0.05 检验，与 NO_2 日均浓度通过 0.05 检验，与前一日各污染物日均浓度的相关没有通过检验；

(2)COPD 三日病历数与 SO_2 三日平均浓度的相关系数为 0.510，通过 0.05 检验，与 PM_{10} 三日平均浓度的相关通过 0.05 检验，与 NO_2 三日平均浓度没有通过检验，与前三日 SO_2 三日平均浓度的相关通过 0.05 检验，与前三日 PM_{10} 和 NO_2 三日平均浓度的相关不明显；

(3)COPD 候病历数与本侯均 SO_2、PM_{10} 浓度相关通过 0.05 检验，与前一候的候均 SO_2 浓度相关通过 0.05 检验，与前一候 PM_{10} 和 NO_2 候均浓度的相关没有通过检验；

(4)COPD 旬病历数与本旬 SO_2 旬均浓度相关通过 0.05 检验，与本旬的 PM_{10} 和 NO_2 旬均浓度未通过检验，与前一旬的 SO_2、PM_{10} 和 NO_2 旬均浓度均未通过检验；

(5)心血管疾病候、三日、日病历数与相应污染资料相关均没有通过检验，旬病历数与本旬 SO_2 旬均浓度的相关系数通过 0.05 检验，与 PM_{10} 和 NO_2 旬均浓度的相关均未通过检验。

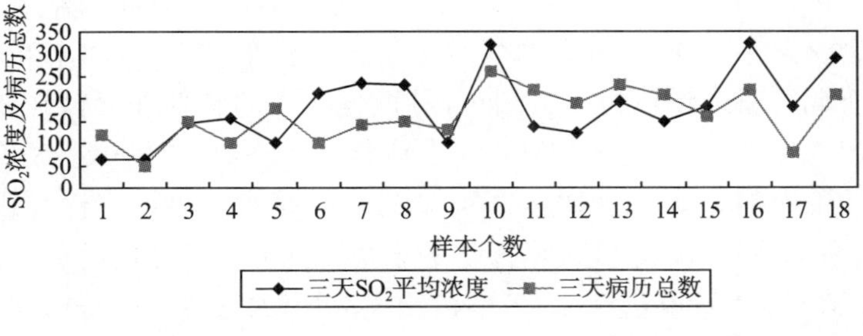

图 9.5 三天 SO_2 平均浓度与三天病历总数对比图

图 9.5 为 2001 年 11 月 1 日到 12 月 25 日三日均 SO_2 浓度(放大 600 倍)与 COPD 三日总病历数的折线图。从图中可以看出，两条曲线的分布特征明显，变化趋势较一致。从 SO_2 日浓度和 COPD 病历数看，在高浓度出现后的 2～5 d，COPD 住院病历出现峰值，有哮喘症状的病历在高污染的当天出现峰值。呼吸系统其他疾病在连续几天高污染日出现之后，出现峰值(图略)。从 PM_{10} 日浓度和呼吸系统病历数看，在 PM_{10} 连续 3 天高浓度出现后的 2～3 d，呼吸系统疾病住院病历数出现峰值，COPD 也出现峰值。

9.3.6 多环芳烃

多环芳烃化合物(PAH)是指分子中含有两个或两个以上苯环的化合物，是环境中广泛存在的有潜在危害性的有机污染物。许多 PAH 为三致(致癌、致突变、致残)化合物,目前发现的致癌性的 PAH 及其衍生物已超过 400 种,其中某些 PAH(如苯并芘)为强致癌化合物。

(1)大气环境中的多环芳烃

大气中多环芳烃主要的来源包括燃煤、汽车尾气、未完全燃烧的石化燃料残余物、露天烧烤及烟草烟雾等。对北京大气气溶胶进行了检测分析,其中仅 2～5 环的 PAH 就有 80 多种(见表 9.5),包括 20 种原生 PAH,63 种烷基 PAH,7 种含硫 PAH,4 种含氧 PAH。其中原生 PAH 均为稠环结构,它们当中的 10 种为美国环保局提出的优先控制的污染物(表中用★),4 种为中国环保局优先控制的污染物(表中用▲)。10 种优先控致的污染物中苯并芘具有强致癌性(表中用＋＋),蒽、屈、苯并蒽有致癌性(表中用＋),萘、荧蒽、苯并荧蒽、菲怀疑有致癌性(表中用?),芘、芴不具致癌性(表中用－)。

在 10 种优先控制的多环芳烃中,怀疑具有致癌性的苯并[k]荧蒽的相对含量最高,怀疑具有致癌性的荧蒽含量次高,强致癌性的苯并[a]芘的相对含量其次高;其中具有强致癌性、致癌性和可能致癌性的 8 种 PAH 的含量占 10 种优先控制的多环芳烃总量的 81.7%。

大气环境中的 PAHs 由气相和附着在颗粒物上两部分组成,但是已确认的具有致癌性的 PAH 大多吸附在颗粒物上,大约 95%的 PAH 吸附于直径小于 3 μm的可吸入颗粒物上,其中绝大多数吸附于直径小于 1.1 μm 的可吸入颗粒物上。由于此可吸入颗粒物非常细小,可以直入人的肺部并存留在肺的深处,不易被排出人体外,是大气颗粒物中对人体健康威胁最大的一类。

大气中的 PAHs 来源主要包括两个方面,一是自然界内源性合成(主要是指微生物、原生动物、藻类和高等植物的合成)、火山活动、森林及草原大火产生;二是来源于人为的高温(700℃)裂解反应、适当的环境及充分时间下的低温(100～150℃)裂解反应、开放燃烧过程(矿物燃料的不完全燃烧、汽车尾气、垃圾焚烧等)和某些工业活动(包括石油精炼、焦炭和沥青生产、铝制品生产等)。

表 9.5　北京大气气溶胶中的多环芳烃的组成

化合物	简写	分子量	致癌	化合物	简写	分子量	致癌性
萘★▲	NAP	128	?	芴	F	166	
甲基萘(2)		142		甲基芴(3)		180	
乙基萘(2)		156		苯并[a]芴	B[a]F	216	
二甲基萘(9)		156		苯并[b]芴	B[b]F	216	
三甲基萘(9)		170		屈	CHR	228	
菲★	PHE	178	?	苯稠[9,10]菲	TRI	228	

续表

化合物	简写	分子量	致癌	化合物	简写	分子量	致癌性
甲基菲(5)	MPHE	192		苯并[b]萘[2,1-d]噻吩	B[b]N[2,1-d]T	234	
甲基菲(3)		206		苯并[b]萘[1,2-d]噻吩	B[b]N[1,2-d]T	234	
二甲基菲(16)		206		苯并[b]萘[2,3-d]噻吩	B[b]N[2,3-d]T	234	
惹烯	RET	234		北	PER	252	
蒽★	ANT	178	+	联苯	BIP	154	
甲基蒽		192		甲基联苯(3)		168	
苯并(C)蒽	B[c]A	228		乙基联苯		182	
苯并(a)蒽★	B[a]A	228	+	二甲基联苯(2)		182	
荧蒽★▲	FLU	202	?	二苯并呋喃	DBF	168	
甲基荧蒽		216		甲基二苯并呋喃(3)		182	
苯并[k]荧蒽★▲	B[k]FL	252	?				
芘★	PYR	202	—	二苯并噻吩	DBT	184	
甲基芘(3)		216		甲基二苯并噻吩(4)		198	
苯并[e]芘	B[e]P	252					
苯并[a]芘	B[a]P	252	++				

(2)室内空气中的多环芳烃

室内空气质量优劣对人们工作和生活有十分重要的影响。受污染的室内空气含有许多具有“三致”效应的有机污染物,其中多环芳烃是室内重要的有机污染物之一,它的总量约占所有致癌物的1/3以上,对环境和人体健康造成了很大危害。

大多数中国家庭都用樟脑丸作为衣物的防腐剂,樟脑丸的主要成分是萘,易挥发,因而室内空气中萘的浓度很高,使得PAH总浓度也很高。浙江大学环境系在杭州市选定了不同环境条件(见表9.6)的8户居民家庭,进行了污染抽样监测,发现室内空气中萘的浓度为0.083～23.79 $\mu g/m^3$,PAHs总浓度为1.364～30.68 $\mu g/m^3$,其中强致癌物BaP的浓度为5～19 ng/m^3,平均浓度为12 ng/m^3,污染十分严重(见表9.7)。

表9.6　采样家庭基本情况表

编号	类型	采样位置	环境条件
1	集体户	走廊、卧室、阳台	城区,室内吸烟,走廊上有人烧饭,18 m^3
2	集体户	走廊、卧室、阳台	城区,室内不吸烟,走廊上有人烧饭,18 m^3
3	一室一厅	厨房、客厅、卧室、阳台	城区,室内吸烟,用液化气,28 m^3,有排风扇
4	一室一厅	厨房、客厅、卧室、阳台	城区,室内不吸烟,管道煤气,28 m^3,排油烟机
5	二室一厅	厨房、客厅、卧室、阳台	城区,室内吸烟,用煤气,45 m^3,排油烟机

续表

编号	类型	采样位置	环境条件
6	二室一厅	厨房、客厅、卧室、阳台	城区，室内不吸烟，用液化气，45 m^3，排油烟机
7	三室一厅	厨房、客厅、卧室、阳台	城区，室内吸烟，用液化气，65 m^3，排油烟机
8	三室一厅	厨房、客厅、卧室、阳台	城区，室内不吸烟，用液化气，65 m^3，排油烟机

空气中PAHs存在的形态有两种，分别是气态和颗粒态。它存在形式与其本身物理化学性质、环境温度等因素有关。分子量 $M \leqslant 228$ 的PAHs具有较高的蒸气压，环境温度高时主要以气态形式存在；分子量 $M > 228$ 的PAHs则多以颗粒态形式存在。所以夏季PAHs大多以气态形式存在，秋季气温降低，颗粒态PAHs所占比例显著增加。

表9.7　不同季节室内空气中PAHs平均浓度（μg/m^3）

夏季	1	2	3	4	5	6	7	8
萘(NAPH)	16.587	0.083	12.425	4.813	7.557	3.326	1.319	0.255
苊(ACEN)	4.584	0.271	0.554	1.213	0.609	0.594	0.184	0.183
芴(FLUOR)	0.044	0.007	0.148	0.078	0.545	0.086	0.026	0.024
菲(PHEN)	0.440	0.540	1.568	0.174	2.544	1.400	0.086	0.105
蒽(AN)	0.076	0.047	0.312	0.337	0.596	0.230	0.123	0.047
荧蒽(FLUR)	0.175	0.227	0.542	0.274	0.811	0.372	0.367	0.825
芘(PY)	0.181	0.235	0.388	0.266	0.611	0.261	0.284	0.614
苯并[a]蒽(B[a]A)	0.024	0.238	0.104	0.365	0.160	0.150	0.211	0.094
屈(CHRY)	0.066	0.118	0.045	0.390	0.107	0.086	0.134	0.092
苯并[e]芘(B[e]p)	0.024	0.134	0.022	0.051	0.004	0.016	0.030	0.007
苯并[k]荧蒽(B[k]F)	0.002	0.003	0.033	0.002	0.015	0.002	0.003	0.006
苯并[a]芘(B[a]p)	0.012	0.005	0.011	0.012	0.015	0.010	0.015	0.005
PAHs总量	22.215	1.908	16.152	7.975	13.576	6.533	2.782	2.257
秋季	1	2	3	4	5	6	7	8
萘(NAPH)	23.791	1.789	13.165	6.607	7.596	3.093	2.000	0.707
苊(ACEN)	3.760	0.678	1.737	3.697	1.61	2.007	0.358	0.395
芴(FLUOR)	0.109	0.075	0.115	0.112	0.135	0.010	0.084	0.039
菲(PHEN)	0.295	0.132	0.488	0.445	0.806	1.196	0.254	0.538
蒽(AN)	0.059	0.098	0.363	0.216	0.361	0.246	0.149	0.132
荧蒽(FLUR)	0.465	0.369	0.852	1.055	0.989	0.688	0.842	0.834
芘(PY)	0.424	0.276	0.653	0.767	0.725	0.531	0.617	0.680
苯并[a]蒽(B[a]A)	0.041	0.204	0.095	0.279	0.232	0.201	0.285	0.238
屈(CHRY)	0.074	0.043	0.201	0.312	0.148	0.101	0.212	0.086
苯并[e]芘(B[e]p)	0.042	0.066	0.055	0.046	0.098	0.066	0.041	0.030
苯并[k]荧蒽(B[k]F)	0.008	0.004	0.010	0.006	0.009	0.003	0.008	0.001
苯并[a]芘(B[a]p)	0.012	0.010	0.019	0.015	0.017	0.010	0.018	0.006
PAHs总量	29.080	3.744	17.753	13.557	12.726	8.153	4.868	3.686

室内空气中PAHs含量的多少与家庭不同房间的功能及通风条件有关。如图9.6所示，阳台由于污染源相对较少，通风条件便利，污染物容易扩散，所以PAHs浓度均低于其他房间。卧室由于吸烟、使用樟脑丸等污染源较多，且大都装有空调，房间相对封闭，通风条件差，污染物难以扩散，因而卧室的PAHs污染最为严重。厨房由于燃煤或煤气及烹调均产生大量的PAHs，虽然厨房内大多装有排气扇等通风设备，但由于其空间小，污染物稀释扩散不及时，空气中的PAHs含量仍明显高于客厅。季节的变化也可以引起室内空气中PAHs浓度的变化。秋季由于气温下降，空气对流相对减弱，再加上逆温等因素的影响，其室内空气中的PAHs浓度明显高于夏季。

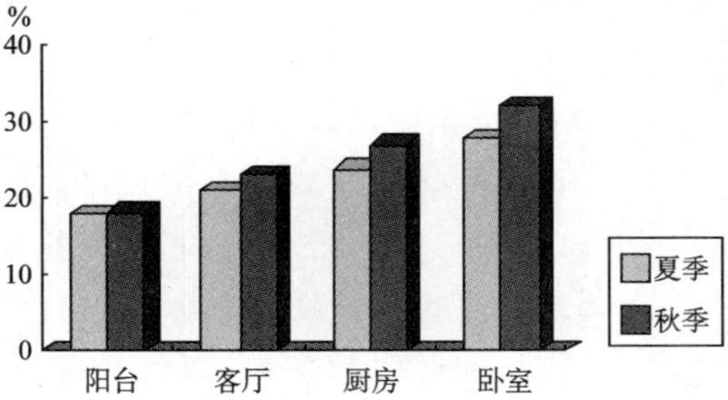

图9.6　各房间室内空气中PAHs所占比例

综上所述，居民室内空气中的PAHs，尤其是强致癌物质B[a]P污染十分严重，对人体建康危害较大。其主要来源于樟脑丸挥发，燃煤/气，烹调，吸烟等。

9.4　大气主要化学污染物致病机理

大气、水和土壤中含有各种有机和无机化学成分，其中对人体健康危害严重的化学污染物主要有：硫氧化物、氮氧化物、一氧化碳、挥发性烃、重金属化合物、多环芳烃、石油、酚、氰、农药、多氯联苯及放射性物质等。由污染源直接排出的化学污染物，进入大气环境后其理化性状保持不变的，称为一次性污染物。有一些污染物进入环境后，由于物理、化学或生物学的作用或与其他物质发生反应，生成与原污染物理化性质和危害完全不同的新污染物，称做二次污染物。大量的研究证实，许多种化学性污染物对人体健康有毒害作用，是公害病的祸根。有些污染物不仅可使人群发生急性、慢性中毒与死亡，还有致畸、致癌和致突变作用，对人体产生远期效应并影响后代。

9.4.1　二氧化硫

二氧化硫又称亚硫酸酐，为无色气体，有刺激性臭味，易溶于水，也可以溶于乙醇和乙醚。SO_2 在大气中可与自由基氧反应生成 SO_3，在溶于水汽形成硫酸雾，它是 SO_2 的二次污染物，对呼吸道的附着性更强，危害也更大。硫酸雾凝成大水滴，下降到陆面就成为酸雨。

对呼吸系统的黏膜有很强的刺激作用，能刺激眼结膜和鼻咽结膜，引起呼吸道急性和慢性炎症。由于 SO_2 易溶于水，所以易被上呼吸道和支气管黏膜的黏液所吸收，造成该部位的平滑肌内末梢神经感受器受到刺激而产生反射性收缩，使气管和支气管的管道变窄，气道阻力和分泌物增加，严重时可造成局部炎症或腐蚀性坏死。吸收的 SO_2 通过血液循环迅速分布全身，其中在气管、肺门淋巴结和食道的含量最高。

个体对 SO_2 的耐受性差异很大，敏感的人吸入含 1 ppm* 的 SO_2 空气既可出现呼吸道阻力增加；长时间吸入 5～10 ppm 的 SO_2 空气时，呼吸道的纤毛运动和黏膜的分泌功能受到抑制，并引起慢性支气管炎、慢性鼻咽炎，对其他的刺激物敏感性也提高；当空气中的 SO_2 达到 20 ppm 时刺激作用明显增强，引起咳嗽，眼结膜出现炎症等；当 SO_2 浓度达到 25 ppm 时，气道的纤毛运动明显减慢，大约减少了 65%左右；当每天吸入 SO_2 浓度为 100 ppm 的空气 8 小时，支气管和肺部将出现明显的刺激症状，使肺组织受损；当 SO_2 浓度为 400～500 ppm 时，立即危及生命。当 SO_2 与可吸入颗粒物(IP)结合时，比 SO_2 单独作用危害更大。吸附在 IP 上的 SO_2，进入肺深部，其毒性增加 3～4 倍。IP 中的三氧化铁等金属氧化物，可催化 SO_2 氧化成硫酸雾，它的刺激作用比 SO_2 大 10 倍。沉积在肺泡上的 SO_2 和 IP，长期作用可使肺泡壁纤维增生形成肺纤维性病变以致发生肺气肿。SO_2 吸附在 IP 上还有致敏作用，它是一种变态反应原，能引起过敏性支气管性哮喘。SO_2 和苯并芘(BaP)联合有致癌作用，动物试验证明 SO_2 与 BaP 作用比 BaP 单独作用时发病率高，SO_2 可能有促癌作用。另外还发现 SO_2 可降低对感染的抵抗力，损害巨噬细胞参与的杀菌过程。目前还没有确定 SO_2 对人群健康影响的阈值。

9.4.2　氮氧化物

氮氧化物主要包括 NO、N_3O、NO_2、NO_3、N_2O_3、N_2O_4、N_2O_5 等含氮化合物的总称。其中，造成大气严重污染的主要是 NO_2 和 NO。NO_2 是红褐色气体，有刺激性。低于 0℃时，NO_2 几乎都形成 N_2O_4 的形式，它是无色的晶体。NO 为无色气体，遇氧则变为 NO_2。氮氧化物是光化学烟雾的起始物，二次污染物生成硝酸雾和光化学烟雾。后者主要由于汽车等机动车辆排出尾气中的 NO_x 和碳氢化合物经光化学反应而生成的。

---

* 1 ppm$=10^{-6}$

近年来的研究证明，人体内存在微量的一氧化氮，是人体生理活动所必需的。起到第三信使的作用。但大量的 NO_x 则是有害的。NO_2 的毒性比 NO 高4～5倍。氮氧化物难溶于水，故对眼睛和上呼吸道的刺激作用较小，而易侵入呼吸道深部细支气管及肺泡。长期吸入低浓度 NO_x 可引起肺泡表面活性物质的过氧化，损害细支气管的纤毛上皮细胞和肺泡细胞，破坏肺泡组织的胶原纤维，并可发生肺气肿样症状。它尚能缓慢地溶于肺泡表面的水分中，形成亚硝酸、硝酸，对肺组织产生强烈的刺激及腐蚀作用，引起肺水肿。NO_2 的浓度为 0.20～0.41 mg/m^3 时即可嗅知；接触 1.3～3.8 mg/m^3 的 NO_2 10 min，会使气道阻力略增；接触 7.5～9.4 mg/m^3 10 min，气道阻力明显增加，肺功能降低。肺中形成的亚硝酸盐进入血液后，能与血红蛋白结合生成高铁血红蛋白（即变性血红蛋白），减低了血红蛋白携氧能力，引起组织缺氧。当污染物以 NO_2 为主时，肺的损害比较明显；当污染物以 NO 为主时，高铁血红蛋白血症及中枢神经损害比较明显。对心、肝、肾以及造血组织等均有影响。慢性毒作用主要表现为神经衰弱症候群。

NO_2 与大气中的 SO_2 和 O_3 分别具有相加和协同作用，造成呼吸道阻力增加以及对感染的抵抗力降低。

9.4.3 光化学烟雾

光化学烟雾是一种混合物的总称。它是排入大气中的 NO_x、碳氢化合物受太阳紫外线作用，发生光化学反应所产生的一种有刺激性很强的浅蓝色的混合烟雾，属于二次污染物。其中主要成分是臭氧、醛类和各种过氧酰基硝酸酯，这些物质统称为光化学氧化物。

光化学烟雾对眼睛具有强烈的刺激作用，主要作用物是过氧乙酰硝酸酯（PAN）、甲醛、丙烯醛、各种自由基及过氧化物等。其中 PAN 是极强的催泪剂，其催泪作用比甲醛高200倍。而过氧苯酰硝酸酯（PBN）的催泪作用更强，比 PAN 大约强100倍。所以，PBN 的含量虽不如 PAN 高，但其强烈的催泪作用不可忽视。

光化学烟雾对鼻、咽、喉、气管和肺等呼吸器官也有明显的刺激作用。当大气中的 O_3 为 0.05 ppm 时即可引起鼻和喉头粘膜的刺激；O_3 在 0.1～0.5 ppm 时引起哮喘发作，导致上呼吸道疾病恶化，同时也刺激眼睛，使视觉敏感度和视力降低。1 ppm 以上可引起头痛、肺气肿和肺水肿等。其作用与 NO_2 相类似。O_3 还能阻碍血液输氧功能. 造成组织缺氧，并使甲状腺功能受损，骨骼早期钙化。还可以引起潜在的全身影响，如诱发淋巴细胞染色体畸变、损害某些酶的活性和产生溶血反应，长期吸入氧化剂会影响细胞新陈代谢，加速人体衰老。

9.4.4 一氧化碳

一氧化碳是无色、无味、无刺激性的气体，在低层空气中化学性质稳定。CO与血红蛋白的亲和力比O_2与血红蛋白的亲和力大210倍，因此，进入体内的CO能很快与血红蛋白结合，形成碳氧血红蛋白，而碳氧血红蛋白的解离速度比氧合血红蛋白慢3600倍。

造成组织缺氧有两个原因。一是CO与血红蛋白结合生成碳氧血红蛋白，又不易解离，阻碍了血红蛋白的携氧能力，导致组织缺氧。二是CO与细胞内的含铁呼吸酶结合，抑制细胞内的呼吸；对神经系统有影响，当血中碳氧血红蛋白(HbCO)浓度稍有升高时，由于缺氧，可引起人的行为改变和工作能力下降，当吸入高浓度的CO时，可引起脑水肿，脑缺氧和脑水肿又可继发脑血循环障碍，导致脑软化和脱髓鞘病变；对心血管系统有影响，由于缺氧，心肌细胞可发生退行性病变，CO还能促使血管中的类脂质沉积。正常人在缺氧时，可引起冠状动脉代偿性扩张，血流量增加，但冠心病人冠状动脉的代偿能力降低，使心肌缺氧加重，严重的可引起心绞痛或心肌梗死；对胎儿有影响，CO可经胎盘进入胎儿体内，正常胎儿血液中CO浓度比母亲高，所以胎儿对CO的毒性比母亲敏感，孕妇患CO中毒幸存者，其胎儿可以致死或出生后遗留神经障碍。

9.4.5 铅

铅以各种化合物的形式存在，这些化合物易溶于酸性液体，酸雨很容易溶淋含铅矿渣和地面灰尘，造成水体污染，弱酸性的水可能溶出含铅金属自来水管中的铅，导致饮用水铅污染；铅随大气降尘进入水体和土壤，这些铅化合物不能被降解。水中的铅通过食物链的作用可被水生生物蓄积和放大，土壤中的铅被植物吸收，而进入生态系统。通过饮食，铅又可进入人体。进入人体的铅也不能被降解，如果不加干预，被吸收的铅只能按照半衰期的规律，逐渐从体内排出。

铅是全身性的毒物，对神经系统、造血泌尿系统、心血管系统、免疫系统、内分泌系统等都有不良影响，但它主要毒作用的靶器官是脑和造血系统。过去对职业铅中毒研究得很多，那是高浓度的暴露，健康损害明显，铅中毒发病率比较高。近年主要研究在生活条件下，环境铅污染对儿童健康的影响，特别是对神经行为和智力的影响，其特点是长期低浓度的暴露。铅对儿童神经行为和智能的影响，由于铅可选择性地蓄积于脑海马部位，损害神经细胞的形态和功能，如干扰神经递质的摄取和释放，抑制其与受体结合，影响神经突触的传递功能，影响神经钙调素、蛋白激酶活性等等，所以在铅所致的各种亚临床损害中，智能受损尤其明显。儿童因胃肠对铅吸收率比较高，血脑屏障和多种机能发育尚不完全，对这种损害更为敏感。在血铅浓度为 10 μg/dL 或更低时，就可出现学习记忆能力降低，而且血铅每增加 10 μg/dL，认知能力受损即减少 2～3 个 IQ 得分，呈现明显的剂量—效应关系。临床表现为注意力不集中、记忆力降低、缺乏自信、抑郁、淡漠或多动、强迫行为等，与同龄儿童相比，学习能力和学习成绩较低；对视觉和听觉也有影响，铅暴露可使儿童视觉—运动反应时值延长，视觉分辨力降低。铅暴露影响儿童听觉系统的发育，听力降低，脑干听觉诱发电位改变，听觉传导速度降低；孕妇铅暴露对子女的影响，胎儿正处于各个器官系统发生、发育阶段，对铅极为敏感，会造成不可逆的损害。孕妇长期暴露于含铅环境，致使胎儿神经系统发育迟缓，出生后可表现神经行为和智能发育低下。如果孕妇暴露于高铅环境，影响更大，可能导致新生儿贫血。低体重、出生缺陷、先天性痴呆，甚至死产。

9.4.6　氟

氟是卤族元素，化学性质活泼，腐蚀性强，无机氟化物易溶于水。氟主要来源于工厂废气污染，磷肥厂、电解铝厂、玻璃厂、砖瓦厂等排放的氟化氢、氟尘，炼钢厂、发电厂排放的氟尘；家庭燃料煤含氟高，造成家庭燃煤型地方性氟中毒。

氟是人体必需的微量元素，适量的氟能促进骨骼和牙齿的钙化，并具有明显的防龋作用。但摄入过量的氟，会使人体中毒。氟易溶于水，绝大部分蓄积在骨骼和牙组织中，部分可通过胎盘屏障。氟主要经肾脏排泄。其毒作用机理主要表现在以下几方面：

(1)破坏钙、磷的正常代谢，过量的氟与血液中的钙结合成难溶解的氟化钙，主要沉积在骨组织中，少量沉积在肌腱、韧带等软组织中，致使血钙降低。血钙的减少又可引起甲状旁腺分泌增多，使溶骨作用增强，并抑制肾小管对磷的吸收，使磷大量排出，从而破坏钙磷的正常代谢。

(2)引起氟骨症，氟化钙的大量沉积，使骨质硬化、密度增加。而溶骨作用增强，又会使骨质因脱钙而疏松；氟取代骨盐羟基磷灰石中的羟基形成氟磷灰石，破坏了骨质的正常结构；同时，因成骨细胞和破骨细胞的频繁活动，使骨皮质增厚、粗糙，外生骨疣，髓腔变小，严重的可使椎管、椎孔变窄而压迫神经，引起一系列临床症状及体征；氟化物对酶有抑制作用，如对糖代谢中的某些酶(烯醇化酶、琥珀酸脱氢酶等)和骨磷酸化酶的抑制，从而影响骨骼营养和骨骼对钙的吸收、蓄积及骨盐的形成。

(3)引起氟斑牙，过量的氟可作用于恒牙发育时期的造釉细胞，使釉质细胞中毒变性，防碍釉质的正常发育，使釉质疏松多孔或缺损。因而出现牙面混浊无光、白垩样的斑点和条纹，乃至色素沉着；牙质矿化不全，牙质脆、易磨损、断裂或脱落，即使成年后到病区的移民亦会有此现象。

(4)其他毒作用，氟极易通过各种组织的细胞壁与原生质结合，破坏原生质的结构和功能，使蛋白质、DNA 合成受阻，使多种组织器官出现病理性改变。神经细胞对氟比较敏感，此外骨骼肌、肾脏也会受到不同程度的损害。

9.4.7 多环芳烃

天然环境中的多环芳烃(PAH)含量极微，仅由于火山爆发、森林火灾以及细菌分解有机物的过程中产生极少量。环境中 PAH 主要来源于各种含碳有机物的热解和不完全燃烧，例如煤、木柴、烟叶以及汽油、柴油、重油等各种石油馏分的燃烧，烹饪油烟，以及各种有机废弃物的焚烧等。硝基多环芳烃主要来自石油馏分的燃烧，例如汽油、柴油、液化石油气的燃烧颗粒物中均含有一定数量。吸烟烟雾含有重要的致癌成分 BaP。

大气中多环芳烃类化合物是由两个或两个以上苯环并以稠环形式联接构成的，所以芳香烃类化合物又称稠环芳烃。PAH 是由简单的脂肪烃类化合物生成的，在 200℃以上即可环化成苯，在 500℃以上，并缺氧的条件下即可合成 PAH。高分子化合物在 700℃以上可热解生成 PAH。低环 PAH 可分布在气相环境中，但大多数 PAH 均聚集在可吸入颗粒物表面，尤其在$<5\ \mu m$的颗粒上，可深入肺部。大颗粒上的 PAH 很少。PAH 的水溶性较差，脂溶性较强，可以在生物体内蓄积。能溶于丙酮、苯、二氯甲烷等有机溶剂。PAH 可在环境中被光分解，或被某些细菌所分解。PAH 可被氯气、氯酸所氧化，或产生氯代多环芳烃，这些产物均无致癌性。大气中的 PAH 可以与 O_3 作用，产生很多氧化物，它们都具有直接致突变性。PAH 还可以与 NO_2、HNO_3 反应生成硝基多环芳烃，直接致突变性更强。

1933 年英国学者 J. Cook 从煤焦油中发现 BaP 有致癌作用，这是人类第一次发现的环境化学致癌物，而且致癌性很强，故人们经常以 BaP 作为 PAH 的代表。BaP 占环境中全部致癌多环芳烃的 1%～20%，在空气中的浓度为 $0.001\sim10\ \mu g/100\ m^3$。PAH 有 100 多种化合物，其中有一部分具有致癌性。动物实验已证明 BaP 能诱发皮肤癌、肺癌和胃癌。BaP 的致癌机理，经多年研究证明，BaP 本身是“前致癌物”，需在体内代谢转化后，方成为终致癌物。苯并芘在体内的代谢过程和致癌机理已有很多研究，目前主要认为 BaP 进入人体后，有很少一部分是以原形从尿或经胆汁随粪便排出体外。其余大部分经肝、肺细胞微粒体中的混合功能氧化酶氧化形成环氧化物，再由环氧化物水化酶(EH)水解成二羟基化合物，再由氧化酶进行二次环氧化生成二羟环氧化物，然后氧环打开，在第 10 位上亲电子的阳离子与细胞大分子(DNA、RNA、蛋白质等)共价结合，构成癌变的物质基础。一旦遇到助癌或促癌因素，即可发生癌变。在 BaP 的整个代谢过程中，产生的中间产物是很多的，其中大多数都转化为无致癌性的物质，仅有少数能转化为终致癌物。

9.4.8　二噁英

一些合成化学物质可以干扰动物的内分泌系统，影响生殖功能，这类化学物质被称为环境激素。目前，人们列出的环境激素大约有 78 种，其中已认定或几乎可以认定有扰乱内分泌作用的有 41 种，可疑的有 30 种，极为可疑的有 7 种。其中，多氯苯并对二噁英(pCDD)，多氯二苯并呋喃(PCDF)以及多氯联苯(PCB)等是代表性物质。它们又称为二噁英类环境毒物。

二噁英是含氯碳氢化合物的燃烧产物，环境中 95%的二噁英来源于这些含氯垃圾的焚烧。二噁英类化合物是很多工业生产中与氯有关的副产物，例如一些农药合成反应、聚氯乙烯塑料的生产过程。二噁英类化合物污染还来源于造纸工业，其生产过程是使用氯漂白等等而产生的。

二噁英是环境中上百种类似化合物的总称。最毒的化合物是 2、3、7、8-四氯二苯-P-二噁英，或称 TCDD。在环境中，以鱼为例，这些毒物由于食物链的蓄积作用，鱼体中的二噁英水平可达环境中的 10 万倍。

二噁英主要是通过污染的食品经消化道进入人体，也可通过呼吸道吸入。因为二噁英类化合物是脂溶性的，所以容易在脂肪组织蓄积，不易排出体外。可以通过胎盘进入胎儿体内，通过哺乳进入婴儿体内。二噁英是已知的人类致癌物。可引起软组织肉瘤、淋巴网状细胞瘤，还可能引起呼吸系统癌、前列腺癌等。二噁英还可引起严重的生殖和发育问题，其剂量比致癌的剂量低 100 倍。TCDD 可减少精子数；可降低雌性的生育力、发生子宫内膜易位。其机理是与多环芳烃受体结合而发挥生物活性，在围产期的系统中起内分泌破坏剂的作用，或称“环境激素”的作用。通过这种方式改变细胞生长。对神经系统有影响。围产期接触 TCDD 可影响胎儿中枢神经系统的性别分化。对免疫系统有影响，围产期接触 TCDD 可能影响免疫细胞的分化谱。早期影响原始干细胞，后期影响发育更成熟的系统细胞。TCDD 可引起胸腺萎缩。

9.4.9　颗粒物

颗粒物是我国大多数城市的首要污染物，是影响城市空气质量的主要因素。2005 年的统计表明，40.5%的城市颗粒物年均浓度超过国家空气质量二级标准，其中年均浓度超过三级标准的占 5.5%。研究发现，不同季节大气颗粒物的来源有所差异。北方城市冬季燃煤排放的烟尘对空气颗粒物的贡献较大，但非采暖期的颗粒物来源中，沙尘暴、公路扬尘、建筑扬尘的贡献却比较高。

近年来，大气 PM_{10}、$PM_{2.5}$ 污染受到广泛的关注。我国部分城市的监测显示，大气 PM_{10}浓度在 74～373 $\mu g/m^3$ 之间。对颗粒物的源解析发现，来自煤烟尘、地面尘以及建筑尘的颗粒物中，PM_{10} 占 77%～92%，大于 10 μm 的颗粒物仅占 8%～22%。在北京、南京、武汉、广州、重庆、兰州等地的研究发现，PM_{10}中的 29%～75%为 $PM_{2.5}$。

颗粒物对人的健康影响

1)颗粒物对呼吸系统的影响。大量的颗粒物进入肺部对局部组织有堵塞作用，可使局部支气管的通气功能下降，细支气管和肺泡的换气功能丧失。吸附着有害气体的颗粒物可以刺激或腐蚀肺泡壁，长期作用可使呼吸道防御功能受到损害，发生支气管炎、肺气肿和支气管哮喘等。国内外的研究显示，颗粒物可通过直接或间接的方式激活肺巨噬细胞和上皮细胞内的氧化应激系统，刺激炎性因子的分泌以及中性粒细胞和淋巴细胞的浸润，引起动物肺组织发生脂质过氧化等。颗粒物染毒的动物肺泡灌洗液中脂质过氧化物及丙二醛含量增加，乳酸脱氢酶、酸性磷酸酶和碱性磷酸酶活性升高，谷胱甘肽过氧化物酶活性降低、巨噬细胞数减少。长期居住在颗粒物污染严重地区的居民，可出现肺活量降低、呼气时间延长，呼吸道疾病的患病率增高。颗粒物还可以增加动物对细菌的敏感性，导致呼吸系统对感染的抵抗力下降。在美国加利福尼亚南部的研究发现，大气 PM_{10}浓度的升高可加重哮喘儿童的症状。1995—1996 年在我国广州、武汉、重庆、兰州四城市的调查显示，大气中 PM_{10}和 $PM_{2.5}$污染水平与儿童呼吸道炎症、哮喘的患病率呈线性正相关关系。综合各地的一些研究结果分析后发现，大气 PM_{10}浓度每升高 10 $\mu g/m^3$，人群中出现咳嗽症状的相对危险度(RR)为 1.0356，出现下呼吸道症状的 RR 为 1.0324，因呼吸系统疾病入院的 RR 为 1.008，峰值呼气流速下降 13%。研究显示，长期暴露于大气颗粒物是人群呼吸道疾病发生的危险因素。大气 PM_{10}、$PM_{2.5}$，浓度每增加 10 $\mu g/m^3$，引起支气管炎发病的 RR 分别为 1.34、1.29。

2)颗粒物对心血管系统的影响，分短期和长期影响。对心血管系统的短期影响，美国国家空气污染与死亡率和发病率关系研究计划对美国 20 个城市近 5000 万人的资料分析表明，人群死亡率与死亡前日颗粒物浓度相关。PM_{10}每升高 10 $\mu g/m^3$ 可引起总死亡率和心肺疾病死亡率分别上升 0.21%和 0.31%。欧洲环境污染与健康研究计划对欧洲 29 个城市 4300 万人的资料分析后发现，PM_{10}每升高 10 $\mu g/m^3$，每日总死亡率与心血管疾病死亡率分别增加 0.6%和 0.69%。其他研究也表明，大气污染与心血管疾病死亡率、住院率、急诊率和疾病恶化等增加有关系。我国北京、太原和上海等地的研究也显示，大气污染特别是颗粒物污染与心脑血管疾病的死亡率和发病率增加有关；对心血管系统的长期影响，对美国哈佛等六个城市进行的研究首次提出，大气污染的长期暴露与心血管疾病死亡率增加有关。对美国 50 个州暴露大气污染 16 年的近 50 万成年人的死亡数据分析后发现，在控制饮食、污染物联合作用等混杂因素后，$PM_{2.5}$年平均浓度每增高 10 $\mu g/m^3$，心血管疾病患者死亡率增加 6%，且未观察到其健康效应的阈值。还有研究发现，大气 O_3 浓度增高与心血管疾病的多发有关。此外，大气污染长期暴露还与心律不齐、心衰、心脏骤停的危险度升高有关。我国沈阳、本溪等地的调查也表明，大气颗粒物的长期暴露与人群心血管疾病死亡率的增加有关。

目前认为，颗粒物可能通过干扰中枢神经系统功能直接进入循环系统诱发血栓的形成，刺激呼吸道产生炎症并释放细胞因子，后者通过引起血管损伤，导致血栓形成等机制对心血管系统产生影响，如图 9.7 所示。

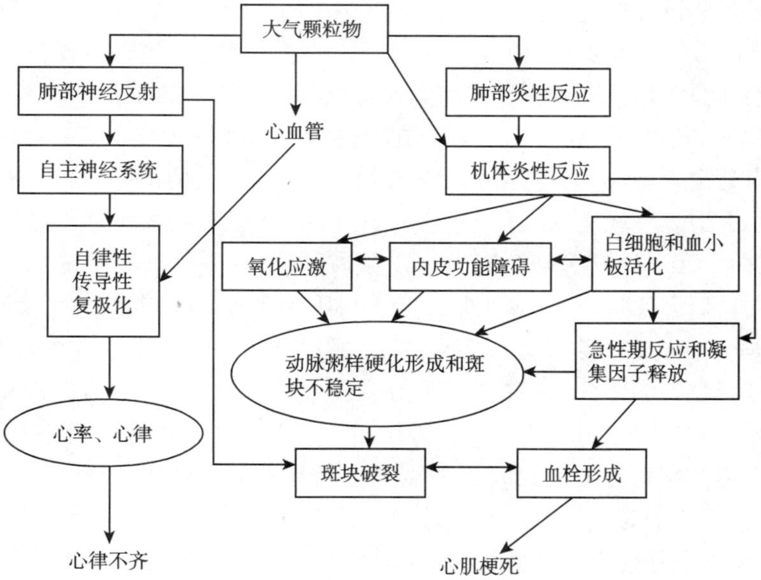

图 9.7　大气颗粒物对心血管系统影响的可能机制图

3)颗粒物的致癌作用。国内外的大量研究表明，颗粒物的有机提取物有致突变性，且以移码突变为主，并可引起细胞的染色体畸变、姊妹染色单体交换以及微核率增高，诱发程序外 DNA 合成。研究还发现，颗粒物的有机提取物可引起细胞发生恶性转化。颗粒物中还含有多种致癌物和促癌物。采用不同染毒方式(皮肤涂抹、皮下注射、气管内注入、吸入染毒)进行的研究发现，颗粒物提取物可在大鼠、小鼠诱发皮下肉瘤、皮肤癌以及肺癌等。颗粒物的致癌活性与其多环芳烃含量有关。流行病学研究表明，城市大气颗粒物中的多环芳烃与居民肺癌的发病率和死亡率呈相关关系。

4)颗粒物对人群死亡率的影响，大气颗粒物污染对人群死亡率有短期影响，欧洲 29 城市和美国 20 城市的研究显示，大气 PM_{10}浓度每增加 10 $\mu g/m^3$，人群总死亡率分别升高0.62%和0.46%。亚洲的研究表明，PM_{10}浓度每增加10 μg/m^3，人群总死亡率升高0.49%。此外，研究还发现，大气颗粒物污染对人群死亡率也有长期影响，大气PM_{10}、$PM_{2.5}$浓度每增加10 μg/m^3，引起总死亡率增加的RR分别为1.14～1.07和1.10。美国的研究表明，大气PM_{10}浓度每增加10 μg/m^3，总死亡率上升0.5%，65岁以上人群因COPD和心血管疾病的入院率分别增加1.5%和1.1%。然而，迄今的研究未能发现颗粒物对健康影响的阈值。

5)影响颗粒物生物学作用的因素

一是颗粒物的粒径。颗粒物在大气中的沉降与其粒径有关。一般来说，粒径小的颗粒物沉降速度慢，易被吸入。不同粒径的颗粒物在呼吸道的沉积部位不同。大于5 μm的多沉积在上呼吸道，通过纤毛运动这些颗粒物被推移至咽部，或被吞咽至胃，或随咳嗽和打喷嚏而排除。小于5 μm的颗粒物多沉积在细支气管和肺泡。2.5 μm以下的75%在肺泡内沉积，但小于0.4 μm的颗粒物可以较自由地出入肺泡并随呼吸排出体外，因此在呼吸道的沉积较少。有时颗粒物的大小在进入呼吸道的过程中会发生改变，吸水性的物质可在深部呼吸道温暖、湿润的空气中吸收水分而变大。颗粒物的粒径不同，其有害物质的含量也有所不同。研究发现，60%～90%的有害物质存在于PM_{10}中。一些元素如Pb、Cd、Ni、Mn、V、Br、Zn以及多环芳烃等主要附着在2 μm以下的颗粒物上。

二是颗粒物的成分。颗粒物的化学成分多达数百种，可分为有机和无机两大类。颗粒物的毒性与其化学成分密切相关。颗粒物上还可吸附细菌、病毒等病原微生物。颗粒物的无机成分主要指元素及其他无机化合物，如金属、金属氧化物、无机离子等。一般来说，自然来源的颗粒物(例如地壳风化和火山爆发等)所含无机成分较多。此外，不同来源的颗粒物表面所含的元素不同。来自土壤的颗粒主要含Si、Al、Fe等，燃煤颗粒主要含Si、Al、S、Se、F、As等，燃油颗粒主要含Si、Pb、S、V、Ni等，汽车尾气颗粒主要含Pb、Br、Ba等，冶金工业排放的颗粒物主要含Mn、Al、Fe等。

颗粒物的有机成分包括碳氢化合物，羟基化合物，含氮、含氧、含硫有机物，有机金属化合物，有机卤素等。来自煤和石油燃料的燃烧，以及焦化、石油等工业的颗粒物，其有机成分含量较高。有机成分中以多环芳烃最引人注目，研究发现颗粒物中还能检出多种硝基多环芳烃，它们可能是大气中的多环芳烃和氮氧化物反应生成的，也可能是在燃烧过程中直接生成的。

颗粒物可作为其他污染物如SO_2、NO_2、酸雾和甲醛等的载体，这些有毒物质都可以吸附在颗粒物上进入肺脏深部，加重对肺的损害。颗粒物上的一些金属成分还有催化作用，可以使大气中的其他污染物转化为毒性更大的二次污染物。例如，SO_2转化为SO_3，亚硫酸盐转化为硫酸盐。此外，颗粒物上的多种化学成分还可发生联合毒作用。不同颗粒物成分对健康的影响见表 9.8。

表 9.8　颗粒物的成分及其对人体健康的影响

成分	对健康影响
金属(铁、铅、钒、镍、铜、铂等)	诱发炎症、引起 DNA 损伤、改变细胞膜通透性、产生活性氧自由基、引起中毒
有机物	致突变、致癌、诱发变态反应
生物来源(病毒、细菌及其内毒素、动植物屑片、真菌孢子)	引起过敏反应、改变呼吸道的免疫功能、引起呼吸道传染病
离子(SO_4^{2-}、NO_3^-、NH_4^+、H^+)	损伤呼吸道黏膜、改变金属等的溶解性
光化学物(臭氧、过氧化物、醛类)	引起下呼吸道损伤
颗粒核	呼吸道刺激、上皮细胞增生、肺组织纤维化

三是呼吸道对颗粒物的清除作用。清除沉积于呼吸道的颗粒物是呼吸系统防御功能的重要环节。呼吸道不同部位的清除机制有所不同,鼻毛可阻留 10 μm以上的颗粒物达 95%。颗粒物可通过咳嗽或随鼻腔的分泌物排出体外,也可被吞咽入消化系统、或进入淋巴管和淋巴结以及肺部的血管系统后在体内进行再分布。气管、支气管的黏膜表面被纤毛覆盖并分泌黏液,通过纤毛运动可将沉积于呼吸道的颗粒物以及充满颗粒物的巨噬细胞随同黏液由呼吸道的深部向呼吸道上部转运,并越过喉头的后缘向咽部移动,最终被咽下或随痰咯出。黏液纤毛系统的清除过程较为迅速,沉积于下呼吸道的颗粒物在正常情况下 24～48 h 内可被清除掉。环境污染物可使呼吸道黏膜的分泌性和易感性增强,影响纤毛运动,导致黏液—纤毛清除机制受阻。肺泡对颗粒物的清除作用主要由肺巨噬细胞完成。颗粒物可被巨噬细胞吞噬后经黏液纤毛系统排出或进入淋巴系统。一些细小的颗粒可直接穿过肺泡上皮进入肺组织间质,最后进入肺血液或淋巴系统。

9.5　大气环境微生物

微生物是一类形体微小、结构简单,必须借助显微镜才能看清它们面目的生物。它包括细菌、放线菌、立克次氏体、支原体、衣原体、蓝细菌等原核微生物,也包括酵母菌、霉菌、原生动物、微型藻类等真核微生物,还包括非细胞型的病毒和类病毒。目前已确定了的微生物种数还只有 10 万种左右,其中细菌、放线菌约 1500 种。

在地球上,微生物的分布可说是无微不至,无孔不入,无远不达。无论是在 85 km 的高空还是在 11 km 深的海底或在 4.2 km 的土层均可以发现微生物踪迹。在人和动物的肠道中就有 100～500 种之多,每克粪便之中含菌多达 1000

亿个以上，每克土壤含菌可达100亿个，每克海水含870～1200万个。在人及高等动物、植物表面也有一层微生物与宿主构成一个相互依赖、相互制约的生态系统。微生物是生物圈的重要成员之一，在自然界有机矿化物，氮、碳、硫、磷等重要元素的循环中其作用不可缺少。

在大气中，微生物附着于悬浮颗粒物上，形成微生物气溶胶。它们的种类可分为细菌气溶胶、真菌气溶胶、病毒气溶胶等。它们的大小可从直径为0.01到100 μm，如表9.9所示，它们的广泛分布对大气环境造成了污染，对人类健康构成了威胁，主要造成的疾病有呼吸道传染病，包括肺结核、肺炎、白喉、百日咳、天花、流感、肺炭疽、肺鼠疫、球孢子菌病、隐球菌病等，过敏性疾病，包括干草热、蘑菇热、哮喘等，肠道疾病，包括痢疾、肠炎、胃炎、伤寒等。

表9.9　大气中各种微生物气溶胶的大小和作用

种类	气溶胶直径(μm)	作用
病毒	0.015～0.45	传染病
细菌	0.3～15	传染病
真菌孢子	1～100	过敏性疾病
苔藓孢子	6～30	植物病
蕨类孢子	20～60	植物病
花粉	10～100	过敏性疾病
煤粉	3～30	肺疾病
雾	2～80	呼吸道疾病
烟雾	0.05	肺疾病
金属烟雾	0.01～100	肺疾病
植物和昆虫碎片	5～100	过敏性疾病

大气中的微生物不能在空气中生长繁殖，也就是说，大气中的微生物是自然因素和人为因素污染所致，一般情况下，它们来源于土壤、灰尘、江河湖海、动物、植物及人类本身。空气中的花粉、孢子和某些细菌、真菌来源于植物，植物可释放大量的病毒和细菌；动物极易污染环境造成许多传染病的流行，其中许多可通过呼吸道传播给人。例如牛棚内的烟曲霉孢子含量高达1×10^8 CFU/m^3（每立方米菌落形成单位），狗70％身上带有金黄色葡萄球菌；人类是许多场合空气细菌的重要来源。有些传染病就是通过空气在人与人之间传播流行的。一个正常人在静止条件下每分钟可向空气中排放500～1500个菌粒，活动时每分钟向空气中排放菌粒数千至数万个，每次打喷嚏可向空气排放10^4～10^6个带菌粒子，人类大便、冲厕所时均向大气中排放病毒和细菌。生产活动也是大气微生物和细菌的重要来源，除农、林、牧业以外，许多工业生产像发酵、制药、食品、制革和毛纺生产等均可造成空气污染并导致严重后果；自然界中的土壤、灰尘、江

河湖海及各种腐烂物、污染物中均有大量的微生物，在人力、风力、水力的作用下可形成大量的微生物气溶胶。

空气微生物的多少是空气质量的重要标准之一。近 20 年来，国外比较重视空气微生物污染问题，主要集中在空气细菌、病毒、真菌、花粉和噬菌体的监测及来源的调查和治理上面。据研究一个废水喷灌站污水附近空气中每立方米空气中有细菌 86～7143CFU，动物病毒 5.25×10^6 MPN（最大可能数）。微生物空气污染可使肝炎、痢疾、流感和一些过敏性疾病发生率增加。

空气微生物借助空气的各种运动进行传播。有些微生物如花粉、孢子、真菌、细菌芽孢和某些克次氏体、病毒可由大气输送很远的距离。空气微生物的含量是其输入和衰减动态平衡的结果。空气微生物含量等于微生物输入量减去输出量和衰减量之和。空气微生物输入量是指各种途径进入空气中微生物的总量；输出量是指微生物气溶胶的物理衰减和生物衰减，其前者是指粒子自身从连续相中脱离出来的衰减，后者是指微生物在悬浮中自身的衰亡。由于受各种因素影响，到目前为止还不能用模式计算出自然界空气中微生物的准确浓度。

9.5.1　大气微生物污染

空气中的微生物一般情况下不能繁殖，它都是来自于外界的污染。据研究大气微生物污染可造成各种传染病的发生和流行。常见的传染病有流感、伤寒、传染性肝炎、沙门氏菌病、志贺氏痢疾等。

9.5.1.1　大气微生物组成及分布

空气中微生物一般由细球菌、芽孢杆菌、无芽孢杆菌、弧菌、原虫、藻类、蕨类孢子和真菌组成。据对京津冀地区大气微生物的调查表明，大气中的细菌以球菌占优势，染色特性以革兰氏阳性菌居多，如表 9.10 所示，各种细菌年平均分别为阳性球菌占 35.13%、阳性无芽孢杆菌为 22.31%、阳性芽孢杆菌占 18.22%、阴性无芽孢杆菌 6.55%、阴性球菌为 6.02%、阴性芽孢杆菌 3.64%。其中，阳性细菌最多，阴性菌较少。

表 9.10　京津冀地区大气各月平均细菌比例(%)

细菌类型	1	2	3	4	5	6	7	8	9	10	11	12
G^+芽孢杆菌	25.7	24.6	29.3	19.0	13.8	13.8	23.9	10.3	8.0	20.2	24.0	19.8
G^+无芽孢杆菌	22.4	34.8	27.5	28.9	23.0	24.0	16.9	17.4	15.0	15.3	16.9	25.6
G^+球菌	31.2	28.1	22.9	33.1	45.1	35.2	36.4	43.9	47.0	31.2	35.1	32.4
G^-芽孢杆菌	5.0	2.1	3.9	5.4	1.9	1.5	2.1	4.9	2.1	5.1	4.8	4.9
G^-无芽孢杆菌	6.5	3.4	8.9	5.2	3.5	5.4	6.0	7.9	9.8	8.0	7.1	6.9
G^-球菌	5.3	2.9	3.2	2.5	7.5	8.0	7.9	8.0	7.9	8.6	5.6	4.9

(1)时间分布特征

从京津冀地区大气各月平均细菌分布中还可以看出有明显的月际变化，阳性芽孢杆菌主要集中在10月—次年3月，含量比例最高，9月最少；阳性无芽孢杆菌主要集中在2—4月，夏秋季最少；阳性细球菌5—9月所含比例最多，冬半年相对较少。大气微生物也有明显的日变化，并与地点、条件有密切关系。有关研究证明同一地点一日内空气中微生物数量变化可有4～5倍甚至几十倍的差别。通常城郊细菌浓度有两个高峰和两个低峰，两个高峰分别出在上午8:00和下午20:00，两个低峰出在午夜2:00和下午14:00。市区细菌浓度只有一个高峰和一个低峰，分别出现在上午8:00和下午14:00。但要注意不同菌类一日内高峰不一，同一种细菌不同季节高峰也不同。

(2)空间分布特征

大气微生物含量随高度而变化，不同高度空气中细菌数量有明显差别，从地面至平流层都存在着广泛分布的细菌、霉菌及花粉，其浓度随高度递减，例如阳性芽孢杆菌在40 m高度含量为每立方米33个、80 m高度含量为每立方米24个、200 m高度含量为10个、550 m高度为6个；大气微生物水平分布，乡村的霉菌、花粉、植物孢子空气浓度高于城市，而城市的细菌浓度大于农村。如表9.11所示，闹市区北京站、西单、石景山和八一礼堂空气细菌浓度较高，小城镇或近郊廊坊、大理道次高，北京怀柔、农村、海边和天津塘沽最小。

表9.11　京津冀8个点全天平均空气细菌浓度表

采样地点	空气细菌浓度(CFU/m^3)			最高浓度出现日期
	最低	平均	最高	
石景山	390	1974	9290	1985-5-7
北京站	100	1770	10900	1985-3-8
西单	160	1720	10100	1985-3-8
八一礼堂	110	1610	11700	1985-3-26
廊坊	330	1480	8740	1985-3-26
大理道	160	1330	9100	1985-3-26
怀柔	50	620	3200	1985-3-8
塘沽	10	310	5240	1985-3-26

(3)气象条件对空气中微生物的影响

在干燥气候的时期，降雨雪可使空气净化；而在一段潮湿气候以后降雨也会使空气污染加重。风可使各种污染物悬浮于空气中，大气中的微生物浓度随着风速增大而增加。有些微生物可通过风进行远距离传播。例如Bovallius(1978)曾于1969年2月18日，在瑞典的海滨与乡村从空气中采集到了由1500 m高空大风雪携带来的自1800 km以外黑海北岸沙漠区的巨大芽孢杆菌、短小芽孢杆菌和地衣芽孢杆菌。温度和相对湿度对空气中的微生物的存活力有肯定的影响,有关研究指出乡村空气中的细菌浓度与相对湿度成反比,与温度成正比。另外,太阳辐射对空气中的微生物有明显的杀灭作用。

(4)大气污染对空气中微生物的影响

城市空气中的细菌数量与气溶胶粒子浓度以及其他污染物有关。根据Mancinelli 在 1978 年的试验得知,空气中的细菌浓度与空气中的悬浮颗粒物质浓度成正比;与 NO 浓度成反比、与 NO_2 成正比。SO_2、碳水化合物和温度与空气中的细菌浓度无显著关系。

9.5.1.2　大气微生物粒子的分布特征

大气微生物的作用与它的粒子大小有关。Wright 1969 年研究,给出了不同高度大气气溶胶微生物粒子的分布,如图 9.8 和表 9.12 所示,在 35～500 m 高度的空气中含有活体微生物最多的粒子是 3～5 μm,在近地面较少;在 35 m 以下大于 8 μm 的微生物浓度比高空的比例要大得多,其中在近地面 2～10 m 高度空气中含量最高,尤其城市街区含量最多为 53.2%,城市公园和海滨次之,乡村最少;直径小于 3 μm 的微生物粒子在 100 多米以下浓度变化不大。京津冀地区观测的结果表明,大气带菌粒子直径以 8 μm 的较多。

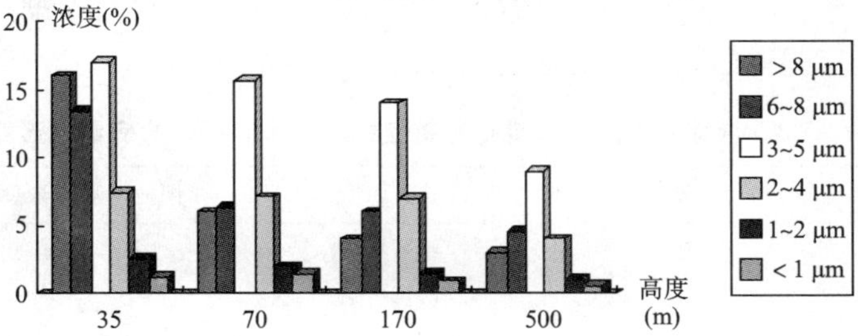

图 9.8　空气中活体微生物粒子大小分布

表 9.12　近地面空气微生物粒子分布表

地点	2 m 高度				10 m 高度			
	>8 μm	5.5～8 μm	3.3～5.5 μm	<3.3 μm	>8 μm	5.5～8 μm	3.3～5.5 μm	<3.3 μm
乡村	37.8	22.7	19.8	19.6	39.9	18.8	18.7	22.8
海边	48.9	18.0	16.1	16.9	44.0	15.4	17.7	23.0
城市公园	48.2	25.5	17.5	8.9	47.4	25.6	17.8	9.2
城市街道	53.2	24.5	14.9	7.7	52.7	25.0	13.2	9.1

9.5.1.3 不同场所的大气微生物污染

大气微生物污染不同的场所带来的污染和对人造成的危害不同，这里着重讨论一下居室、医院、工厂及其他场所的空气微生物污染情况。

(1)居室空气微生物污染

家庭居室空气微生物的污染是各种疾病传染的重要途径，传播的病毒主要有肠道病毒、鼻病毒、黏液病毒、腺病毒等。常见的疾病有呼吸道疾病、感冒及鼻炎等。

肠道病毒主要包括柯萨奇病毒 A21，它可引起呼吸道疾病；鼻病毒比任何已知的病毒更能引起更多的急性呼吸道疾病。在一次家庭调查中，105 个呼吸道病人，其中 32%是由鼻病毒所致，7%是副流感病毒，其余原因不明；黏液病毒主要包括副流感病毒和呼吸道合胞体病毒；腺病毒仅次于鼻病毒，居第二位，它与其他呼吸道病毒不同之处是可以从粪便中排出。

研究证明，大部分呼吸道病毒的传播来源是呼吸道分泌物，但是也有从粪便排毒污染空气的。美国 Wallis 1985 年研究指出，冲厕所时可在室内空气形成脊髓灰质炎病毒气溶胶，如表 9.13 所示。有人用黏质沙雷氏杆菌污染大便池水，浓度为 10^8 CFU/mL，用水冲洗后，在距座位 30 cm 高处空气细菌浓度达到 67000 CFU/m^3，5～7 min 后浓度下降。据有关报道，细菌性痢疾病人粪便中的杆菌能以同样的方式污染空气。

表 9.13　含脊髓灰质炎病毒新鲜粪便标本冲水时产生的病毒气溶胶

大便量(g)	气溶胶病毒(PFU)	便池水病毒浓度(PFU/mL)
24	2.4×10^7	2040
50	4.5×10^7	480
64	4.8×10^7	180
22	5.9×10^7	28

(2)医院空气微生物污染

医院是空气微生物污染的重要场所。医院中有些感染是通过空气传播的。王亚平 1987 年研究了烧伤病房空气细菌量的变化规律，如表 9.14～表 9.17。从中可见，烧伤病房空气细菌浓度以探视后最高，平均值可达 2032.02 CFU/m^3，探视前后平均浓度增加 98.81%，一般浓度最低值出现在凌晨 5—6 时。扫病床方法对空气细菌污染影响较大，用干扫方式打扫病床，空气中细菌量增加最大，最多可达 205.1%，平均增加 142.9%；吸尘器扫床最高为 67%，平均增加 40.6%；湿扫床最高增加 39.5%，平均增加 24.1%。其中湿扫床造成的空气污染最小。在总细菌中金黄色葡萄球菌含量较多，但含量的变化(包括探视前后、各种方式的扫床等)趋势相同，金黄葡萄球菌最高浓度为 155 CFU/m^3，冬季较多。另外，还对烧伤病房空气中的阴性杆菌进行了检验，其中绿脓杆菌含菌株数最多，约占 35％、大肠杆菌和粪产碱杆菌含菌株次之，约占 23％，其他聚团杆菌、白勾维肠杆菌、黄杆菌含量较少。

表 9.14　探视前、后烧伤病房的空气细菌量变化表(CFU/m³)

病房	探视前	探视后	细菌增加的百分比(％)
3 号病房	653.3	1368.9	109.54
5 号病房	1275	2226.7	74.54
7 号病房	1471.1	3057.7	107.85
8 号病房	600.0	1488.9	148.15
11 号病房	1266.7	2417.7	90.87
12 号病房	865.05	1632.2	88.68
平均数	1022.11	2032.02	98.81

表 9.15　干扫床对病房空气细菌量的影响(CFU/m³)

病房	扫前	扫后	细菌量增加的百分比(％)
2 号病房	2106.6	6426.7	205.09
1 号病房	2173.3	3182.0	46.42
6 号病房	1022.2	2826.7	176.5
12 号病房	973.3	2804.4	188.13
平均数	1568.8	3810.0	142.86

表 9.16　吸尘器扫床对病房空气细菌的影响(CFU/m³)

病房	扫前	扫后	细菌量增加的百分比(％)
4 号病房	2884.4	4248.89	47.30
5 号病房	1951.0	2182.0	11.85
11 号病房	1346.6	2248.9	67.01
6 号病房	2115.56	2982.22	40.97
平均数	2074.4	2915.55	40.55

表 9.17　湿扫床对病房空气细菌的影响(CFU/m³)

病房	扫前	扫后	细菌量增加的百分比(％)
2 号病房	1844.44	2573.33	39.52
7 号病房	653.30	902.20	38.10
3 号病房	1777.78	2155.56	21.25
6 号病房	1502.22	1537.78	2.37
平均数	1444.44	1792.22	24.08

医院各科室中的细菌均有日、季节变化。各科室空气中的细菌浓度由大到小依次排队是：挂号室、更衣室、走廊、急诊室、换药室、治疗室、诊断室、手术室。由表 9.18 可知，医院空气中的细菌浓度有明显的日变化，中午最高、早晨次之、晚上最少。由表 9.19 可知，也存在显著的季节变化，秋季浓度最高，冬季次之，春季最少。

表 9.18　北京某医院门诊部有关科室空气细菌浓度表

科室	不同时间空气细菌浓度(CFU/m³)			
	早晨	中午	晚上	平均
挂号厅	3173	6023	2565	3920
更衣室	2927	3395	2980	3100
走廊	2013	3526	1953	2497
急诊室	1938	1880	2167	1995
诊断室	1348	2853	1473	1891
换药室	1670	2180	1628	1826
治疗室	1378	2519	1462	1786
手术室	663	1325	930	972

表 9.19　北京某医院各季节空气细菌浓度表

科室	不同季节细菌浓度(CFU/m³)				
	春	夏	秋	冬	平均
室外	1339	1481	2972	2047	1960
诊断室	1173	1645	3510	2028	2089
挂号室	1493	3553	6458	4229	3933
地下室	2072	2097	6233	4668	3768

(3)工厂空气微生物的污染

工厂产生的空气微生物也是空气污染的一个重要来源，像发酵、食品、制革、毛纺等行业的生产活动均可以产生大量的空气微生物，有的甚至可以产生特殊的病原体。例如 Buachman 等 1980 年总结了美国工业炭疽和吸入炭疽的情况。在 1900 年至 1978 年美国有 181 例吸入炭疽的病例，除 11 例不知原因外，其他全部是工业原因引起的(见表 9.20)。

表 9.20　美国工业炭疽病发生的情况(1900—1978)

传染源	1900—1978 年总计	
	发病数	发病率(%)
羊毛	112	62
羊皮	16	9

续表

1900—1978 年总计		
传染源	发病数	发病率(%)
毛织品	34	19
肉、骨	8	4
未知	11	6
总计	181	100

北京市防疫站对某食品厂各种场所空气细菌进行了测定(如表 9.21),结果表明空气中的细菌浓度与时间有关,上午明显高于下午。

表 9.21　某食品厂空气细菌浓度测定结果

	酥糖车间		硬糖车间	巧克力车间	
采样时间(年-月-日)	包装	原料	包装	包装	原料
1983-10-11					
上午 8:00	2400	2320	2360	1800	520
下午 14:00	320	280	320	120	120
1983-10-12					
上午 8:00	1800	2800	3720	1480	760
下午 14:00	760	960	880	760	600
1983-10-15					
上午 8:00	1960	2920	2040	1120	1172
下午 14:00	840	1120	1360	720	720

9.5.2　大气微生物气溶胶的生长、传播与衰亡

微生物整个生命期共分四个阶段,分别是生长迟缓期、对数期、稳定期和衰老期。近几十年来,国外较重视对大气微生物污染的研究,并着重研究了畜舍、禽舍、肥料堆、废旧物资处理点及曝气池、污水喷灌等引起的大气污染。为了研究细菌在空气中的繁殖能力,科学家们进行了一系列试验,结果证明当空气中有适宜的营养物时,细菌是可以在空气中生长的。

9.5.2.1　微生物群体生长规律

细菌通常以二分裂方式进行繁殖。细菌生长是按指数速度进行的。如图 9.9是细菌生长状态曲线,细菌生长的初期,又称停滞期,在此期间细菌要经过一段时间的调整,完善细胞体内的酶系统及其他成分,为大规模繁殖做好准备。细菌通过初期的准备后,进入呈对数繁殖期,细菌迅速分裂,使细菌按几何级数增加,在此期,代与代之间的时间最短,生长速度最快。细菌繁殖达到顶峰后,细菌生长进入静止期,死亡与生长达到动态平衡,即由于营养消耗,供应不

足与代谢产物的积累，一部分细菌死亡，一部分继续分裂生长。由于在静止期代谢物的积累，离子、pH 值等失去平衡，细菌的生命期进入死亡期，此时细胞生长受阻，死亡率明显增加，生命期的死亡时间与细菌数的对数成反比，细菌曲线呈直线下降。

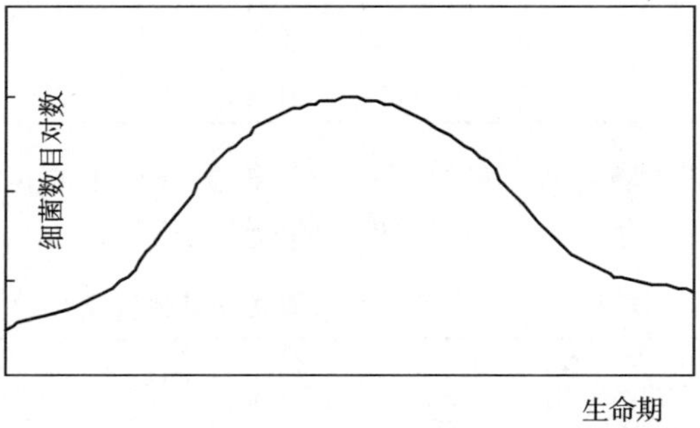

图 9.9 细菌的生长状态图

9.5.2.2 微生物的生长因素

影响微生物生长的因素很多，主要包括温度、氧、pH 值、水、光线、辐射、超声波、压力等。温度是影响微生物生长的重要因素，微生物的最适宜生长温度可分为三类，一是低温性微生物，最适宜生长的温度为 5～10℃左右；二是中温性微生物，最适宜生长温度为 25～40℃；三是高温性微生物，能在高于 50～60℃条件下生长。微生物在适宜的温度范围内，环境温度每提高 10℃，酶的反应速度可提高 1～2 倍，其代谢速率、生长速率均可成倍增加。氧对微生物的影响可分为三类，一是好氧微生物，像细菌中的芽孢杆菌属、黄杆菌属、动胶菌属、无色杆菌、球衣菌属、硝化细菌及硫化细菌等都为好氧微生物，他们必须在有氧存在的条件下才能生长；二是厌氧微生物，像所有产生甲烷的细菌、梭状芽孢杆菌属、拟杆菌属、脱硫弧菌属等，均在无氧的条件下才能生长；兼性厌氧微生物，这类微生物即有氧化酶，又有脱氢酶，所以它们既能在有氧的条件下生长，也能在无氧的条件下生长。环境的 pH 值与微生物的生长、代谢有密切关系，微生物生长的 pH 值范围一般在 4～9(中性)之间，但是不同的微生物都有它们最适宜的 pH 值。

9.5.2.3 大气气溶胶的传播

除真菌的孢子外，微生物不能独自游离存在于空气中，它们必须附着在飘浮于空气中的微粒上，这些微粒即空气中微生物的载体。微生物在空气中的传播，是借这些载体微粒进行的。根据载体微粒的物理性状和其上的微生环境不同，可将空气中微生物传播的方式分为三种。一是尘埃，与空气传播有关的尘埃多来自人类的生产、生活，如脱落的皮屑、更衣、扫地、拂尘、清理床铺等。室内地毯贮藏的含有微生物的尘埃是光地板的 100 倍左右。室外空气亦有尘埃飘浮，多来自土壤和植物，所携带微生物致病性较弱或无，但在畜牧场、医院、废品站等周围内空气中常含有携致病微生物的尘埃，并引起传染病的流行。二是飞沫，人类和动物的深呼吸、咳嗽、喷嚏、发声等活动，将上呼吸道内的分泌物液体爆破成微滴，称为飞沫。飞沫在近距离的个体之间传播呼吸系统感染微生物方面起重要作用。大小不同和爆破时初速度不同的飞沫，沉降速度和漂浮能力也不同，只有蒸发前未降落在地表面的飞沫，才具有飞沫传播的可能性。风将各种水体掀起的微滴、人类科研、生产建设与生活过程中产生的液滴，若在空气中飘浮传播微生物，常称为空气传播，不称作飞沫传播。微生物在液体中释放到空气中形成液滴的同时，进行了浓缩，用沙雷菌实验证明，液滴表面菌数比污水中高 10～100 倍。三是飞沫核，亦称滴核，是飞沫水分经与空气摩擦或蒸发后剩下的核心。由唾液中的黏液素、蛋白质、盐类及所载微生物组成，一般较飞沫小。不易受理化因素影响，可较稳定地存在于空气中，因此在传播疾病方面有更大的危险性。

由于致病微生物对环境的抵抗力不同，传播方式也不同。抵抗力很低者常借飞沫传播，如鼻病毒和流感病毒以鼻分泌物经飞沫传播、肠病毒和腺病毒以唾液经飞沫传播、柯萨奇病毒通过喷嚏传播；白喉棒杆菌抵抗力中等，可借飞沫、飞沫核传播；结核杆菌对外环境的抵抗力最强，可借三种方式中任何一种传播。空气中致病微生物易死亡，但飞沫传播速度快，短时间内即可完成，故借呼吸传播（飞沫传播）的病毒，在人与人之间不断更换宿主，得以生存下去。应该注意的是，尘埃、飞沫、飞沫核成为传播方式的前提，是它们载有微生物并在空气中可较长时间悬浮。

9.5.2.4　经空气传播的常见细菌

（1）结核杆菌

结核杆菌主要经飞沫、飞沫核、尘埃的吸入引起肺结核。有材料证实其在干燥痰中能存活 6～8 个月，在尘埃上 8～10 天仍有传染性。我国某火车站候车厅采集 12 份空气样本，其中 1 份结核杆菌培养阳性；旅客车厢 112 份空气样品，3 份检出结核杆菌，85 名旅客痰液，4 份培养出结核杆菌。这表明，旅客车厢及候车厅都可能成为结核病传播的场所。值得注意的是，结核病在近 30 年持续下降后又重新出现回升，1991 年比 1986 年全球结核病上升 28.7%，东南亚地区上升 39.9%；而且比任何时候都严重，全球每年 300 万人死于结核病，我国结核病患者约 600 万人。

（2）军团菌

嗜肺军团菌通过液体微粒经空气传播军团病，为一种原发性急性肺炎，未吸入军团菌污染的空气便不患此病，患者之间无人传人现象。病原菌存在于肺间质或肺脏细胞内，病人的痰液、咽喉、胸腔积液中均无法分离到。该菌为典型的卫生细菌，主要存在于土壤中，由土壤污染水，又经水汽、雾等污染空气，经吸入污染的空气引起军团病。此菌在相对湿度80%的空气中易于存活，干燥空气引起此菌的传播机会较少。

(3)化服性球菌

葡萄球菌、链球菌等在空气中广为存在，鼻分泌物、皮屑、床尘等均可将其播散至空气中，空气为重要的传播途径，主要引起上呼吸道感染病症。葡萄球菌对干燥和外环境抵抗力较强，营养要求也不高；脑膜炎双球菌由于不耐干燥，营养要求较苛刻，故只能在短距离借飞沫传播。

(4)炭疽芽杆菌

此菌可存在于牲畜皮毛中，其芽孢飘浮于空气中引起原发性肺炎，称为“羊毛分类者病”。

(5)放线菌

主要是高温放线菌和热吸水链霉菌，存在于谷尘、稻草中，引起“农民肺”，即外源性过敏性肺泡炎。我国大部分地区产稻米，仅以1%的发病率估计，全国就有200万以上农民受此病的威胁。因此，在农村加强有关知识的宣传，尽快推广防治方法和诊断标准，很有意义。

此外，人们熟悉的白喉、百日咳等也都是经呼吸道传播(空气传播)的细菌性疾病。

9.5.2.5 经空气传播的常见病毒

流感病毒，该病毒的各型可借飞沫而达呼吸道，造成气管炎、支气管炎、细支气管上皮细胞坏死等，继发细菌感染可引起肺炎。流感在世界上有过多次大流行，并引起众多人死亡，高峰在冬季，波浪式连续发生。病毒变异大，每隔四年左右，由于病毒的遗传变异而产生新的亚型，便发生一次大流行，给疫苗的研制也带来困难。

副流感病毒，为纯吸入感染，与局部免疫力关系密切。儿童常由无症状或有轻微上感症状的成人传染，导致咽喉炎、气管炎、支气管炎，甚至肺炎。

腮腺炎病毒、麻童基病毒、风疆各病毒和水症病毒，均靠飞沫传播，冬春多见。为儿童四大传染病的病原；成人如有发生则症状远重于儿童、孕妇感染此类病毒可使胎儿致畸。腮腺炎病毒还可通过直接接触唾液污染的物品传播，偶经尿液传播；麻疹病毒则100%为飞沫传播；水痘病毒还可经皮肤接触传播。人类已通过计划免疫，可有效地控制此类传染病的发生。

单细胞病毒和巨细胞病毒为唾液传播，多数人为无症状感染，成人70%～90%抗体阳性，因此，亲吻婴、幼儿可成为传播此种病毒的途径。

柯萨奇病毒A型，多存在于鼻腔部，肠道中极少，主要经飞沫传播，早秋、冬季多发，春季下降，可由多个血清型引起，故较难用疫苗预防，可引起伤风、鼻炎、鼻窦炎、中耳炎和肺炎。

流行性出血热病毒，肾综合征出血热，中国和日本称流行性出血热，是世界广泛流行的自然疫源性病毒传染病。新近确认此类传染病是由布尼亚病毒科汉滩病毒属病毒感染所致。病人临床表现复杂，但一般都有蛋白尿和氮质血症。病毒传染给人主要是由于吸入了隐性感染鼠类所排放的病毒气溶胶的缘故，少数可经皮肤、黏膜接触感染。这些鼠类的肺、唾液和粪尿都带有病毒，在各种外力作用下产生气溶胶传播。自1957年我国内蒙古开始有关HFRS病例报告，1963年已成为我国东北、中部和南部的重要问题。从发病人数看，1971年以前是数以千计，1972年以后则以万计，最近几年每年均有5万左右的病例发生。在自然传播中，该病毒感染多发生在20～50岁人群，主要受染者是与鼠类接触机会较多的人员（如该病的实验室研究人员、动物饲养人员、捕鼠人员和常到野外工作人员）。

9.5.2.6　经空气传播的常见真菌

引发超敏反应的真菌，20世纪30年代以前，很少有人意识到真菌与超敏反应的关系，自30年代Feinberg等报告真菌过敏可导致枯草热（hay fever），又称花粉症（pollinosis）以来，才逐渐引起人们的关注，这比对花粉过敏的认识大约推迟了一个世纪。空气中真菌含量比花粉要高，但目前对真菌过敏的研究远不如对花粉过敏研究得深入、广泛。

真菌是一种重要的吸入性过敏原，常引起呼吸道过敏症。真菌也是某些职业性超敏反应性疾病的病原，如“棉尘热”，由毛霉属真菌引起，多发生在剥、轧霉棉的农民，表现为呼吸窘迫、干咳、发热等症状。近年来我国还发现蘑菇种植者所患的过敏性肺泡炎，或称蘑菇培育者肺，以蘑菇孢子或嗜热放线菌为过敏原。再有生产白僵菌农药制剂而引发的过敏性肺炎等。

引发全身性真菌病的真菌，为土壤真菌，经呼吸道吸入感染，多为无症状感染，但在一定人身上亦能播散至任何器官而发生致死性感染。此类感染无人传人现象。酷厌球孢子菌，引起球孢子菌病，在美国西南部和拉丁美洲干燥地区多见。尘埃传播，夏秋天气干燥月份传染率最高；荚膜组织胞浆菌，该菌有单细胞和多细胞两种形态，经呼吸道进入人体引起组织胞浆菌病，为网状内皮系统的细胞内真菌病。全球分布，在混有鸟粪或蝙蝠粪的土中能大量生长，在这种地方逗留，可引发严重感染（如窑洞病）；曲霉菌，其孢子可引起一组肺曲霉菌病。①“真菌球”，曲霉菌在器官早已有空腔存在（如结核空洞、副鼻窦、扩张的支气管）的部位生长，但不侵犯组织，通常只需治疗原发性疾病。②强侵袭性肉芽肿，曲霉菌在肺内播散，引起坏死性肺炎或咯血，并继发播散至其他器官，主要发生在免疫力低下的患者，需抗真菌治疗。③过敏性肺曲霉菌病：主要症状为哮喘，嗜酸粒细胞和血清 IgE 增高。一般组织不受侵害，但支气管 X 光片示异常。

9.5.2.7　大气微生物的衰减

气溶胶的自然衰亡包括：物理衰减，指的是微粒自身从连续相中脱离出来的衰减；生物衰减，即微生物自身的死亡。微生物气溶胶的总衰减便是物理衰减和生物衰减的总和。衰减程度，即气溶胶的稳定性，通常以平均每分钟衰减百分率来表示，并由其引出物理衰减率、生物衰亡率和总衰减率。若已知平均分钟衰减率，即可计算出某时间以后气溶胶的存留率或衰减率，以供对其进行危害评价。

(1)微生物气溶胶的物理衰减

气溶胶的稳定性依赖于自身所固有的物理特性，并与环境因素密切相关。在室外，大气稳定度、温度、湿度、风速和地形地物对气溶胶稳定性影响很大。在室内，空气相对静止条件下，物理衰减主要依赖于重力沉降作用，它与粒子的大小、密度、形状，粒子性质、浓度，温度、湿度及空气黏度、密度等特性有关，其次是扩散作用，它与粒子大小、带电、形状、环境温度、空气黏度及密度有关。一般致病微生物很少能达到足以产生室外空气传播的程度，除非存在一严重的感染源，如屠宰场不断产生贝氏柯克体气溶胶。下面仅就由于重力作用所致非流动性气溶胶粒子衰减问题作扼要讨论。

气溶胶粒子的沉降取决于粒子重力和介质阻力。粒子重力 $F_1=(4/3)\pi r^3(P-P')g$，式中 r 为粒子半径，P 为粒子密度，P'为空气密度，g 为重力加速度。由于 P 比 P'大很多，所以 $F_1\approx(4/3)\pi r^3Pg$。介质阻力 $F_2=6\pi\eta rV_s$，式中 η 是空气黏度(常温下空气黏度为 1.9×10^{-4})，V_s 为粒子沉降速度。F_2 随 V_s 增加而增加，直到与 F_1 相等时，V_s 变为恒值(即为粒子终末沉降速)，粒子以匀速沉降。如果能够知道粒子沉降终末速度，对了解气溶胶自然衰减是十分有益的。当 $F_1=F_2$，则：$V_s=(2/9)\times(r^2Pg/\eta)=1.20\times10^6\ pr^2$。这就是著名的 Stokes 公式。用此公式可以对 1～100 μm 气溶胶粒子的沉降速度进行计算。当然，Stokes 对此方程的建立还有一些理论上的设想条件。根据上述公式计算，可得不同直径粒子的沉降速度。如果已知房间高度，由之可求出粒子降落到地面的时间。对于非球形粒子，在要求不很精确时，也可用 Stokes 公式计算，误差不大。如需精确计算时，必须进行校正。

此外，粒子大小是影响沉降速度的主要参数，粒子可因凝并和吸湿增大，而使沉降更趋迅速。例如，由呼吸道传染病病人喷出的飞沫，在常温、常湿下有很大一部分由于水分的蒸发很快变成 2～3 μm 的飞沫核，而较长时间漂浮于空气中。如果这些飞沫核处于高湿条件下，则很快又会重新吸收水分，粒径变大而迅速沉降。

(2)微生物气溶胶的生物衰亡

根据国外多年研究,空气中的微生物如果不能回到有利于其生活和繁殖的环境中,迟早是要死亡的。空气微生物的衰亡过程可能有如下情况。病原体远在能够测出明显变化之前可能先失去毒力和感染力;早期,细菌可能失去使其噬菌体繁殖的能力;细菌恢复到利于其生长的环境时,可能产生生长类型的变异;在细菌尚能呼吸和代谢时,可能失去其生长、繁殖能力。它能繁殖必然是活的,但不能生长繁殖却不足说明它已经死亡,因为很可能没有提供适宜的条件;致敏力的丧失,可能延迟到生长、代谢终止以后很久才发生。致敏力丧失标志是蛋白分子强烈的变化。

存活的定义是:"存活是一切生命物质的明显属性,生命与存活几乎是一个同义词,有生命就是存活着。"他还指出,存活力是指一个微生物生活繁殖的能力。对非致病菌,存活指单个细菌或一个细菌颗粒生长为一个菌落的能力。对致病菌,除了生成菌落外,还意味着使易感宿主发病的能力;对病毒和立克次氏体,表现为空斑形成、细胞病变、引起宿主感染(发病或产生抗体)的能力。

(3)微生物气溶胶生物衰减的规律

国外一些研究者认为,微生物气溶胶群体的衰亡与时间呈指数函数关系,用 $N_t/N_0=e^{-kt}$ 表达(或 $\ln N_t/N_0=-kt$),N_0 为最初微生物空气浓度,N_t 为 t 时以后的浓度,t 是时间,k 是衰亡常数。因此,在每一个连续的间隔时间内,活体的死亡率是相对的。对一个微生物气溶胶的 k 值,系通过实验测定 N_0 和 N_e 求得。

某一时间微生物气溶胶的存活率也可通过实验测得。例如,一气溶胶的质量浓度为 1000 μg/L,而活体数为 500,经过 30 min 后质量浓度为 500 μg/L,而活体数为 50,则气溶胶微生物的存活率(SR)为:$SR=(50/500)/(500/1000)=0.20$ 即 20%,30 min 的衰减率为 80%。

上述微生物气溶胶生物衰减科研纯属理论上的,为理想的死亡率与时间的关系。但自然界群体常常是不同种类、不同来源,不同经历个体的混合物,所以微生物气溶胶的生物衰减往往随时间的推移,其 k 值也随之变化。有人指出,比较适合的概念是群体半数死亡时间,近期文献中使用这一概念的人渐渐增多。

尽管微生物气溶胶的生物衰减率不能始终一致,一些研究者仍相信,在一定的时间内其衰减率和时间仍呈指数函数关系。因此,许多人研究了微生物气溶胶在不同时间内的衰亡常数。影响微生物气溶胶存活力的因素主要有气溶胶性质、环境因素和气溶胶化因素三个方面。微生物固有的生命力是决定其在空气中存活力的内因,因此各种微生物对影响因素如对 RH 反应也不一样,其衰亡常数也不一样。如表 9.22 所示,从中可看出,芽孢菌比非芽孢菌存活力强得多。但Dimmick(1969)曾指出,有些非芽孢菌,如黄杆菌属和耐辐射微球菌在空气中的存活力几乎与枯草杆菌芽孢一样强。这些微生物是构成大气微生物群的重要成分。近年来,对病毒气溶胶的研究日渐增多。作为空气中微生物衰减规律和机制的研究,病毒有其独特之处。因为它们结构简单,在空气中无代谢活性。目前,尚不能满意地指出病毒中核酸的类型和结构特点与其存活力的真正关系。但有一点是明确的,即病毒感染性核酸在空气传播中较其病毒原颗粒更稳定。在同一样品中,回收的核酸量较之未变动的病毒量更多。并可影响其存活力和感染力。

表 9.22 几种常见病原微生物气溶胶的衰亡常数

微生物种类	各种衰亡率所需时间(min)				
	k 值	*t*90	*t*99	*t*99.9	*t*99.99
炭疽杆菌芽胞	0.001	2300.0	…	…	…
鼠疫杆菌	0.08	27.6	55.2	82.8	111.0
兔热杆菌	0.05	44.9	89.8	135.0	180.0
布氏杆菌	0.04	56.4	113.0	169.0	226.0
乙型脑炎病毒	0.015	152.0	305.0	…	…
裂谷热病毒	0.03	75.6	151.0	227.0	302.0
委马脑炎病毒	0.005～0.02	114.0	228.0	341.0	…
黄热病毒	0.045	50.0	100.0	150.0	200.0
拉沙热病毒	0.013～0.04	75.6	151.0	227.0	302.0
贝氏柯克体	0.001～0.07	31.7	63.5	95.2	127.0

表 9.23 各种微生物气溶胶存活的最佳、最差相对湿度(%)

微生物	最佳相对湿度	最差相对湿度	最高生物衰减系数(%/min)
粘质沙雷氏菌	80	30	5 min 存活 33%
大肠杆菌(干粉)	<50	>50	2 min 衰减 99%以上
大肠杆菌(悬粉)	低湿	>85	迅速失活
兔热杆菌(悬粉)	95	60	17.8
兔热杆菌(干粉)	1	60	16.2
军团杆菌	80	30	150 为 3.2 min
鼠疫杆菌	40	>80	24
委马脑炎病毒(悬粉)	均可		3
委马脑炎病毒(干粉)	20	>76	5
黄热病毒	50～85		
裂谷热病毒	50～85		5
日本乙型脑炎病毒	30～80		2.5
拉沙热病毒	30	80	4

9.5.3　大气微生物感染

微生物气溶胶对人类的生命健康有极大影响，全球因微生物气溶胶引起的呼吸道感染率高达 20%。世界上有 41 种主要传染病，其中经空气传播的就有 14 种。微生物气溶胶的特性决定了其在感染中所起的重要作用。我国多年来医院内感染中呼吸道感染率最高，由此可知微生物气溶胶在大气感染中具有重要地位，并起极大作用。

9.5.3.1　切口的微生物气溶胶感染

切口感染绝大一部分是由微生物气溶胶引起的。研究指出，在全髋关节置换术中切口上发现的细菌约 30%直接从空气沉降而来，另外 68%从间接途径得到。

普通手术室的微生物气溶胶对病人切口的感染。手术室的微生物气溶胶浓度无统一的国际标准，对于普通手术室细菌的浓度要小于 106～830 个菌/m^3，洁净手术室 7～40 个菌/m^3，超净手术室小于 4 个菌/m^3。

Biowers 研究指出，当手术室微生物浓度在 700～1800 个菌/m^3 以上时，金黄色葡萄球菌在其中的比值为 1∶20 时，则常常发生败血症，如其中细菌总数为 36～72 个/m^3，金黄色葡萄球所占比例为 1∶100 时，手术后很少发生败血症。膝盖整形及移植手术中败血症的发生率与室内微生物气溶胶浓度有明确的正比关系。败血症发生率(%)$=0.84\times0.18\ A^{1/2}$，A 为微生物气溶胶浓度。

9.5.3.2　创伤的微生物气溶胶感染

无论烧伤，还是跌、打损伤，创口从一开始到结束总是在微生物气溶胶包围之中，不论是直接沉降，还是间接接触的微生物气溶胶粒子，都有可能在其上定植、繁殖、感染。甚至有极普通的空气杂菌——枯草芽孢杆菌引起伤口感染病例。

金黄色葡萄球菌，尤其是耐甲氧苯青霉素金黄色葡萄球菌，可引起暴发性创面感染。空气标本有采到 16%的阳性的报道。至于医院病人，工作人员的口、鼻、咽带菌的就更多了，它在创伤感染中构成很大的威胁。烧伤病房顶棚尘灰的 2.9%检出绿脓杆菌，并断言，由微生物气溶胶引起绿脓杆菌的空气传播不是完全不可能的。从烧伤病房空气多次采到绿脓杆菌就是很好的证明。

9.5.3.3　呼吸道的微生物气溶胶感染

我国呼吸道感染占医院内感染总例数的 23.3%～42.1%，病死率亦很高，它确实是医院内感染中十分突出的问题，由微生物气溶胶所造成的医院内感染主要是通过呼吸道感染的。

呼吸道的易感性一般认为消化道与虫媒传播的疾病不能通过呼吸道感染，人们从不理解到完全支持这种观点，但本世纪30年代初就证实，大部分致病微生物（含自然感染的非呼吸道入侵的微生物）都可以通过气溶胶的方式造成呼吸道感染。如沙门氏菌为消化道感染菌，我们曾发现小儿病房呼吸道感染的病例（咽拭子分离阳性），又如虫媒病毒中的委内瑞拉马脑炎病毒、黄热病毒等可以通过呼吸道感染，甚至肝炎病毒、梅毒亦可由高速旋转的牙钻产生的微生物气溶胶感染他人。

呼吸道的易感染性还表现在感染剂量大大低于其他途径。如人摄入1亿兔热杆菌才能感染，而若吸入10～50个菌就会发病。豚鼠对军团菌吸入的LD_{50}仅为腹腔LD_{50}的5%。呼吸道感染具有暴发性，微生物气溶胶能造成大量人群感染，甚至世界性大流行。又如麻疹几乎是人人感染，在医院此病是防不胜防的，除人易感外，空气传播快，感染散布快，面积广也是造成感染暴发的重要原因。

呼吸道感染的病原学。医院呼吸道感染的病原体种类甚多，初步统计有30多种，细菌类有肺炎球菌，大肠、绿脓、克雷伯氏、沙雷氏、沙门氏、军团、结核等杆菌。还有金葡、表葡、肠链等球菌。真菌类有烟曲霉、根霉、毛霉、白色念珠菌以及球孢子菌和组织胞浆菌等，病毒类有流感、麻疹、带状疱疹、腮腺炎、天花、水症、出血热、柯萨奇等。立克次氏体有Q热。还有支、衣原体等。但主要是G^-需要氧性条件致病菌（大约占75%）和G^+球菌（大约占25%）。

这些感染菌体一部分是来自自身的正常菌群，但大多数情况下是来自外部条件，当然包括空气。传染性微生物气溶胶是最主要的医院内感染传播方式，这明确指出了微生物气溶胶在医院内感染中所占地位及所起的主要作用，应引起足够重视。

大量资料表明，我国历年呼吸道医院内感染率居首位，它明显高于以尿道感染为首的英、美等西方发达国家。有人认为，我国泌尿道感染误诊率及漏报率高。也有人认为，呼吸道感染更加复杂，亦应有误诊与漏报的。是否与我国医院环境条件差，造成微生物气溶胶浓度严重超标有关呢？正如《医院感染学》书中所述："国内一些医院手术室空气中的细菌超标者占半数以上；有的手术室接近2万个菌/m^3。"即使手术室最初订出1000个菌/m^3的标准也大都在国外报道的易感范围之内。至于病房污染更加严重，到目前为止连个标准都没有，普遍比国外高几百到几千倍。这样脏、乱、差的病房环境，呼吸道感染率能不高吗？许多问题从主观找直接原因，比从客观找间接原因更有利于问题的解决。当然这样一个带全局性的问题，原因是多方面，也是极其复杂的，是否还有其他原因，可广泛讨论。目的是尽快将我国呼吸道医院内感染率降下来，达到有效控制的目的。

习　题

(1)什么是环境流行病学？简述它研究的基本内容和方法。

(2)什么是环境暴露？环境暴露和健康效应是怎样测量的？

(3)什么是生物标志？传统环境流行病学与生物标志有什么关系？

(4)简述生物标志分类及在环境流行病学中的应用。

(5)什么是环境毒理学？简述它研究的基本内容、任务及方法。

(6)什么是环境生物监测？环境理化监测与环境生物监测有何同异？

(7)环境生物监测方法分几类？主要包括哪些内容？

(8)环境暴露包括哪些途径？它是以哪些方式产生有害效应的？

(9)什么是环境暴露的剂量？什么是量反应和质反应？二者有何区别？

(10)阐述剂量—反应关系、阈值、零阈值化合物、有阈值化合物四个概念。

(11)零阈值化合物与有阈值化合物有何同异？

(12)什么是生物半减期？阐述有害毒物在人体内或靶部位的积蓄量与有害物质的生物半减期和摄入量有何关系？

(13)阐述有害物在人体靶部位的浓度与暴露频率和暴露期的关系。

(14)通常环境有害因素分几类？为什么环境作用因素具有多样性？

(15)论述多种化学物对人体联合作用的不同机理。

(16)什么是人群健康效应谱和易感人群？影响易感人群的因素是什么？

(17)什么是环境污染的急性危害？引起的主要因素是什么？

(18)什么是环境污染的慢性危害？危害的表现形式有哪几类，为什么？

(19)简述颗粒物对心血管系统影响机理。

(20)论述环境污染物致畸作用的基本特征。

(21)简述影响颗粒物生物学作用的因素。

(22)什么是大气环境微生物？它是由什么组成的？如何产生的？

(23)大气环境微生物有何分布特征？与气象条件、大气污染有何关系。

(24)简述大气环境微生物气溶胶的生长、传播与衰亡。

(25)常见的大气环境微生物引起的疾病有哪些？

第10章　气象疾病

气象要素引起的疾病分两类：一类是与气象要素直接有关的疾病，例如中暑、冻伤、气象官能症、焚风病、老年人意外性低体温病、高山病等；另一类是气象要素间接引起或诱发加重的疾病，例如流行性感冒、慢性支气管炎、支气管哮喘、鼻衄(非外伤性的鼻出血)、心肌梗死(心绞痛)、关节炎、精神病、恶性肿瘤、皮肤病、糖尿病、胃溃疡、十二指肠溃疡、肾绞痛、高血压等。在今后的论述当中，上述两类疾病总称为气象疾病。

10.1　呼吸系统的气象疾病

气象要素与呼吸系统疾病关系分析主要采用相关分析与医学原理相结合的方法。对每一种疾病的发病特征及其相互关系进行分析，进一步对呼吸系统疾病分类、分阶段进行相关分析，探讨气象要素与疾病发生发展的特征、机理及预报方法。

10.1.1　呼吸系统疾病的统计特征及分类

10.1.1.1　一般统计特征

以感冒、肺炎、支气管炎、哮喘和肺心病等5种呼吸系统主要疾病作为讨论对象。它们年平均发生的比例分别为：肺炎38.8%、感冒34.4%、支气管炎21.9%、肺心病4%、支气管哮喘0.9%。不同年龄段的人群主要多发疾病有一定的差异，10岁及其以下人群感冒最多，占49%；支气管炎占34%；10岁以上人群支气管炎最多，占34%，其次为肺炎占29%，感冒只占15%；60岁及其以上人群支气管炎占35%，肺心病占29%，肺炎28%。

10.1.1.2　发病率变化特征

统计分析表明，不同疾病、不同人群的发病率变化特征存在一定的差异，主要包括三点：

(1)不同疾病发病率变化特征不同。图10.1给出了10岁以上人群疾病的逐月发病率，其中感冒与其他疾病差异较大，夏季感冒为显著高发期，其他疾病均为低发期；冬季感冒高发期比其他疾病开始时间早、持续时间短、并迅速转为低发期。肺炎与支气管炎、肺心病的变化趋势比较一致，都是冬季高发、夏季低发；支气管哮喘发病率变化趋势在冬季和夏季与肺炎等相似，但在 4 月和 9 月各有一个显著高发期。对五种疾病逐月、逐日发病率的相关分析也表明：肺炎与支气管炎、肺心病显著相关，支气管哮喘除 4 月和 9 月外也与之相关。感冒与其他疾病不相关。

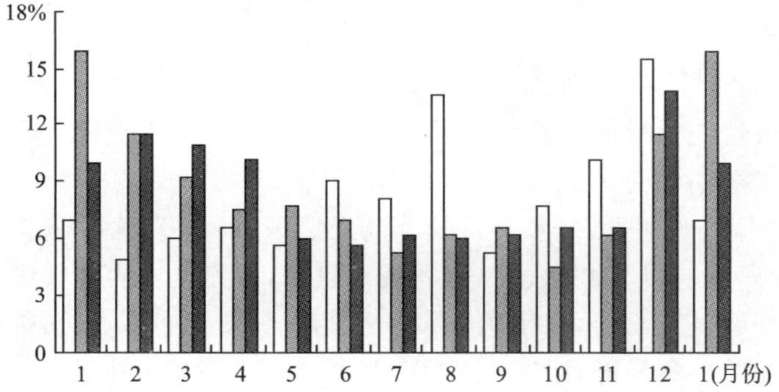

图 10.1　成人呼吸系统主要疾病逐月发病率

□感冒　▨肺炎　■支气管炎

(2)不同人群发病率特征不同。图 10.2 为 10 岁及其以下人群呼吸系统疾病逐月发病率，与图 10.1 比较可以看出，两类人群的感冒、肺炎和支气管炎三种疾病的发病率都有明显差异，感冒主要高发期儿童、婴幼儿为夏季、成人为冬季；春季成人肺炎、支气管炎等发病率为平稳下降趋势，儿童前期显著上升、后期则大幅度下降；所有儿童呼吸系统疾病发病率在春季上升趋势明显高于成人，秋冬季则低于成人。

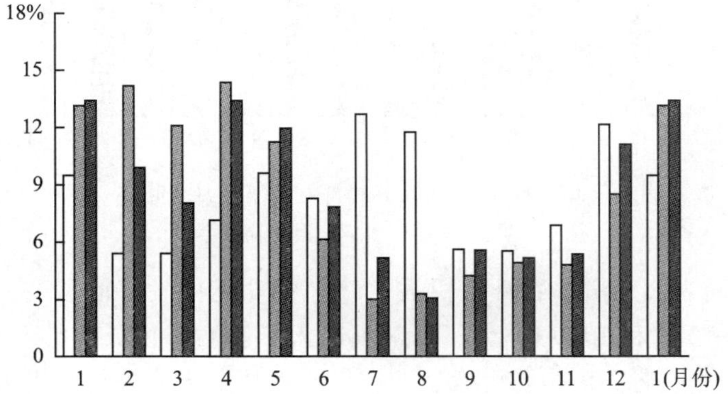

图 10.2　儿童呼吸系统主要疾病逐月发病率

□感冒　▨肺炎　■支气管炎

(3)不同阶段发病率特征不同。感冒发病率具有显著的阶段性特征,并有两个高发期;成人肺炎和支气管炎夏季随着气温下降发病率降低。儿童发病率变化在春季有一特殊的上升阶段。

10.1.2 感冒

感冒是常见病,目前还没有特效的治疗方法,它是由多种,每次流行型都不一样的病毒感染引起的上呼吸道感染。

10.1.2.1 发病率的主要特征

(1)阶段性变化特征。感冒发病率具有显著的阶段性变化特征。根据研究表明,感冒发病率的变化主要有三个阶段:

春季发病率少变期(3—5 月),夏季高发期(7—8 月),秋冬季节发病率显著上升及高发期(10—12 月)。尤其是冬季和夏季,在完全不同的气象环境背景条件下,均出现感冒高发期,表明感冒发病率与气象要素的关系也具有阶段性特征,即在不同的气象环境背景下,气象条件对感冒的影响特征也不同。

吉林省感冒发病率与季节变化有一定的关系,但并非完全一致。初秋为感冒低发期,深秋发病率随时间显著增长;初冬为高发期,隆冬发病率下降,后冬则为低发期。

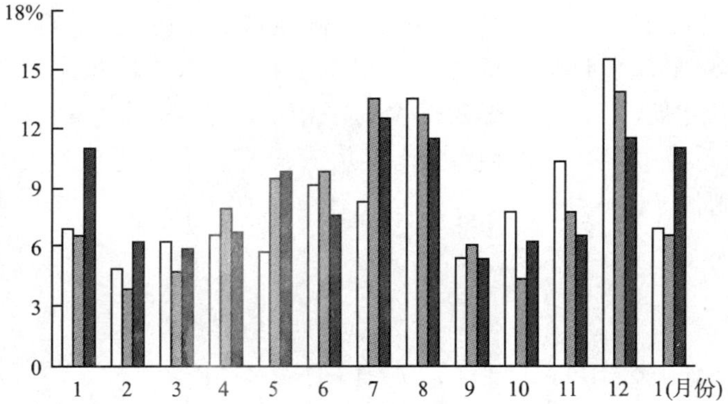

图 10.3 不同人群感冒发病率逐月变化

□ 成人 ▨ 儿童 ■ 婴幼儿

(2)不同人群发病率特征。根据人体免疫功能的发育阶段,将人群分为 3 岁以下、3~10 岁和 10 岁以上三组,对不同人群发病率特征及与气象要素的关系进行分析。在各阶段中各类人群发病率的逐月变化趋势基本相同,但不同人群的感冒发病率之间有一定差异(见图 10.3)。秋冬季以成人感冒上升期开始最早、发病率最高、下降最快,婴幼儿开始最晚、发病率最低、下降也最缓慢;春季发病率成人变化幅度较小、儿童显著上升、婴幼儿春末上升明显。整个夏季发病率以儿童高发趋势最为显著，其次为婴幼儿，但8月发病率成人最高；2—3月和9—10月低发期都是儿童发病率最低。

10.1.2.2　与气象要素的关系

不同人群及不同阶段感冒日发病人数与气象要素的关系显著不同。感冒与同期气象要素的相关分析表明：①不同阶段关系不同。3—8月日发病人数与日平均气温、极端气温呈正相关，与气压呈负相关，9月—次年2月则完全相反；各阶段与日变温、相对湿度和风均无明显相关。②各年龄段的相关特征不同。3岁以下和3～10岁组人群发病人数与气温、气压等气象要素关系的显著性明显超过10岁以上组，表明冷、热环境对儿童和婴幼儿的影响超过成人，冬季影响以婴幼儿最为显著。③日发病人数与气象要素的相关特征夏半年儿童与婴幼儿较一致，冬半年儿童与成人较接近。

10.1.2.3　与天气变化的关系

(1)日发病人数与前期天气变化的关系，如图10.4所示，3—8月成人日发病人数与气温和冷空气影响有关，儿童和婴幼儿则与暖空气活动和高温天气影响有关。9月—次年2月成人发病人数主要与强冷空气影响有关，儿童受冷空气活动和低温共同影响，婴幼儿主要与低温天气有关。高温和低温对婴幼儿发病数的影响最为显著，其次为儿童，对成人影响不显著。秋冬季节寒潮降温天气对成人发病数影响显著，对其他人群影响不显著。

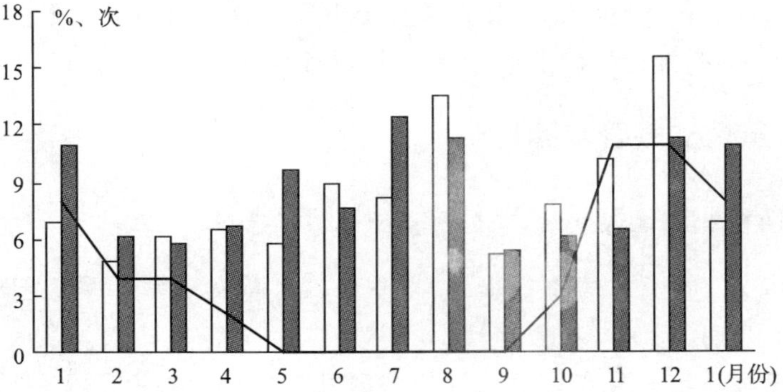

图10.4　月感冒发病率与寒潮影响次数

成人感冒　婴幼儿　—— 寒潮

(2)持续发病人数与前期天气变化的关系，感冒日发病数与前期逐日气象要素的相关，从前一天至前十天差异不大，但连续7天的发病总人数与前期气象要素的相关性比日发病数提高2倍左右。临床经验和研究也表明：一次明显的天气变化过程对应的不是一个高发病日，而是一个持续的高发病阶段。这也是气象环境与感冒关系的一个主要特点。

10.1.2.4 诱因分析

感冒的发生是致病菌活动和传播、气象要素变化、人体免疫功能和自我防护的综合反映。婴幼儿免疫功能差,对气象要素变化的适应能力也差,容易受病菌侵袭和感染。但对婴幼儿的保护意识较强,户外活动较少,有利于避免天气变化的不利影响;儿童免疫功能比婴幼儿明显增强,但发育仍不完善,对病菌和天气变化的抵抗能力比较弱。同时儿童的户外活动增多,天气变化的影响增大;成人对病菌的抵抗力和对天气变化的适应能力较强,但成人户外活动较多,对天气变化常疏于防范,在天气突变时容易感染患病。

春季气温回升、病菌活性逐渐增强,使免疫力最差的婴幼儿和户外活动增多的儿童发病率增加。夏季气候炎热,婴幼儿和儿童对热环境的耐受性差,易出现感冒发烧症状;北方炎热季节时夜间气温仍然较低,睡眠中容易着凉感冒。秋季强冷空气活动增加,成人受天气变化影响较大,感冒发病率最高。冬季气候严寒气温低,强降温天气明显减少,成人和儿童感冒发病率显著下降,但婴幼儿对寒冷气候耐受能力差,室内活动容易受病菌交叉感染,发病率下降迟缓。

10.1.2.5 诱发感冒的机理

受凉之所以诱发感冒,是因为寒冷降低了呼吸道的抵抗力,冬、春季一般较干燥,干燥使血黏膜极易发生细小的皱裂,病毒易于侵入;当气温下降时,鼻腔局部温度降低到32℃左右,这温度适合病毒繁殖生长;受寒后,鼻腔局部血管收缩,一些抵抗病毒的免疫物质,特别是鼻腔内局部分泌的免疫球蛋白A,在降温后明显减少,为病毒入侵提供了有利条件,继而引起感冒发生。

10.1.3 急性支气管炎和肺炎

月发病率的变化特征及其与气象要素的关系

肺炎和支气管炎发病率冬季高、夏季低。儿童发病率冬季低于成人、春季有一显著上升期,且变化幅度较大。

成人发病率与气温变化呈相反趋势。月平均气温在0℃以上时为低发阶段,秋季日平均气下降到0℃以下后发病率迅速增加。支气管炎在气温最低的1月份发病率反而有所下降,与感冒发病率的变化有一定关系。春季气温回升后发病率持续下降。肺炎在1月发病率最高,随后发病率随气温升高呈下降趋势。4月到10月发病率呈平稳低发趋势。分析表明:成人肺炎和支气管炎发病率与日平均气温呈显著相关,其相关系数大于感冒2倍左右。与日变温关系不明显,但在0～－10℃之间明显降温使发病率增加,明显升温使发病率减少,与寒潮天气也没有类似感冒那种关系。

如图10.5所示，儿童肺炎和支气管炎发病率夏秋季节为低发期，入冬12月开始，发病率显著上升，1—4月为显著高发期，5月开始发病率显著下降。冬季高发期与寒冷天气的影响有关。春季高发期与感冒等呼吸系统疾病一样，与病毒繁殖传播和气候环境的共同影响有关。

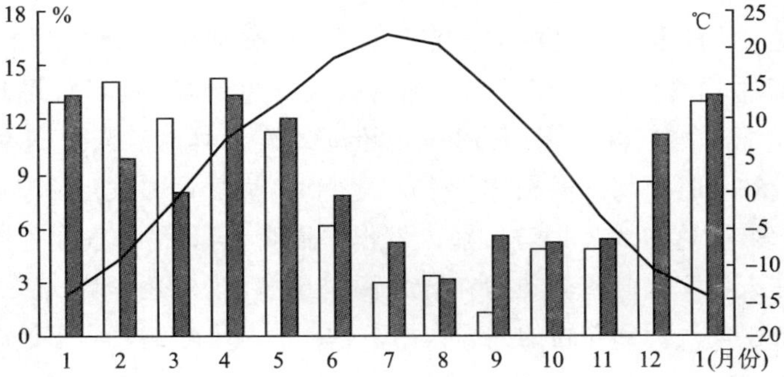

图10.5　儿童肺炎和支气管炎月发病率与平均气温

肺炎　支气管炎　平均气温

10.1.4　慢性支气管炎和支气管哮喘

寒冷是慢性支气管炎发作的重要原因，慢性支气管炎发病及急性加重常见于冬季寒冷季节，尤其是气温突然变化时，更容易发生。主要症状是咳嗽、咳痰、喘息。

10.1.4.1　气象要素在慢性支气管炎发病中的作用

慢性支气管是多在冬季复发，年平均气温低的地区，慢性支气管炎发病率高，反之发病率低；慢性支气管炎发病或复发与短期天气变化有明显关系。在天津市有强冷空气影响、气温明显降低，即气温日变化大或冷高压控制气温日较差大时，容易引起慢性支气管炎发病；在四川绵阳地区支气管炎病情加重多发生在气温变差大时。上述分析表明，冷空活动是造成慢性支气管炎病情加重或发生的主要诱因之一。

寒冷对支气管功能的影响。慢性支气管炎病人的体温调节功能较差，在冬季，气温下降10℃，正常人鼻黏膜温度比慢性支气管病人的鼻黏膜温度下降得少。另外，寒冷对呼吸道生理功能有明显的影响，当正常人吸入冷空气后，时间肺活量变化不大，但慢性支气管炎者吸入冷空气后时间肺活量会下降；在寒冷环境中，肺泡吞噬细菌的能力减低，这种变化使上呼吸道的细菌侵入下呼道的机会增加；寒冷可以引起气管的病理改变，根据痰液检查，降温后慢性支气管炎患者痰内变性纤毛柱状上皮细胞大幅度增加，说明降温使支气管黏膜损伤加重，从而使黏膜纤毛柱状上皮细胞大幅度地脱落。

10.1.4.2 支气管哮喘

支气管哮喘是发作性的肺部过敏性疾病，细支气管平滑肌痉挛并伴有不同程度的黏膜水肿，腺体分泌亢进是导致病人胸闷、气急、哮鸣及咯痰等症状的因素。支气管哮喘多发生在春、秋两季。支气管哮喘与日平均气温有明显的关系，在春夏之交，日平均气温在15～25℃之间时，哮喘病人随日平均气温的升高而增加，当日平均气温达到21℃时，哮喘病人发生的最多，当日平均气温超过21℃后，随着日平均气温升高而减少，当超过25℃后哮喘病人发病率趋于零；当由夏季进入秋季，日平均气温在25～15℃之间时，哮喘病人发生率随日平均气温的下降而增多，当达到21℃时哮喘病人发作率最高，当日平均气温下降超过21℃后，哮喘发作人数又趋向零。花粉在春秋两季最多，花粉是哮喘病人发作的过敏原，因此在日平均气温和花粉的共同作用下，春、秋两季哮喘发病率最高。

10.1.5 SARS发病与气象条件的可能关系

2003年春季在我国广东、北京、河北、山西、内蒙古等地相继爆发了SARS传染病，给人民的健康和生命带来极大的危害。传统医学和现代流行病学都认为，传染病的发生、蔓延均和气象条件密切相关。

表10.1 气象要素与SARS发病人数的相关系数 R

气象要素	T_{max}	T_{min}	Dt_{min}	Dt_{max}	$T_{max}-T_{min}$	PM_{10}
前8天	−0.35797	−0.54427	−0.46808	−0.40078	0.167386	−0.10224
前7天	−0.3771	−0.60643	0.303756	0.165911	0.184052	0.164064
前6天	−0.20058	−0.44171	−0.33101	−0.25883	0.264604	0.276592
前5天	−0.16124	−0.46622	0.303183	0.387535	0.270278	0.596619
前4天	0.043685	−0.24721	−0.19347	−0.07682	0.264171	0.622059
前3天	0.013396	−0.29016	0.076819	0.066721	0.330002	0.641753
前2天	0.12678	−0.19258	0.010157	−0.07314	0.262858	0.428961
前1天	0.109927	−0.14778	0.335326	0.216197	0.262753	0.401513

注：$R>0.367$，$P<0.05$；$R>0.430$，$P<0.01$

T_{max}，T_{min}，Dt_{min}，Dt_{max}，$T_{max}-T_{min}$，PM_{10}分别为最高气温、最低气温、最低气温的24 h变量、最高气温的24 h变量、日较差和可吸入颗粒物。

据专家的分析表明，引起SARS发病的冠状病毒可在空气中存活数小时。因此，大气中的各种气象条件对病毒的存活、传播和致病性有很大的影响。

从一般概念来说，风速大的区域空气流动快，有利于空气中病毒浓度的稀释，不利于这种传染病的爆发。

据专家研究，气温和湿度与病毒有明显的关系，当气温在15～25℃范围内，大气中病毒的传染力及其持久性没有明显的差别，而当相对湿度较高时，大气中病毒的传染力较大，但持久性比相对湿度低时要短。

10.2　血循环系统的气象病

10.2.1　心脑血管疾病

心脑血管疾病主要包括脑梗塞、脑出血、冠心病(包括心肌梗死、心绞痛、供血不足)等。病患者多以中老年为主，年龄一般大于40岁，其中40～59岁的患者占14.5%，60岁及以上的患者83.3%。

10.2.1.1　心脑血管疾病复发与气象条件的关系

研究表明，心脑血管疾病的复发、加重与气象条件有明显的关系，76%的患者疾病复发、加重与季节和天气变化有关，其余的主要与劳累、情绪等因素相关。气象条件对疾病复发、加重在不同的季节和天气条件对患者的影响程度不同，在同一天气条件下，对不同性别的患者影响也不同。

(1)与季节的关系，不同的季节导致疾病复发和加重的原因不同，患者的确认程度也有差异。大约71.4%患者春、秋和冬季容易导致疾病复发加重，其主要致病因素是，强降温和寒冷天气。医生的临床经验证实，每年11月到次年2月是一个显著的高发期；21%的患者夏季易导致疾病复发加重，主要致病因素是闷热和阴雨天气。可见冬半年发病率远高于夏半年，表明冬半年的气象条件对病人更不利。

(2)与天气的关系，在各种天气条件中，以气压低、高温闷热的影响最为显著，其中女性达90%以上，男性也超过70%；其次是阴天和降温天气，达60%左右。晴好天气和感觉温暖、适宜、爽朗的天气最不易发病。

(3)季节和天气对不同性别患者的影响。同样的季节和天气条件对不同性别患者的影响是有差别的。从季节的影响来看，冬季寒潮寒冷影响男性患者的比例大，其次为春季。而女性患者春季受影响的最多，其次为冬季。从天气的影响来看，女性患者对闷热天气影响的比男性高出20多个百分点。对于雨雪天气、寒冷和降温等天气影响，男性明显高于女性。说明女性患者对闷热天气更为敏感，而男性患者对雨雪和寒冷低温天气较为敏感。

气候和天气特点对统计结果的影响。国外的一些研究表明，在具有不同气候和天气变化特点的地区，即使是对同一类疾病，产生影响的主要气象条件也是有差异的。例如，同样是研究心肌梗死患者，有的研究认为主要与冷锋有关(德国)，有的则认为主要与暖锋有关(美国)。而另外一些研究表明：在美国北方温带地区，秋冬季节心肌梗死发病最多，而在夏季特别炎热的得克萨斯州，心肌梗死在7—8月份发病最多。

10.2.1.2　气象要素影响心脑血管疾病的机理

流行病学研究和我国1979—1980年及1992年的抽样普查表明，高血压及冠心病的发病率北方明显高于南方。

(1)高温

正常人体温一般恒定在36.5℃左右。这是在体温调节中枢控制下，产热和散热平衡的结果。人体产热主要来自体内氧化代谢过程中产生的基础热量，在散热方面，人体散热在通常室温(15～25℃)下主要依靠辐射(60%)，其次为蒸发(25%)和对流(12%)，少量传导(3%)。当环境温度达到30℃左右时，便开始发汗，超过皮肤温度时，人体散热只能靠出汗以及皮肤和肺泡表面的蒸发。由于散热的需要，皮肤血管扩张，血液重新分配，同时心脏排出量增加，结果心脏负荷加重，最终导致心功能减弱，心排血量降低。另一方面由于高温下出汗是主要的散热途径，大量出汗时伴有盐的丢失，导致电解质紊乱和酸碱平衡失调而出现心律失常；丢失水分过多可引起循环障碍。特别是患有心脑血管疾病的老年人，在夏季持续高温时易发生周围循环衰竭；紫绀、脉搏加快、脉压增宽、血压下降、可有心律失常，严重者可出现心力衰竭和脑水肿。心电图可见各种心律失常和ST段低压、T波改变等不同程度的心肌损害。血压下降会使脑血流量锐减，脑细胞代谢障碍，使缺血性脑血管病的发病率显著增加。

(2)明显降温

由于气温的影响可使血压在冬季要比夏季高12/6 mmHg。有证据表明，气温每降低1℃，收缩压升高1.3 mmHg，舒张压升高0.6 mmHg。这是因为气温下降时，人体内的肾上腺素水平上升，体表血管收缩以减少热量的散发，同时肾上腺素使心律加快，心输出量增加，导致血压升高。因此高血压患者常因寒冷刺激导致血压急剧上升而发生脑卒中。另一方面，气温不稳定(转冷或转暖)气压变化大时，气压的锋面可使人体血管的舒缩难以适应而导致中风发作。再者，寒冷刺激可使副交感神经兴奋，可诱发冠状动脉痉挛而导致急性冠状动脉供血不足甚至心肌梗死。

10.2.1.3　高血压

高血压是一种最常见的心血管病，它可引起血管、脑、心、肾等重要器官的病变，并可发生高血压危象及高血压脑病严重并发症，危及人的生命。国外许多学者对高压血与气象关系进行了研究，指出了气象要素的变化对高血压的发生、发展有较大的影响。

(1)气象要素变化对高血压病的影响

高血压发病率与月气温变化有密切关系，高血压病主要发生在春季3—4

月和秋季 10—11 月两个季节。气温月际变化与高血压发病率成正相关，当 3 月历年本月平均气温减去上月（2 月）平均气温，其值为正距平，并大于 3℃时，则 3 月份高血压病人将超常发生，4 月，10 月，11 月也用类似方法去判断，作出了高血压病的月预报。

高血压病与短期天气的变化也有较密切的关系，据研究，在气压下降达到气压谷（最低值）、气温上升到峰值（最大值）时发病入院患者最多，约占发病率的 53.6%；在气压达到低谷后急速上升，气温达到峰值后急速下降时发病人数也较多，占第二位，为 33.9%，上述两种天气形势发病率之和，占高血压发病数的 87.5%，由此看出，在春、秋两季高血压病人主要发生在强冷空气来临之前的低气压暖气团控制至强冷空气（冷气团）冷锋通过时气压上升、温度下降为止这一时段内。即在气温、气压变化幅度较大的日期里高血压病人发病率很高。这说明高血压病与气温、气压气象要素的急剧变化有显著关系。

(2)气象因子引起高血压病的机理

高血压病一般认为是在外界及内在不良刺激下，使大脑皮质功能障碍，引起高级神经中枢功能失调，使全身细小动脉痉挛，心脏排血量增加，血容量增加而引起血压升高，长期反复发生，就变成了高血压病。当强冷空气来临时，气温高、气压低，当冷锋通过后，气压迅速升高，气温骤降，急剧的冷暖变化，使肾上腺髓质释放的肾上腺素、去甲腺素到血液中去的数量激剧增加，可达正常分泌量的 100 倍；另外气温激剧下降，可使交感神经兴奋，也使肾上腺髓质分泌的肾上腺素增加。肾上腺素的增加可提高心脏排血量，甲肾上腺素的增加可使细小动脉痉挛，因而使血压上升，因此天气冷暖变化可以诱发高血压病复发或发生。

需要指出的是高血压病人，首先要注意防寒，寒冷天气高血压病发病率高，并使心血管患者死亡率增加，因为寒冷刺激易使高血压病患者并发高血压危及高血压脑病不良并发症，危及患者的生命。脑出血（脑溢血）多发生在寒冷季节，特别是天气转变时，如阴天、暴风雪等，气温急剧下降，气压变动较大时。这里还要指出，在冬季高血压患者不仅与气压、气温的变化幅度有关，而且还与该要素的波动有关，具体表现为当 24 h 变压超过＋5 hPa、24 h 变温≤5℃和 24 h 变压变温出现波动即正负交替出现时，对高血压患者不利。另外，一日内日较差过大即≥14℃时，对高血压患者也是不利；夏季高血压病人主要与气压的波动和相对湿度关系较为密切，具体表现为 24 h 变压正负值交替出现，日平均相对湿度≥90%时，发病率明显增加。

10.2.1.4　冠心病

冠心病是指冠状动脉发生粥样硬化，使血管腔变狭窄，当冠状动脉的一支因血栓形成而被堵塞后，即为心肌梗死。由于该动脉供血不足，心肌缺少营养供应，则出现剧烈的心绞痛、休克和心律不齐等。

(1)引起心肌梗死发作的天气

急性心肌梗死有明显的高峰期,河北省有两个高峰期,分别为11月—次年1月,3—4月。它的发病高峰与冷空气活动极为密切,当有强冷空影响,气温骤降,气压上升,湿度下降时,尤其是气温突降时,心肌梗死病人剧增。在冬季当24 h正负变压≥5 hPa、24 h变温≤−5℃和温度日较差≥14℃时,发病率较高;在夏季当最低气温高于20℃、或24 h变温小于−4℃时,冠心病人易发病。这反映了气温过高和降温明显时,对冠心病人均有影响;气压的影响表现为24 h为负变压且≤−4 hPa,说明有低压系统影响;日平均相对湿度>70%时,发病率也增加。

美国人研究指出夏季最高气温大于37℃,也易出现心肌梗死。

(2)寒冷及炎热诱发心肌梗死的机制

寒冷刺激可使副交感神经兴奋,使冠状血管收缩,心跳减慢,血管阻力增加,血压升高,心肌缺氧等等;寒冷刺激还可以使儿茶酚胺分泌增加,这易使血小板集聚而形成血栓;另外,实验还证明寒冷可导致冠状动脉痉挛。上述三个机理说明寒冷可以引起心绞痛(心肌梗死)。炎热使周围血管舒张,心跳加快,也可引起冠状动脉痉挛,因此也可引起心肌梗死。日本的桑原医生对25名陈旧性心肌梗塞病人在15℃、25℃、35℃环境下做了运动负荷试验,结果表明,在低温低湿,高温高湿的条件下最易诱发心肌梗死。

10.2.1.5 脑中风

脑中风通常分为脑溢血和脑梗塞,是世界上造成死亡的主要疾病之一,根据1990年中国卫生年鉴提供的资料表明,脑血管疾病死亡率占总死亡率的15.53%～20.94%,每年脑血管疾病死亡人数有百万以上。

气象要素的变化是导致脑血管疾病发生或加重的重要因素之一,经研究表明冬半年气温、气压等气象要素的急剧变化对脑血管病有显著影响,当出现24 h变压≥5 hPa、24 h变温≤−5℃和日较差≥14℃时的较大幅度的气压升高、气温下降和日较差较大时,对该病不利。脑中风发病率与前期1个月的相对湿度、风速、降水量没有相关关系,与气压呈明显的正相关,与气温呈明显的负相关,可见气压上升、气温骤降的冷空气天气过程可导致脑中风急剧增加;夏季该病主要与日最高气温及其变化、最低气温、日平均气温及其变化和日平均气压的波动有关。当气温高即日最高气温达30℃以上、最低气温达22℃以上、日平均气温≥24℃,对脑血管病的影响很大。另外气温及气压的大幅度波动时,对该病也极为不利。北京地区脑中风的发病率具有明显的季节变化,隆冬、初春发病率最高,夏季发病率低,高峰和低谷分别出现在1月和7月,其中2月、3月、10月发病率也较高;脑中风的发病率与年龄有明显的关系,45—74岁年龄段的人群发病率是45岁以下人群的发病率的2.5倍。

气象条件引起脑中风疾病的机理是，春、秋和冬季冷空气活动(冷锋过境或过境以后)可使副交感神经兴奋，引起血管收缩及血管平滑肌亢进(痉挛)，血管阻力增加，血压升高，同时儿茶分胺分泌增加，易使血小板聚集形成血栓，从而易引起脑中风；夏季持续高温，当有天气影响时，气温、气压出现大幅度下降，同理也可以引起副交感神经兴奋，从而也像冬季一样引起脑中风。

10.3　消化系统的气象疾病

消化系统疾病是一类常见多发性疾病，主要包括胃炎、胃肠炎、病毒性及细菌性肠炎、痢疾、上消化道出血、消化性溃疡等消化系统疾病。消化系统多数疾病具有显著的季节性多发特征，其中肠炎、痢疾的季节多发趋势最显著。

10.3.1　消化系统气象疾病的确定

消化系统气象疾病的确定和分类采用统计分析与医学原理分析相结合的方法。通过统计分析疾病与季节、要素和天气变化的关系，判断其是否受气象条件影响，再结合医学原理确定。

表10.1给出了几种发病率资料序列的游程检验分析结果，其中，逐月发病率和要素发病率主要反映疾病与气候变化的关系；要素日变化和要素组合发病率反映了天气变化的影响；表中通过显著性检验的要素项对疾病有明显影响，未通过显著性检验的要素项与疾病关系不大。

急性胃炎和肠炎痢疾的逐月发病率分别通过了置信度为0.1和0.05的检验，表现为显著的非随机特性，结合其发病率的逐月分布特点可以看出，其发病率季节变化特征较显著，尤其是肠炎痢疾具有显著的夏季高发趋势。上消化道出血和消化性溃疡未通过显著性检验，其逐月发病日数具有随机分布特征，与季节变化关系不明显。

表10.2　消化系统疾病月分布和要素分级发病率的游程检验结果统计表(显著性)

疾病\序列份	月分布	平均气温	相对湿度	平均气压	前二天平均气温	日变温
急性胃炎	0.10	—	0.05	0.05	—	—
肠炎痢疾	0.05	0.01	0.10	0.01	0.01	0.01
慢性胃炎	—	—	—	—	0.10	0.05
消化性溃疡	—	—	—	—	0.05	0.05
上消化道出血	—	—	—	—	—	—

注：表中数字为置显著性，标注“—”的项目未通过显著性检验

要素分级发病率的检验和分析表明：胃炎与平均气压和相对湿度变化关系较密切，肠炎痢疾与日平均气温、气压、变温和相对湿度等多种气象要素都有显

著关系，慢性胃炎和消化性溃疡与前期的温度和日变温的关系较明显，而上消化道出血与所有的气象要都没有明显的关系。

由上述分析可以看出，肠炎、痢疾和胃炎、胃肠炎既与季节变化有关，又受短期天气变化的影响，具有显著的气象病特征；消化性溃疡与天气变化关系较密切，也是气象病；上消化道出血是一种症状，可由多种疾病引发，它与季节和要素变化没有显著的关系，不具有气象病特征。

10.3.2 肠道病

肠道疾病一般是由细菌或病毒引起的，它们与气象条件有明显的关系，与年龄、季节有关。春季(3—5 月)空气温度逐渐回升，空气湿度逐渐增大，当 5 月日平均气温超过 15.1℃时，肠炎痢疾由低潮开始逐渐增多；夏季(6—8 月)为盛行期，气温全年平均最高，由于降水增加，空气湿度平均达峰值，特别是 7 月的日平均气温≥23.1℃时，肠炎痢疾达高峰期；秋季(9—11 月)，从 9 月开始，气温降低及空气湿度逐渐下降，当 9 月的日平均气温≤15.0℃时开始渐渐减少，当 11 月平均气温≤－4.6℃时出现低谷；冬季(12—2 月)相对较少发生。一般肠道细菌感染主要集中在幼儿和老人之中(如表 10.3)，约占 82.3％，10 岁以下的幼儿特别多，占 69％；肠道病毒感染的年龄分布特点正好相反(如表 10.4)，最多年龄段为青壮年，占 65.7％，10 岁以下的年龄段较少。

表 10.3 苏州肠道细菌感染病例年龄统计表

年龄(岁)	≤10	11～20	21～49	≥50	合计
住院次数	119	13	18	23	173
％	69.0	7.5	10.4	13.3	100

表 10.4 苏州肠道病毒感染病例年龄统计表

年龄(岁)	≤10	11～20	21～49	≥50	合计
住院次数	1	8	67	26	102
％	1.0	7.8	65.7	25.5	100

季节与天气变化虽不是引起传染病的直接原因，但病原体和其媒介生物的生长繁殖、传播及机体抵抗力均受四季气象要素的影响。我国中医对某些疾病诊断，如春温、暑温、秋燥、伏暑、疰夏、痢疾等以时令气候特点为诊断依据，不少疾病发病时间及病情轻重，都与气象条件有关。

肠道传染病与温度日较差有关，如表 10.5 所示，温度日较差为 6.1～8.0℃时最易发病，其次在 4.1～6.0℃及 8.1～10.0℃也易发生，温差在 4℃以下的极少发生。

表 10.5　温度对肠道传染病的影响　（℃）

温度日较差	2.0～4.0	4.1～6.0	6.1～8.0	8.1～10.0	10.0	合计
住院次数	15	31	70	31	22	169
%	3.9	18.3	41.4	18.3	13.1	100

肠道传染病与最小相对湿度关系较好，因为最小相对湿度更能反映出这类病例与湿度变化的关系，最小相对湿度可以说明一天中湿度都在这个最小值以上，持续高湿天气，病原体也易繁殖、传播，越易发生肠道感染病。统计结果如表 10.6 所示，最小相对湿度 45％以上，持续高温高湿天气，发病住院数明显增加，占总病例数的 76.4％。

表 10.6　湿度统计分析

最小相对湿度（％）	＜45	≥45
住院次数	40	129
%	23.6	76.4

肠道传染病与气压也有一定的关系，在肠道感染病例集中的 5—11 月，统计气压与肠道病的关系得知，平均气压小于 1015 hPa 时，肠道病住院人数占 97.3％，小于 1010 hPa 病例占总数的 52％。可见低气压有利于肠道病发生。综上分析，高温高湿低气压天气易发生肠道传染病，冷热变化大，也易发生肠道疾病。

10.3.3　胃溃疡病

胃溃疡病的病因比较复杂，至今还未完全研究清楚。从目前的研究成果看，一般认为是酸性胃液对胃黏膜的“自我消化”形成的溃疡。

10.3.3.1　发病机制

胃黏液屏障功能减弱在胃溃疡发病中起着重要作用。胃溃疡患者通常有迷走神经兴奋性降低，以致幽门括约肌松弛，十二指肠内的胆汁、胰液等消化液得以返流入胃窦部，可破坏胃的黏液层，并损伤胃黏膜上皮，尤其是胆汁能将上皮细胞膜的脂蛋白消化，损伤细胞间的紧密连接，使胃腔内胃酸的 H^+ 得以逆向弥散到黏膜中，破坏毛细血管，造成出血和渗出，并破坏黏膜组织，造成黏膜缺损，进而促使溃疡发生。此外，迷走神经兴奋性降低，还使胃蠕动减弱、食物长时间滞留在胃内，不仅容易损伤胃粘膜，而且刺激胃窦部的胃泌素细胞（G 细胞），使胃泌素分泌增加，胃泌素能刺激壁细胞和主细胞，使胃酸和胃蛋白酶分泌增加，促进胃黏膜的溃疡形成及持续存在。

10.3.3.2　气象条件对胃溃疡病的影响

高温或高温高湿天气对胃的功能有明显的影响。在夏季温度超过 35℃，尤其是伴有相对湿度大于60%时，人体的大脑皮质功能出现紊乱，丘脑下中枢兴奋灶形成，迷走神经(副交感神经)兴奋性降低，这时对胃有两个方面的影响，一是使胃的蠕动减慢。在正常情况下胃的蠕动每分钟约20次，由于高温高湿的影响，胃的蠕动次数可减少到每分钟1次，使食物长时间滞留在胃中，胃必素和HCl分泌增加，从而使胃黏膜屏障被破坏，形成胃溃疡；二是幽门括约肌松弛，十二指肠内酸性食物返流，使胃黏膜屏障被破坏，造成胃溃疡。

10.3.4　十二指肠溃疡病

十二指肠溃疡病的病因与胃溃疡病一样，至今还未完全研究清楚。也认为是酸性胃液对肠黏膜的“自我消化”形成的溃疡。

10.3.4.1　发病机制

胃酸持续增高是十二指肠溃疡发生的重要因素。患者胃酸最大分泌值和空腹胃酸均比正常增高。与胃溃疡不同，患者通常有迷走神经功能亢进，迷走神经传出纤维释放乙酰胆碱，使G细胞分泌胃泌素增加，胃酸分泌增多，因此在空腹时也经常有胃酸分泌的增加。另外，由于迷走神经兴奋性增高，又使胃内容物排空加快，过酸的胃内容物进入十二指肠，容易损伤黏膜而造成溃疡。

10.3.4.2　气象条件对十二指肠溃疡病的影响

强冷空气，尤其是寒潮天气对胃和十二指肠的功能有明显的影响。频繁的冷空气使人体的大脑皮质功能出现紊乱，丘脑下中枢兴奋灶形成，迷走神经(副交感神经)兴奋性升高，这时对十二指肠有三个方面的影响，一是使胃的蠕动加速。每分钟胃的蠕动次数可达到40次以上，使食物在胃中迅速排空，过酸的食物，使十二指肠黏膜屏障被破坏，形成十二指肠溃疡；二是胃必素和HCl分泌增加，过量的胃酸，使十二指肠黏膜屏障被破坏，也形成十二指肠溃疡；三是使脑垂体功能亢进，导致肾上腺皮质激素分泌增多，进而也使胃必素和HCl分泌增加，过量的胃酸，使十二指肠黏膜屏障被破坏，也形成十二指肠溃疡。

10.4　运动系统及感觉器的气象疾病

10.4.1　运动系统的气象疾病

运动系统的气象疾病主要包括：关节炎、类风湿性关节炎、颈椎病、肩周炎、风湿性心脏病、结核性风湿病等。此类疾病主要发生在40岁以上的中、老年人，其中老年人的比例多于中年人。一年四季均可发病，但春、秋发病的比例更多。疾病一天中随时可发病，但下午或晚上发病较多。

10.4.1.1　疾病与气象条件的关系

研究分析表明，疾病发生与气象条件有密切的关系。雨(雪)天或雨(雪)天前一、二天发病(包括复发、加重、下同)，雨(雪)天气结束后病情就减轻或消失，好天气时不易发病。这种情况占总发病数的 95％以上，并且当有暴风雨时 90％病人疼痛加剧；空气湿度大的时候易发病，空气湿度小的时候不易发病，如图 10.6 所示。当日最高相对湿度＞70％时，发病人数剧增；90％病例在大气气压低或气压下降的时候易发病，而大气气压高或气压升高时不易发病；80％以上的病人当气温突然下降时易发病，否则不易发病；70％以上病例在地面位于降水天气系统或高空槽前时易发病，否则不易发病。上述疾病与气象条件的关系其物理意义是很清楚的。高湿度、降温、气压偏低或气压下降、雨(雪)等气象条件均对人体皮肤周围的温度、湿度分布，血管收缩扩张以及人体的植物神经系统产生不良的影响，可诱发该系统疾病或使病情复发或加重。

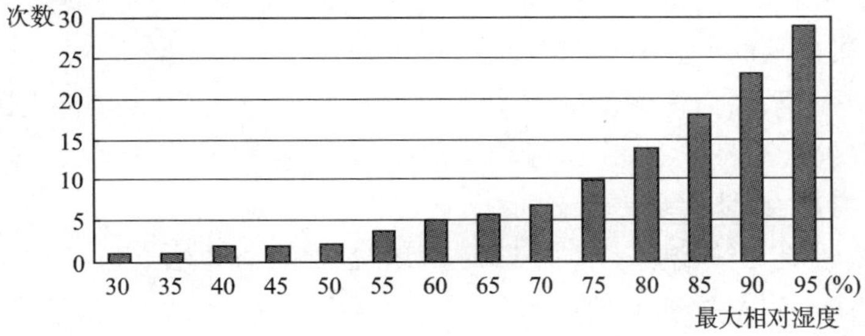

图 10.6　最大相对湿度与发病次数关系曲线

10.4.1.2　关节炎

关节炎的病因很多，如风湿性关节炎、类风湿性关节炎、肥大性关节炎等等，不同的关节炎都有其特异的症状与体征，但它们有一个共同的症状——关节痛。研究气象对关节炎的影响，实际上就是了解气象要素与关节痛之间的关系。关节病的发作与天气变化有关，疼痛与锋面通过时的关系最密切，冷锋、暖锋、锢囚锋都有影响，但不同的病人疼痛发作的时间并不一致。

有人观察一组关节痛病人，发现有如下规律：外伤性关节炎、痛风与天气变化关系不大；其他关节炎当有暴风雨时，90％病人疼痛加剧，晴天则疼痛可减轻，在气压下降时，72％病人疼痛加剧，而且大部分人症状的波动与气压曲线平行。

天气变化诱发关节痛的机理较复杂，一般认为关节炎病人温度调节机制较健康人差，病人同健康人一起进入冷环境或进入暖环境，可以发现，病人皮肤温度均比健康人下降或上升的皮肤温度滞后,但病人关节温度下降最多,使关节滑膜黏度增加,进而关节活动增加了阻力,出现疼痛。另外,植物神经也起一定作用,当外界气温由30℃降至15℃时,正常人无明显反应,而风湿性关节痛病人可感疼痛,这说明风湿性关节炎病人周围血管收缩扩张反应不正常,因此,在天气变化,尤其是活跃的冷锋伴有强烈的风经过时可有严重的关节痛。

10.4.2 感觉器的气象疾病

10.4.2.1 冻伤

当环境气温降低到－4℃以下时,由于人体未充分采取保暖措施,致使机体产热低于散热量,导致出现热的负平衡,时间过久就会使机体受到损伤,全身性损伤叫做冻僵,局部性称为冻伤。

(1)寒冷对人体生物效应的影响

当寒冷使人体出现热的负平衡时,就会使人产生一系列的生物效应,依据体温下降的不同程度,可将人体对寒冷的生物反应划分为三个阶段,分别是兴奋增强期、兴奋减弱期、完全麻痹期。

兴奋增强期,当人体体温降到34℃时,内外感受器发放大量传入冲动,使中枢神经系统处于兴奋状态,甲状腺功能活跃,肾上腺皮质功能增强,新陈代谢加快,产热量增加,人体出现寒颤。

兴奋减弱期,当体温进一步下降时,人的各种兴奋开始下降,当体温在31℃时,人体对痛觉刺激的感觉性已消失。当体温降到26～27℃时,原来加强的代谢功能下降,此时已无寒颤,而出现了肌强直、呼吸、心率减慢。

完全麻痹期,当体温降至20℃时,出现类似昏迷的情况,呼吸运动十分微弱,血压剧降,脉搏微弱、反射消失,如不及时救治即会死亡。

(2)冻伤的病理机制

通常环境气温在－10～－20℃以下才能引起冻伤。当机体局部温度下降至组织冰点(－4～－5℃)以下时,组织会发生反应。机制分两种:一种是由于血液循环障碍引起的,即受冻后,血流速度减慢,血液黏滞性增加,血管内膜出现炎症,此时在小血管内形成微小血栓,造成局部循环障碍,发生冻伤。另一种是寒冷直接作用于组织细胞,即寒冷使局部组织冻结,细胞外液中有细小冰晶形成,造成细胞外高渗压,使细胞内水分向外移动,造成细胞内液浓缩,电解质浓度升高,尿素增多,进而造成细胞损伤。当温度再度降低时,在细胞外间隙形成晶核,再度下降时,细胞内形成冰晶,冰晶直接作用于细胞膜会使之破溃,形成冻伤。

10.4.2.2　雪盲

雪盲(snow blindness),指在雪季雪面反射日光中大量的紫外线,对眼角膜和结膜产生紫外线性损伤,所发生的高原紫外线性角结膜炎。

高原地区紫外线较海平面地区强烈,一般海拔高度每升高 1 km,紫外线的强度可增加 6%左右,尤其是短波紫外线在高原地区才可以到达地面。短波紫外线大部分可以被眼角膜吸收,使眼角膜受到伤害,一般认为波长为 280 nm 的紫外线对角膜的损伤最强。

雪盲的病理变化,高原雪地大量的紫外线,使眼角膜上皮层水肿,细胞核内出现嗜伊红颗粒,角膜实质层内的细胞核出现破碎,原浆发生粒性病变。角膜周围组织发生充血,并有多形核粒细胞浸润和嗜伊红细胞浸润。损伤严重者可发生蛋白质变性,角膜混浊和新生血管侵入等。

雪盲的症状,症状的轻重与被紫外线照射的时间和剂量成正比。主要症状为双眼磨痛,异物感、流泪、畏光,严重者可有虹视,视物模糊。眼睑皮肤可有红斑、水肿和水泡,甚至还出现血点,有眼睑痉挛。球结膜充血,并有小的出血点,角膜表面有小的片状上皮剥脱,瞳孔缩小。

10.4.2.3　日光性皮炎

日光性皮炎在医学上是指人的皮肤经强日光照射后引起的急性红斑水疱性皮肤炎症,又称日晒伤,主要是由日光中波长 290～320 nm 的中波紫外线照射过度引起的急性炎症反应,多见于夏初季节,患者以成人居多。发病情况可因日光强度、曝晒时间及范围大小而不同。它的临床表现为:日晒后数小时或更长时间暴露部位的皮肤出现弥漫性红斑,境界鲜明,重者可出现肿胀,甚至发生水疱或大疱,疱壁紧张,内容为淡黄色浆液,有灼痛或刺痛感,衣着摩擦时常引起灼痛,可伴有发热,心悸、恶心、呕吐等全身症状,轻者红斑可于 1～2 d 逐渐消退,遗留浅表屑和色素沉着,重者水疱破裂,显露糜烂和结痂,需一周左右可恢复。

日照、气温与日光性皮炎密不可分,气温越高,日照时间越长,感觉症状加重;除上述两项要素外,云量和温度条件也对日光性皮炎有较大影响,阴天或云较多时,皮肤感觉舒适,即使前一天发病,当天也会感觉症状减轻;风的变化也有影响,风稍大的时候,有一定程度的减轻。经统计分析得知,相对湿度和太阳辐射成反比关系;最高气温和太阳辐射成正比关系,随着太阳辐射加大,最高气温逐渐升高。

10.4.2.4　花粉过敏性皮炎

花粉是高等植物雄性花所产生的生殖细胞,花粉粒外观如粉末,在显微镜下形态各异，由于它是致敏物质，使很多人饱受折磨。花粉过敏性皮炎是指皮肤或黏膜接触或系统吸收花粉后产生的过敏性反应。花粉过敏性皮炎的发病原理是：外源性或内源性过敏原刺激机体产生一种相应的免疫球蛋白 E 抗体(IDE)，IDE 吸附于血管周围的肥大细胞和血液中嗜碱性粒细胞的表面上，此时机体处于致病状态，处于致病状态的机体再次接触与第一次相同的过敏原时，过敏原与吸附在肥大细胞和血液中嗜碱性粒细胞表面上的 IDE 结合，激活这些细胞内的酶，释放出一系列生物活性物质，如组织胺、缓慢反应物质等，这些物质的释放使机体出现过敏反应症状。

花粉过敏性皮炎受天气变化的影响，在阴雨天气里感觉症状减轻或不明显。病症一般上午感觉很不舒服，午后次之。花粉过敏性皮肤病多发生在春秋季，在夏季也有少量发生，花粉过敏性皮炎与风速成正相关，与湿度成反相关。发病人群也有区别，儿童占花粉过敏性皮肤病患者近三分之一。

花粉浓度每日出现两个高峰，分别在 08 时和傍晚日落时，其中 08 时最大，日落次大。天气的变化影响花粉的浓度，其中，风对花粉粒子起着输送和传播的作用，由于风的传播和输送使风媒花粉飘散在空气中，使得空气中的花粉浓度增高；同时，大气中的相对湿度对花粉的浓度影响较大。在阴雨天气里花粉过敏性皮炎患者不敏感，是由于阴雨天气里皮肤基本感受不到日光的照射，而且在阴雨天气里由于空气中的水汽含量高，花粉粒子吸湿，比重加大，花粉粒子在空气中形成气溶胶，雨滴与气溶胶相互碰撞产生凝结，空气中的花粉粒子减少，花粉浓度降低，与皮肤的接触几率减少。降雨能清除大气中的花粉颗粒，使大气变得更为洁净。由于夏季的相对湿度大，降雨日数较多，且花以虫媒花居多，所以花粉过敏性皮炎患者并不敏感。由于春秋季天气风大、干燥，有利于花粉颗粒的传播与扩散，所以此季节是花粉过敏性皮炎的多发期。

10.4.2.5 皮肤干裂症

医学上的皮肤皲裂主要指的是手足部皮肤的干燥和开裂，尤其是掌跖部角质层较厚，无皮脂腺，秋冬季汗腺分泌较少，缺乏皮脂滋润，皮肤容易干燥。由于物理性或真菌感染等使角质层增厚、皮肤弹性及韧性降低，若局部活动或牵引力较大时，可引起皮肤开裂，常见于成人及老年人，儿童少见。它的临床表现为手足部位皮肤粗糙增厚，继而发生裂隙，多顺皮纹方向，一般为 2—3 mm，重者更长，常见于指尖指屈面、手掌、足跟、足跖外侧等角质层较厚和经常受到摩擦和牵引的部位。根据裂隙深浅程度分为三度，轻度症状仅达表皮，但无出血、疼痛症状；稍重症由表皮深入真皮，可有轻度刺痛但不引起出血；重症裂隙由表皮深入真皮和皮下组织，引起出血和疼痛。

皮肤干裂症主要发生秋冬季节，风大的时候使症状加重，阴雨天气皮肤感觉舒适，即使前一天发病，当天也会感觉症状减轻。统计表明皮肤干裂症与风速成反比，与湿度成正比。

10.4.2.6　白内障

白内障是常见的致盲性眼病，经多年的研究已查清了白内障的发病机理。它是多种因素作用的结果，其中紫外线是主要的成因。晶体含蛋白量为 33%，其结构是由晶体蛋白与不可溶性蛋白组成。

长波紫外线(300～400 nm)可造成晶体蛋白的变化，使晶体上皮细胞发生病理改变。几乎所有大于 300 nm 的紫外线，均能穿过正常人的角膜与房水，使晶体比其他的眼组织更能吸收长波紫外线。正常情况下，虽然只有少量的阳光射线进入眼内，但晶体长期遭受紫外线照射后，可产生积累性的光化学反应，光化学反应激发自由基，使色氨酸和其他芳香族氨基酸转化为光氧化产物，即带色的莹光化合物。当莹光化合物与蛋白质结合转化为不可溶的蛋白，并进一步氧化。随着年龄的增长，紫外线产生的莹光色基在角膜内积蓄，老年人的晶体内紫外线所产生的莹光显色团数目和浓度均有所增加，照到晶体的紫外线几乎全部被游离分散的小分子和蛋白芳香族基吸收，使色氨酸等转化为氧化产物，这样就会产生长期累积性光化学损伤，最终将导致晶体核棕褐色的改变，形成核性白内障。

10.5　神经系统疾病

在神经病患者中，精神分裂症类约占总病例的 68.5%，为天气因素的主要病症；精神障碍类占 12.5%，其中人为因素(因病、酒精、药物、吸毒、情感)的占精神障碍的 64%；其他症状类(躁动症、焦虑症、忧郁症、臆症)等占 17%。

精神病是一种诱因多种、病发时间难测，知、行、意不协调，久病不愈、愈后易复发的渐进性神经系统出现的障碍性疾病。精神病类的诱发因素很多，除与自然环境外，还与人文生活、遗传基因、意外伤害等有一定的关系，同时其发病具有很大的隐蔽性，不能及时就诊，使诱发因素和时间很难把握。

如图 10.7 所示，全年主要发病时段为 3—8 月，平均比其他月份高出 24%，发病最高的月份为 4 月和 7 月，发病率最低的月份为 2 月和 10 月，发病率最高的月份比最低的月份高 51%。每年的冬春之交到夏季，为高发期，而夏秋之交到冬季为低发期。到了秋季，随着气温的逐渐下降，气压升高，湿度减小，出现秋高气爽的适宜天气，发病率也明显减小，成为全年发病率最低的季节。

冬春之交，气压变化引起了人体机体组织的变化，主要是影响人体内氧气的供应。当气压下降时，大气中的氧分压、肺泡的氧分压和动脉血氧饱和度都随之下降，导致人体产生一系列生理反应和心理变化，使人产生压抑情绪，容易诱发精神病类症状发生。春季的冷暖多变，使人体很难适应，气温回升，人体机能随之调整,皮肤和肌肉微血管处于弛缓舒张状态,血液流速缓慢,人体表血液供应量增加,流入大脑的血液减少,中枢神经的兴奋性刺激信息减弱,使人易产生忧郁情绪,导致精神类症状发病率增高。夏季的持续高温和闷热,会使人体和外界热量交换的传导、辐射量减小,通过汗液蒸发热量增加,当汗液排泄困难时,人体的调节功能降低,影响中枢神经的稳定,容易使人疲倦或烦躁不安,从而诱发精神类疾病发生。

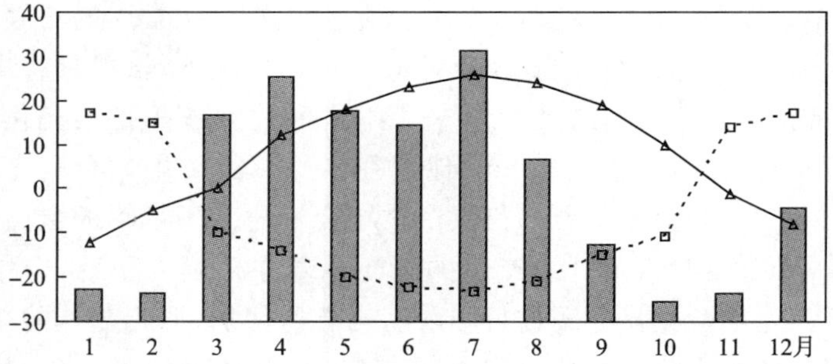

图 10.7 逐月发病次数距平与月平均气温(℃)、气压(ρ－1000)hPa 曲线图

发病次数 平均气温 平均气压

10.6 泌尿系统疾病

泌尿系统疾病中的尿路感染和肾炎是两种常见的疾病,具有发病率高,发病人群广的特点,对人们健康的影响较大。中医认为"风邪外袭"、"湿毒浸淫"、"湿邪侵袭"是诱发尿路感染和肾炎的外因,尤其是肾炎,与阴凉(冷)有关,乃阴冷之气郁积所致。因而其发病、加重与气象条件有相当密切的关系。

肾炎、尿路感染两种疾病,尿路感染比肾炎多,大约尿路感染为 70%,肾炎为 30%。从性别上看,女性患者明显多于男性。肾炎以男性为主,尿路感染以女性为主,肾炎男性患者多于女性。不同年龄段患者两种病例数量均不同。女性尿路感染患者主要集中在 20～50 岁,男性尿路感染患者主要集中在 20～40 岁,不论是男性还是女性,20 岁以下、60 岁以上尿路感染患者都很少。肾炎患者高发人群女性为 20～50 岁,男性为 20～40 岁。50 岁以上男女患者数量随年龄增加都呈迅速减少趋势。泌尿系统疾病发病与气象条件的关系密切。

(1)气温与泌尿系统疾病的关系

春、夏、秋各季发病率与低温有一定关系。肾炎及尿路感染 5 天内温度负距平日数多,则发病率高。冬季尿路感染发病率与气温负距平关系不明显。春季和冬季发病率与前期明显降温关系较好,即 5 d 内日降温幅度大,则尿路感染发病率高。秋季发病率与 5 d 内日降温幅度超过 6.5℃的日数有关,明显降温日数增多，则发病率明显增高。持续低温容易造成患者的猛增。

(2)日极端气温与泌尿系统疾病关系

春季、冬季随着前四日及当日最低气温降温幅度最大值的增大，尿路感染和肾炎发病率呈增高趋势。当有一日最低气温降温幅度在 6℃以上时，发病率明显增高，在 8℃以上时，发病率显著增高。夏季发病日及前 5 d 最低气温小于 15℃的日数越多，尿路感染和肾炎发病率越高。春、夏、冬季最高气温日降温幅度增大，尿路感染和肾炎发病率也呈明显增高趋势。可见，不论是肾炎还是尿路感染发病率都与低温或降温有关。

(3)降水与泌尿系统疾病的关系

尿路感染和肾炎发病与降水有一定的关系，但各个季节略有不同。夏季5 d 内 15 mm 以上降水日数多，肾炎和尿路感染发病率增高。秋季五天内 10 mm 以上降水日数增多时，肾炎发病率明显增高；5 d 内降水日数多，尿路感染发病率高。持续多雨也会使发病率升高，患者猛增。

(4)相对湿度与泌尿系统疾病关系

湿度与两种病的发病率呈正相关，湿度越大，越容易诱发尿路感染和肾炎。春、夏、冬季 3 日内日平均相对湿度超过 50%时，尿路感染和肾炎的发病率随湿度的增大而增高。各季中肾炎和尿路感染的发病率均与当日 14 时的相对湿度呈正比关系，即 14 时相对湿度越大，患者的发病率越高。

总之，尿路感染和肾炎发病与气象条件有一定的关系，日平均气温、最高气温、最低气温明显下降或低温持续负距平会使发病率增高；14 时相对湿度越大，发病率越高；5 日内降水日数多或强降水日数多，会使发病率增高；气压明显变化，发病率也升高。

10.7　内分泌系统气象疾病

10.7.1　中暑

在高温高湿或强辐射热的气象条件下，人们长时间在户外活动，就会导致人体体温调节功能障碍，最终出现中暑，1998 年 7—9 月在长江流域 100 a 不遇的抗洪战斗中，就有大量人员出现中暑。

(1)中暑的发病机制

在高温，尤其是在高温高湿环境中，由于气温高于皮肤温度，辐射、传导和对流散热机制均不能维持，汗液大量分泌，汗液蒸发成为主要散热方式，长时间出汗引起汗腺疲劳，同时引起体内水分、盐分减少，致使汗量减少散热平衡完全失衡，环境加热和体内余热使体温逐渐升高，由于体温上升，使中枢神经系统和内分泌系统机能增强，蛋白质、碳水化合物代谢增强，耗氧量增强，产热也增加，使体温进一步升高，甚至可达 42℃以上，出现中暑。

中暑引起中枢神经系统严重机能障碍，出现头晕、头痛、烦躁不安以至昏迷；中暑引起大量失水，为了满足出汗散热，血液循环加大，当达到极点时，心脏功能及血管舒张导致不适应，最后出现周围循环衰竭，出现面色苍白、呼吸浅促、血压下降、昏倒；中暑，人体失去大量盐分，导致电解质失衡，出现肌肉痉挛，四肢抽搐等热痉挛症状。

(2)中暑的气象条件

中暑病的发生与气温、湿度、风速、人体劳动强度、高温环境曝晒时间长短、体质强弱及盐水供给等有关因素有关，其中气象要素起着关键性的作用，依据不同气象要素的组合，将中暑的大气环境分为两类，一类是干热环境，其特点是气温高、日辐射强、湿度低，一般相对湿度在 40%以下；第二类是湿热环境，特点是高温高湿，辐射并不强，即闷热天气。由于气温在 35℃以上时，人体 2/3 的余热是通过汗液蒸发排泄，又因大气环境潮湿，汗液则不易蒸发导致人体体温调节失调。例如，下列气象条件就易使人中暑：

1)相对湿度 85%，气温 30～31℃。

2)或相对湿度 50%，气温 38℃以上。

3)或相对湿度 30%，气温 40℃以上。

10.7.2 焚风病

太行山中段东麓的焚风是河北省中南部气候的一个显著特征，对工农业生产和人民生活都有一定影响，尤其是春末夏初的焚风，除了使干热风加剧，引起小麦腊熟过程加快，导致减产以外，对人们的身体健康也有较明显的影响。

(1)太行山东麓焚风的变化规律

石家庄年平均焚风为 18.2 d，其中各季发生率分别为，春季 29.7%、夏季 5.5%、秋季 26.2%、冬季 38.6%。冬季发生几率最高，春季次之，夏季最少。

焚风的季节(月)变化与冷空气活动路径有关，夏季太平洋为高压，大陆为低压，东高西低的气压场，盛行偏南风，因而焚风出现几率最小；冬、春、秋季(月)，大陆受冷高压控制，盛行西北风，故焚风出现几率最大。

按月划分，焚风主要出现在 10 月至次年 5 月底，10 月份副热带高压退出大陆，北方冷高压开始不断南下，西北路冷空气前锋可以到达 35°N 以南，冬季风完全控制华北，焚风次数明显增加；4—5 月份蒙古低压发展，华北出现北低南高的气压场，盛行偏西气流，有利于焚风产生，所以 5 月份焚风又呈上升趋势。

石家庄焚风有显著特点——当西来锋面移过阳泉时，阳泉首先开始增温，之后干暖锋逐渐向东传，到达石家庄时，先从 500 m 处增温，而后下传。据统计，石家庄出现焚风前，风速多有一段静风阶段，而后转西风，随着风速增大，同时出现气温突升湿度骤降。一般气温可以升高 6～10℃；相对湿度下降到 20%以下，蒸发量上升 5～6 mm/h，天气特点是气温高、湿度小、日照强，风速大于 3 m/s。

(2)焚风对人体生理的影响

石家庄市 5 月下旬至 6 月上旬的焚风，一般气温大于 30℃，相对湿度小于 30%，风速 3～5 m/s，这种干热的特点，可以使空气中产生高电荷粒子。据测定，焚风区大气电荷为 1～100 kHz，脉冲 1/1000 s，正离子数为 4000 个/cm^3，可见焚风特性除干热外，还有带电的特性。

1)干热的焚风可以引起交感神经兴奋，使肾上腺分泌肾上腺素先增多后减少，机体起先因受热而导致血管扩张，继而血管又收缩(表 10.7)。

2)干热天气，使排汗增加，大量的钠随之排泄，为了补充细胞的电解质不足，血钾浓度增高。高血钾对心肌有毒性作用。同时糖皮质激素分泌增加，促进血钾排泄，但引起 17-酮分泌减少，所以可引起心率减慢，肌肉较弱，精神不集中(表 10.7)。

3)干热风引起正离子增多，正离子作用于人体，使人体 5-羟色胺释放增多，进而出现偏头痛、激怒、鼻塞、呼吸困难等症状，再加上肾上腺素减少，则出现淡漠，无力和抑郁等不适的焚风病症状。焚风综合征的表现为偏头痛、眩晕、烦躁、抑郁、激怒等。同时并发栓塞、溃疡病穿孔、胆石症、心、肾绞痛。

表 10.7　焚风天气的内分泌情况

项目	正常天气	焚风天气
17-酮(μg)	8～12	6～8(少)
肾上腺素(μg)	1～4	0.5～2(少)
5-羟色胺(μg)	0～40	50～90(多)
甲状腺素(μg)	10～20	28～37(多)

10.7.3　糖尿病

糖尿病是由于胰岛素不足引起的，一般冬季天气寒冷热量需要多，则胰岛素也需要多，因为糖尿病就是胰腺分泌胰岛素少而引起的，因此有强冷空气活动时糖尿病人易加重，夏季糖尿病人病情可以减轻。

习　题

(1)什么是气象病？一般分几类？

(2)简述呼吸系统气象疾病的特征。

(3)感冒发病的主要特征是什么？与气象要素和天气变化有何关系？并阐述诱发机理。

(4)气象要素对慢性支气管炎发病的影响及诱发机理是什么？

(5)支气管哮喘发生、发展及康复与平均气温有何关系？

(6)简述心脑血管疾病复发与气象条件的关系。

(7)简述气象要素影响心脑血管疾病的机理。

(8)简述气象要素变化对高血压病的影响及其机理。

(9)消化系统的气象疾病是如何确定的？简述胃溃疡、十二指肠溃疡发生的机理。

(10)运动系统疾病与气象条件有何关系？

(11)为什么天气变化可引起关节痛？

(12)简述寒冷的生物效应，阐明冻伤的发病机理。

(13)什么是雪盲？它是怎么产生的？

(14)什么是日光性皮炎？它是怎样引起的？

(15)简述花粉过敏性皮炎的诱发机理。

(16)简述白内障的成因。

(17)简述泌尿系统疾病与气象条件的关系。

(18)简述中暑发生的气象条件及诱发机理。

(19)焚风病的发病机理是什么？

(20)为什么糖尿病病情冬天加重，而夏天减轻？

第 11 章　医疗气象预报

医疗气象预报的目的是为了让人们有可能预防天气对健康造成的危害，它预报容易患某种疾病的天气条件及可能引起的疾病倾向。具备了某种疾病的天气条件，正常人体并不一定生病，如果某些人有较好的适应能力，即使不利的气象条件也不会发病，如果适应调节机能不正常，不利气象条件则成为疾病的触发剂。

11.1　医疗气象预报的流程

医疗气象预报流程由三部分组成：首先分析常规天气图、城市环境资料及数值预报产品，制作出天气过程和相应的气象要素、城市环境气象要素预报；再对应预报出的气象要素、城市环境要素，依据人体生理机制，预报出可能发生的疾病倾向；最后通过电视等媒体对社会发布。

在这个过程中，最关键的问题有两个：一个是天气过程和气象要素、城市环境要素预报的准确性，它直接影响医疗气象预报的准确性；第二个问题是建立正确的气象要素、城市环境要素与可能发生疾病的真正的因果关系。

建立医疗气象预报，仅根据各个人的经验体会或前人根据现象而总结的看法是不行的，必须长期积累气象、大气环境条件和医学资料，通过科学的统计分析，才能建立真正的因果关系，才能做出比较正确的预报结果。但是这里应该说明，天气、大气环境对人体的影响，对适应者和不适应者引起的反应差异很大，因此医疗气象预报并非绝对准确，它仅仅是对未来天气、环境可能影响人体的健康的评价。

医疗气象预报，从时间尺度上划分，可分为短期、中期和长期预报。短期预报可以逐日发布，中期预报每周发布一次，主要是制作疾病可能发生的过程。长期预报每月发布一次，主要预报未来气象条件可能引发传染病的估价，为防止流行及早采取措施。

原西德医疗气象预报作为一项正式的服务已有近 50 a 历史了，自 1952 年起每周 1～5 按时发布，从未中断，发布的内容为天气形势及对疾病的可能影响。目前日常预报的疾病有：

对健康人的影响，如失眠、烦躁、注意力不集中等；

意外事故(交通或工伤);
死亡率;
痉挛性疾病(肾绞痛、胆绞痛);
消化道病(胃溃疡、十二指肠溃疡、穿孔等);
出血、血栓、栓塞;
心血管病(心绞痛、心肌梗塞、高血压等);
精神神经病(偏头痛、抑郁症、中风等);
呼吸系统疾病(哮喘、支气管炎);
流感、咽炎等;
关节炎、风湿病等等。

11.2 天气过程对疾病的影响

研究天气过程对疾病的影响有助于建立医疗气象预报。不同天气与疾病关系研究得最多的是,锋的活动对某些疾病的影响。因为锋面过境引起天气发生一系列变化,这种变化对某些慢性病患者是一个不利的刺激。国内过去无系统的研究。根据日本学者的资料,不少疾病都与锋的活动有关(表 11.1)。特别

表 11.1 锋面过境与若干气象病的关系

疾病	锋面过境前	锋面过境时	锋面过境后
风湿病		增加	
瘢痕痛		增加	
骨折痛		增加	
感冒	增加		增加
哮喘性支气管炎		频发	
咯血	增加	增加	增加
咽炎		增加	
面神经麻痹		增加	
急性青光眼		增加	
心肌梗塞		增加	
心脏病猝死		增加	
脑溢血		增加	
胆结石发作		增加	
尿路结石发作		增加	
癫痫发作		增加	
急性消化不良	频发		
肺结核死亡	增加	增加	增加

是当锋面过境之时，能使许多疾病的发作增多。德国学者则进一步观察不同性质的锋和其他天气过程对一些疾病的影响，发现天气过程对疾病的影响也不仅限于锋的活动。现将引起不同疾病或症状恶化的天气状况分述如下。

心肌梗塞：湍流过程，气旋天气，锋，高湿度。

栓塞：冷空气活跃，暖锋，气旋天气，逆温。

低血压：暖空气活跃。

中风：冷空气及冷锋，气压降至 1000 hPa 柱以下，暖锋。

甲状腺机能亢进：暖空气活跃。

糖尿病：锋。

关节炎：气压降低伴有高湿天气。

风湿性病变：冷、湿且有风，锋，气温下降。

溃疡病：湿热天气。

胃穿孔：锋，气旋天气。

支气管哮喘：不稳定的冷空气及逆温层，气旋天气，反气旋天气的过渡带，锋，低气压，高湿度。

扁桃体炎：冷锋及海洋气团前锋，过渡性气团来临前夕，有逆温的寒冷季节。

支气管炎：雾天。

肺炎：干寒天气，冷锋。

心绞痛：气流垂直运动兼有锋过境，冷空气，冷锋，低气压，暖锋。

手术后并发症：发生于冷锋天气 60%；暖锋天气 30%。

阑尾炎：锋过境，强烈的垂直运动，气旋。

癫痫（尤以外伤性多）：气压下降，风暴，雨天，锋过境，气旋天气，锢囚锋，气温上升、湿度增高的转折天气。

消化不良：冷空气活跃。

白喉、猩红热：气旋天气。

流感：干寒降温后，高压天气，冬季反气旋的微风天气，300～1000 m 上空有逆温层。

脊髓灰白质炎：湿热气团。

血友病关节出血：气旋、冷空气。

青光眼：冷锋过境，冬季突然转热或夏季突然转冷，焚风天气，气旋天气，暖锋，上升运动。

胆结石绞痛：锋交替，冷空气活跃，气旋。

肾结石绞痛：锋交替，气旋，锋过境，冷空气活跃。

子痫：冷空气活跃，气旋，尤以锋过境时，冬季极地海洋气团及夏季亚热带气团。

产妇提前破水：冷空气活跃。

产妇阵痛减弱：暖空气活跃。

扁桃体手术后出血：焚风天气，锋，天气开始好转时。

眼手术后前房出血：反气旋，下沉运动。

1972年，Kigler根据天气类型的不同，观察天气类型与疾病的关系。他按照联邦德国的天气情况分为六种天气型，此分类亦类似Ungeheuer氏的分类法。以下即为各型天气特征及该天气出现时，人群中的健康及疾病情况：

第Ⅰ型　一般好天气

天气特征：晴，晴到少云，无风，太阳辐射中度，夏季白天清新凉爽，冬季冷。

人群中健康状况：血压上升倾向，心动过速倾向，反应时间缩短，白蛋白增加，球蛋白降低。

第Ⅱ型　好天气

天气特征：夏季，白天舒适晚凉爽，下午有云，山区有雷雨，晚无云，有星，太阳辐射适中，微风。冬季，白天暖，晚冷，晴，早晨无云。

人群中健康状况：血压上升倾向，心动过速倾向，白蛋白增加、球蛋白降低。

第Ⅲ型　焚风天气

A类

天气特征：夏季，早晨和暖逐渐增热，夜凉。冬季，白天温暖夜极冷，晴，无云，太阳辐射强。冬夏日夜均干燥，有风无露。

人群中健康状况：反应时间延长，血压上升，心动过速倾向，注意力集中减退，精神状态改变，意外事故增多。下列疾病增加：中风、肾绞痛、子痫癫痫、胃十二指肠溃疡穿孔、猩红热、手术后出血(尤以泌尿疾病多)，其他消化、心血管、内分泌疾病发病都增加。

F类

天气特征：夏季，早晨既暖且干燥，白天热，夜仍热。冬季，白天暖，甚至很暖，夜冷，晴，太阳辐射强。

人群中健康状况：血压升高，心动过速倾向，反应时间延长，意外事故增多，精神改变，注意力集中减退，阵痛时间延长。以下疾病发病增加：癫痫、肺栓塞及其他栓塞、胃及十二指肠溃疡穿孔、心血管疾病、消化不良、内分泌疾病、风湿病变。

第Ⅳ型　将转折的天气

天气特征：夏季，闷湿。冬季。多云到阴，有霜，潮湿，或有雨有雪，能见度减低。

人群中健康状况：白蛋白降低，心动过速倾向，对时间、空间判断力减退，反应时间延长，肌肉张力增加，出牙困难，产妇阵痛缩短、提前破水，出血、呕吐、呼吸困难增加，死亡人数增多。以下疾病增多：中风、哮喘、癫痫发作、胃出血、胃及十二指肠发作及穿孔、胃炎、猩红热、脑膜炎、心血管疾病、内分泌疾病、消化障碍、心肌梗塞、栓塞、肺炎、偏头痛、头颅受伤者脑压增高、青光眼、关节炎。

第Ⅴ型　开始转折天气

天气特征：夏季，凉，阴雨或雷阵雨。冬季，干冷，云层厚，或有雨雪。

人群中健康状况：血压升高倾向，心动过速倾向，反应时间延长，死亡人数增多。以下疾病增多：心绞痛、心肌梗塞、急性支气管炎、呼吸困难、青光眼、胃及十二指肠穿孔。

第Ⅵ型　转折天气。

Z类

天气特征：夏季，凉，阴雨或雷雨。冬季，干冷，雨或雪，云层厚。

人群中健康状况：心动过速，血压升高，反应时间延长，死亡人数增多。以下疾病增多：中风、急性支气管炎、呼吸困难、青光眼、胆绞痛、心绞痛、心肌梗塞、血栓、肾绞痛、子痫、癫痫、胃出血、胃及十二指肠穿孔、头痛、偏头痛、神经痛、猩红热、湿疹。

N类

天气特征：夏季，清新、舒适、干爽、明有雾。冬季，冷、有雾、微风、晴到少云。

人群中健康状况：血压升高，球蛋白降低、白蛋白增高，反应时间缩短，心动过速。以下疾病增多：神经痛、急性支气管炎、栓塞、产妇提前破水。

从以上不同天气型人群中不同的健康及疾病情况来看，有些天气类型间没有很大的区别。这样就无必要如此地细分，而且分为好天气、转折天气（好转坏，坏转好）、坏天气来观察对人体健康的影响，也是一种可行的简单研究方法。但是，在不同季节进行这种分型也不太简单。天气除了能诱发或加重疾病外，有些天气也可能对疾病过程产生良好的影响，特别是反气旋天气。例如，反气旋天气时，延缓心绞痛、心肌梗塞、神经炎、胃穿孔，胆绞痛等的发作明显减少，中风、手术后出血、青光眼发作也较其他天气状况时为少。

11.3　医疗气象预报系统

在国内外医疗气象研究的基础上，结合天气与疾病的关系，建立了医疗气象预报业务系统，主要分四部分，分别是特种观测、资料处理、医疗气象要素预报、疾病预报分型。

11.3.1 特种观测资料

特种观测与气象要素观测环境要求有很大差别，特种观测不能设在开阔地区，要设在能比较典型地代表城市居民活动的小气候特征明显的地区，主要观测的项目包括花粉浓度、紫外线强度、空气污染物浓度、体感最高和最低温度、水泥面温度等。观测的时间与常规气象观测时间相同，花粉每天 19:00 取一次观测样本，紫外线强度取值于中午 11:30—12:30，观测资料按一定编报格式发至气象台。

11.3.2 资料预处理

制作医疗气象要素预报，必须首先进行资料预处理。主要有以下几项工作：①把紫外线观测结果转换成联合国气象组织规定的紫外线指数；②用湿度、温度计算出人体舒适度；③用湿度订正观测的体感温度；④城市大气污染物浓度；⑤用数值预报产品计算出各预报点的升降温幅度；⑥依据数值预报产品计算出判定冷[暖]锋面、气旋、槽线、逆温、副热带高压、地面高压、焚风等天气形势指标等。为制作医疗气象预报做好资料准备工作。

11.3.3 医疗气象要素预报

目前气象台发布的医疗气象要素主要有体感最高和最低气温、紫外线强度、人体舒适度、温湿指数等。采用的主要预报方法是数值预报产品释用，建立了 MOS 方程，可以制作 24～120 h(5 天)预报。

11.3.4 疾病预报分型

(1)秋季(春季、冬季)

首先判断昨天的日平均气温是否在 15～25℃之间。日平均气温在 15～25℃之间，则支气管哮喘病将加重；如果日平均气温是 21℃，则支气管哮喘病最重。

如果有雾，气管炎将加重。

第一类好天气

交感神经、副交感神经处于正常状态。

1)冷空气过后，天气转晴，地面受冷高压控制。

①如果温度日较差＞10℃，则

对健康人：反应时间缩短，白蛋白增加，球蛋白降低。

对疾病：流感增多，支气管炎加重，如果平均气温为 15～25℃，则支气管哮喘加重。

主要的致病机理：感冒一年四季均有发生，但主要集中在秋、冬、春 10 月中旬至次年 5 月上旬，北方人群中出现感冒的高峰天气主要有两种情况，第一种是冷空气南下时，特别是在秋天进入冬天后第一次降温，突然最低气温由零上降至零下，1～2 d 内使感冒患者显著增加；第二种情况是冷空气通过后，冷高压控制，气压大于 1030 hPa，天空晴朗，温度日较差大，也使人们易患感冒。这两种天气使人群中感冒病增加，主要是由于人体受凉诱发，第一种情况是冷空气南下，日平均气温和最低气温大幅度下降，前后两天日平均气温相差 10℃以上，最低气温下降 6℃以上。这种突然的降温，使人们极易受凉，致使感冒病突然爆发。第二种情况是，冷高压天气，天气晴朗，由于阳光充足日照强，中午热，早晚冷，气温日较差大，这样早晚极易受凉，因此患感冒的病人也急剧增加，其中持续阴天兼有积雪的严寒天气流感发病率最高。

②温度日较差小时，则

对健康人：反应时间缩短，白蛋白增加，球蛋白降低。

对疾病：对心血管病有缓解。

2)低气压控制：无明显天气系统，地面为均压场或干槽，天气晴好。

对健康人：血压有上升倾向，反应时间缩短，白蛋白增加，球蛋白降低。

对疾病：无不利影响。

第二类转折前天气

晴转多云或晴转阴。副交感神经兴奋。

天气形势与特点：逐渐转为槽前控制，地面转入冷锋前低压带影响，气压开始下降，气温由高开始下降，云量逐渐增多。

图 11.1　转入槽前影响

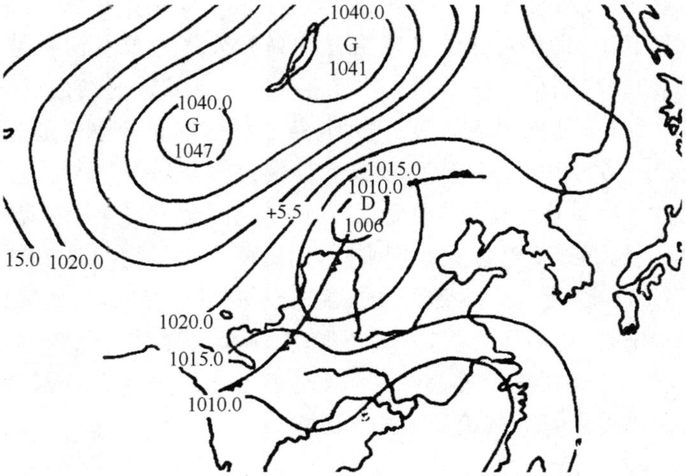

图 11.2 转入锋前低压带影响

对健康人：白蛋白降低，反应时间延长。

对疾病：高血压、关节炎、冠心病、心绞痛、肾绞痛、胆绞痛有加重倾向，脑中风病人增多。

致病机理：天气转阴，气温下降可引起副交感神经兴奋，导致心脑血管收缩，胆肾内的平滑肌痉挛；还可以导致有炎症的关节囊内的润滑液变稠。从而导致上述疾病加重或增多。

第三类天气影响型，降水，大风，降温

此型关键是做好天气及其影响的强度预报，不同程度的天气造成的副交感神经兴奋的程度也不同，弱、中等、较强程度的天气可引起副交感神经呈弱、中等、较强程度的兴奋。

在实际业务中通常是根据冷空气降温的幅度和影响的范围来确定的。

1)单站冷空气标准

①中等强度冷空气，某站 a. 日最低气温低于或等于 5℃。b. 该日日平均气温，24 h 下降等于或超过 4℃，48 h 下降等于或超过 6℃，日最低气温，24 h 下降等于或超过 6℃，48 h 下降等于或超过 8℃。满足 a 且满足 b 四种情况中的任一种情况，定该站该日有中等强度冷空气。

②强冷空气，某站 a. 日最低气温低于或等于 5℃。b. 该日日平均气温，24 h 下降等于或超过 6℃；48 h 下降等于或超过 8℃，日最低气温，24 h 下降等于或超过 8℃。48 h 下降等于或超过 10℃。满足 a 且满足 b 四种情况中的任一种情况，定该站该日有强冷空气。

2)全国冷空气过程标准

①全国中等强度冷空气过程，全国有 3/4 站，同时或顺序出现中等强度冷

空气，定为全国中等强度冷空气过程。

②全国强冷空气过程，达全国中等强度寒潮标准，同时全国有 1/2 站出现强冷空气，称为全国强冷空气过程。

对健康人：血压有升高倾向，反应时间延长。

对疾病：对高血压、关节炎、冠心病、心绞痛、肾绞痛、胆绞痛、青光眼、胃及十二指肠溃疡病有加重倾向；糖尿病、感冒、脑中风病人增多。

第四类坏转好天气型，阴转多云或阴转晴

判断是否有哮喘(逆温层、日平均气温是否在 15～25℃之间)

气温明显下降，副交感神经兴奋。

对健康人：反应时间缩短，白蛋白增加，球蛋白降低。

对疾病：流感病人增多，高血压、关节炎、支气管炎、胃及十二指肠溃疡、冠心病、血栓病、糖尿病加重。

(2)春末夏初(5 月下旬至 6 月上旬)

焚风型(含夏季干热)

对健康人：反应时间延长，注意力不集中。

对疾病：对脑中风、肾绞痛、癫痛、甲状腺机能亢进、胃及十二指肠溃疡及各种栓塞病有不利影响。

致病机理：

1)干热的焚风可以引起交感神经兴奋，使肾上腺分泌肾上腺素先增多后减少，机体起先因受热而导致血管扩张，继而血管又收缩。

2)干热天气，使排汗增加，大量的钠随之排泄，为了补充细胞的电解质不足，血钾浓度增高。高血钾对心肌有毒性作用。同时糖皮质激素分泌增加，促进血钾排泄，但引起 17-酮分泌减少，所以可引起心率减慢，肌肉较弱，精神不集中。

3)干热风引起正离子增多，正离子作用于人体，使人体 5-羟色胺释放增多，进而出现偏头痛、激惹、鼻塞、呼吸困难等症状，再加上肾上腺素减少，则出现淡漠，无力和抑郁等不适的焚风病症状。焚风综合征的表现为偏头痛、眩晕、烦躁、抑郁、激怒等。同时并发栓塞、溃疡病穿孔、胆石症、心、肾绞痛。

(3)夏季

第一类好天气

1)天气舒适，早晚凉爽，太阳辐射适中，交感、副交感神经正常。

对健康人：血压有上升倾向，白蛋白增加，球蛋白降低对各种病人无不利影响。

2)天气以晴为主，闷热，副高控制或逆温，午后到傍晚有时有雷阵雨。交感神经兴奋(轻度、中度、较强)。

对健康人：白蛋白降低，对时间、空间判断能力减退，反应时间延长，注意力不集中。

对疾病：心绞痛、胃溃疡、低血压有加重倾向，头痛、偏头痛、消化不良、细菌性肠道疾病、中暑病人增多，糖尿病缓解。

判断中暑的条件为：

湿度85%，气温30～31℃；

湿度50%，气温>38℃；

湿度30%，气温>40℃。

请注意防暑降温。

第二类天气影响型（有锋面、切变线、持续性降水）

副交感神经兴奋。

对健康人：血压升高，反应时间缩短，时间、空间判断能力增强。

对疾病：高血压、关节炎、冠心病、心肌梗塞、心绞痛、栓塞类病人有加重倾向，感冒、脑中风病人增多。

(4)逆温

正离子增多，5-羟色氨增多。

对健康人：反应时间延长，注意力不集中，有失眠、偏头痛、眩晕倾向。

(5)污染物浓度

每天都要预报未来城市大气污染浓度，再根据污染对人体影响的指标，预报出是否对人体呼吸系统、心血系统等的影响。

如果有雾，要着重分析空气质量，见表11.2，Ⅳ级以上将会对人的呼吸系统、心血管系统构成影响。冠心病、咽喉炎、鼻炎、气管炎将加重。

表11.2　空气污染指数的范围及相应的空气质量级别

空气污染指数API	空气质量级别	空气质量描述	对健康的影响	对应空气质量应用范围
0～50	Ⅰ	优	可正常活动	自然保护区，风景名胜区和其他需要特殊保护的地区
51～100	Ⅱ	良	可正常活动	为城镇规划中确定的居住区，商业交通居民混合区，文化区，一般工业区和农村地区
101～200	Ⅲ	轻度污染	长期接触，易感人群症状有轻度加重。健康人群出现刺激症状	特定工业区

续表

空气污染指数 API	空气质量级别	空气质量描述	对健康的影响	对应空气质量应用范围
201～300	Ⅳ	中度污染	一定时间接触后，心脏病和肺病患者症状显著加剧。运动耐受力显著降低．健康人群中普遍出现症状	
大于 300	Ⅴ	重度污染	健康人明显强烈症状。降低运动耐受力，提前出现某些疾病	

11.3.5　医疗气象预报实例

在这里给出德国和河北省专业气象台制作的一些医疗气象预报实例。

(1)德国制作的一个医疗气象预报：

天气形势：在汉堡北方有暖空气，暖空气向东南下，傍晚将经过汉堡。向西移动的高压中心，在大陆性热带气团作用下，在荷兰境内的冷锋将为较凉爽的海洋空气所代替。

未来 24 h 天气预报：上午天气晴，暖空气前锋在下午 16:00 通过汉堡，暖锋过境时有雷阵雨，雷阵雨后转多云，有时有雨，天气冷。

气象的生物作用：可能引起中度的迷走神经兴奋，对哮喘、过敏性疾病、冠心病、心肌梗塞、胆绞痛、有脑溢血倾向等病人可能有不利的影响。

这是一段真实的医疗气象预报记载。德意志联邦共和国自 1952 年起，每星期一到星期五都按时在全国分两个地区发布这类的医疗气象预报。

也许你想知道这一预报的准确性。根据医院次日的病史记录进行检验，其结果是：当天暖锋在下午 17:45 通过汉堡，子痫病人增多，子痫病患者的病情恶化，急诊室有胆绞痛患者，也有脑溢血病人。

(2)河北省专业气象台制作医疗气象预报，根据对疾病的影响程度，把预报分为预报、消息、警报。从时效上分短期、中期医疗气象预报。

1)医疗气象预报

河北省专业气象台 2000 年 1 月 16 日 7:00 发布的医疗气象预报：由于受变性冷高压控制，温度日较差较大，预计省会今天白天到夜间天气晴好，副交感神经处于正常状态，对心脑血管疾病有缓解作用，感冒病人增多。请注意预防。

2)医疗气象消息

河北省专业气象台 2000 年 7 月 23 日 7:00 发布的医疗气象消息：由于受大

陆高压控制，省会石家庄天气晴好，有可能出现相对湿度大于60%，气温38℃以上的高温高湿天气。可引起交感神经中度兴奋，对冠心病、胃溃疡、低血压、出血性疾病可能有明显的不利影响，心肌梗塞、中暑病人增多。请注意预防。

3)医疗气象警报

河北省专业气象台2000年1月3日发布的医疗气象警报：受西伯利亚南下的强冷空气影响，预计从6日开始由北向南影响我省大部分地区，冷锋通过时，可引起较强的副交感神经兴奋。对冠心病、高血压、关节炎、支气管炎、糖尿病、胃及十二指肠溃疡等疾病可能有较重的影响；心肌梗塞、脑中风、感冒病人增多。请注意预防。

4)中期医疗气象预报

河北省专业气象台发布的一周医疗气象预报：预计下周周中期受弱冷空气影响，省会石家庄以多云到阴为主，对心脑血管疾病、呼吸道疾病可能有较轻的不利影响。

28日到3月2日：晴间多云。交感、副交感神经处于正常状态，对人体无不利影响。

2日夜间到4日：多云间阴。预计弱冷空气3日夜间开始影响省会石家庄，可引起副交感神经的轻度兴奋，对冠心病、心绞痛、支气管炎可能有较轻的不利影响。

5日到6日：晴间多云。交感、副交感神经处于正常状态，对人体无不利影响。

11.4 医疗气象预报指数

11.4.1 感冒指数

感冒指数是表征温度、气压、湿度等气象要素及其变化与感冒病发病率关系的一种量。感冒指数共分四级，分别为感冒病人偏少、开始增加、明显增加、急剧增加。

感冒一年四季均有发生，但主要集中在秋、冬、春，从10月中旬至次年5月上旬，出现感冒的高峰天气主要有两种情况，第一种是冷空气南下时，特别是在秋天进入冬天后第一次降温，气温突然下降，1～2 d内使感冒患者显著增加；第二种情况是冷空气通过后，冷高压控制，气压大于1030 hPa，天空晴朗，温度日较差大，也使人们易患感冒。这两种天气使人群中感冒病增加，主要是由于人体受凉诱发。统计分析表明，感冒与气温日变化和日较差、湿度、气压密切相关。

计算公式：$CCI=TDC+TMM+H+P$

其中CCI为感冒指数，TDC、TMM、H、P分别是气温日变化、温度日较差、湿度、气压对感冒指数大小的贡献。$CCI \leqslant 6$ 感冒病人偏少，6.1～19.9 感冒病人开始增加，20～30 明显增加，$CCI \geqslant 30.1$ 急剧增加。

表 11.3　各相关气象要素对感冒指数的贡献值

TDC	0	5	20	30
最低温度日变化(℃)	≥－4	－7—－4	－10—－8	<－10
TMM	0	5	10	15
气温日较差(℃)	<7.9	8—9.9	10—12.9	≥13
H	0	3	6	
相对湿度(%)	≥50	30—50	<30	
P	0	10		
气压(hPa)	<1030	≥1030		

11.4.2　高血压指数

高血压是一种最常见的心血管病，它可引起血管、脑、心、肾等重要器官的病变，并可发生高血压危象及高血压脑病严重并发症，危及人的生命。国外许多学者对高压血与气象关系进行了研究，指出了气象要素的变化对高血压的发生、发展有较大的影响。

高血压病与短期天气的变化有较密切的关系。据研究，在气压下降达到气压谷(最低值)、气温上升到峰值(最大值)时发病入院患者最多，约占发病率的53.6%；在气压达到低谷后急速上升，气温达到峰值后急速下降时发病人数也较多，占第二位，为 33.9%。上述两种天气形势发病率之和，占高血压发病数的87.5%。由此看出，在春、秋两季高血压病人主要发生在强冷空气来临之前的低气压暖气团控制至强冷空气(冷气团)冷锋通过时气压上升、温度下降为止这一时段内。即在气温、气压变化幅度较大的日期里高血压病人发病率很高。这说明高血压病与气温、气压气象要素的急剧变化有显著关系。

表 11.4　各相关气象要素对高血压指数的贡献值

A	50	40	30	20	10
4 个时次之一水平气压梯度绝对值	≥15	10～15	10～6	6～2	2～0
B	50	40	30	20	10
4 个时次之一水平气温梯度绝对值	≥5	3～5	2～3	1～2	0～1

$$CCI = A + B$$

当 $CCI \leqslant 20$ 时，为一级，发病率低；

当 $20 < CCI \leqslant 40$ 时，为二级，发病率偏低；

当 $40 < CCI \leqslant 60$ 时，为三级，发病率中等；

当 $60 < CCI \leqslant 80$ 时，为四级，发病率偏高；

当 $80<CCI$ 时，为五级，发病率偏高。

11.4.3 脑中风指数

脑中风通常分为脑溢血和脑梗塞，是世界上造成死亡的主要疾病之一。根据 1990 年中国卫生年鉴提供的资料表明，脑血管疾病死亡率占总死亡率的 15.53%～20.94%，每年脑血管疾病死亡人数有 100 万以上。

气象要素的变化是导致脑血管疾病发生或加重的重要因素之一。研究表明，气温、气压等气象要素的急剧变化对脑血管病有显著影响。北京地区脑中风的发病率具有明显的季节变化，隆冬、初春发病率最高，夏季发病率低，高峰和低谷分别出现在 1 月和 7 月，其中 2 月、3 月、10 月发病率也较高。脑中风的发病率与年龄有明显的关系。45～74 岁年龄段的人群发病率是 45 岁以下人群发病率的 2.5 倍。脑中风发病率与前期 1 个月的相对湿度、风速、降水量没有相关关系，与气压呈明显的正相关，与气温呈明显的负相关。可见，气压上升、气温骤降的冷空气天气过程可导致脑中风急剧增加。

(1)通过对脑血管病发病情况与气象要素的关系分析，选择发病日及发病日前 3 天逐日 4 个时次的气温、气压、相对湿度、降水量、云量等气象要素。经统计回归分析，分别做出了脑出血和脑梗塞所对应的预报方程：

脑出血日发生数预报方程：

$$Y=-144.028+0.131X_1-0.26X_2-0.067X_3+0.43X_4-0.304X_5+0.163X_6+0.246X_7-0.319X_8$$

式中 X_1 为前第二天的最低气压 24 小时变量；X_2 为当天总云量；X_3 为前第三天的相对湿度；X_4 为前第二天的最低气温；X_5 为前第二天的平均气温；X_6 为前第一天的平均气压；X_7 为前第一天的降水量；X_8 为前第一天的总云量。

脑梗塞日发生数预报方程：

$$Y=-20.095+0.1758X_1+0.028X_2+0.069X_3$$

式中 X_1 为前第三天的平均最低气温；X_2 为前第三天的平均最高气温；X_3 为前第三天的平均相对湿度。

(2)预报等级及检验

表 11.5　预报等级划分表

预报值与多年平均值差	等级	提示
−2＜	一级	发病率低
−1～−2	二级	发病率偏低
−1～1	三级	发病率中等
1～2	四级	发病率偏高
＞2	五级	发病率高

表 11.6　脑出血预报方程效果检验(%)

时段	拟合	试报
3～5	92.3	89.1
9～11	94.2	76.7

表 11.7　脑梗塞预报方程效果检验(%)

时段	拟合	试报
3～5	95.8	95.1
9～11	91.2	83.7

11.4.4　支气管哮喘指数

支气管哮喘是发作性的肺部过敏性疾病,多发生在春、秋两季。支气管哮喘与日平均气温有明显的关系。在春夏之交,日平均气温在 15～25℃之间时,哮喘病人随日平均气温的升高而增加,当日平均气温达到 21℃时,哮喘病人发生的最多,当日平均气温超过 21℃后,随着日平均气温升高而减少,当超过 25℃后哮喘病人发病率趋于零。当由夏季进入秋季,日平均气温在 25～15℃之间时,哮喘病人发生率随日平均气温的下降而增多,当达到 21℃时哮喘病人发作率最高,当日平均气温下降超过 21℃后,哮喘发作人数又趋向零。

花粉在春秋两季最多,花粉是哮喘病人发作的过敏原。因此,在日平均气温和花粉的共同作用下,春、秋两季哮喘发病率最高。

表 11.8　预报等级划分表

日平均气温(T,℃)	等级	提示
$25<T$ 或 $T<15$	1 级	发病率低
$24<T\leqslant 25$ 或 $15\leqslant T<16$	2 级	发病率偏低
$23<T\leqslant 24$ 或 $16\leqslant T<18$	3 级	发病率中等
$22<T\leqslant 23$ 或 $18\leqslant T<20$	4 级	发病率偏高
$20\leqslant T\leqslant 22$	5 级	发病率高

11.4.5　中暑指数

中暑指数是表征在高温高湿或强烈热辐射的气象条件下,体温调节功能出现障碍不适应的程度。中暑的发生不仅和气温有关,还与湿度、风速、劳动强度、高温环境曝晒时间、体质、营养及水盐供应有关,但主要因素是气温。一般中暑的气象条件有两类,一类是干热环境,主要特点是高气温、强热辐射,湿度不高;另一类是湿热环境,气温高、湿度大,但辐射并不强。中暑的发病机理有四种,分别是热辐射型、循环衰竭型、热痉挛型、日射型。

中暑有明显的特征，一般男性多于女性，老年人多于中青年人。它与气象条件，特别是气温有明显的关系。我们应用夏季逐日中暑人数作为因变量 y，对应日最高气温、发病当日及发病前4天的平均最高气温、发病当日及发病前4天的平均最低气温、发病当日及发病前4天的平均气温、发病当日及发病前4天的平均相对湿度、发病当日平均风速、发病当日前若干天日最高气温持续的有效累积温度等为自变量 X_i。首先计算 y 和 X_I 之间的相关系数，并进行显著性检验，挑选相关性好，同时又相互独立的变量逐步回归，建立中暑指数预报方程。

$$y = -12.48 + 0.48X_7 + 0.35X_{25}$$

其中 X_7 为当日和前一日两天的平均最低气温值，X_{25} 为连续大于35℃的累积温度，式中 X_7 的临界值为26℃。等级标准如下表：

表 11.9 中暑指数表

等级	指数	名称
1级	≤−1.0	不会中暑
2级	−0.1～0.0	一般不会中暑
3级	0.0～2.0	可能有中暑
4级	2.0～4.0	易中暑
5级	>4.0	极易中暑

11.4.6 胃溃疡指数

胃溃疡是常见的消化系统疾病之一。在夏季，副热带高压或大陆暖高压控制时，大气湿热，如果持续时间长，就会导致丘脑下中枢形成兴奋灶，引起交感神经兴奋，迷走神经兴奋降低作用，可导致两种情况产生：一是幽门松弛，使十二指肠内的酸性食物返流到胃中，破坏胃黏膜，形成胃溃疡；二是使胃的蠕动减慢，由正常情况的20次/min，减少到1～2次/min，造成食物长时间在胃中滞留，胃泌素和HCL分泌增加，破坏胃黏膜，形成胃溃疡。通常在夏季天热时，人们，尤其是儿童，经常感到胃里满满的，甚至肚胀，不消化，不想吃东西等现象，也是迷走神经兴奋降低，胃的蠕动减慢造成的。

胃溃疡指数的计算公式同中暑指数预报方程。

表 11.10 胃溃疡指数表

等级	指数	名称
1级	≤−1.0	发病率低
2级	−0.1～0.0	发病率偏低
3级	0.0～2.0	发病率中等
4级	2.0～4.0	发病率偏高
5级	>4.0	发病率高

11.4.7　关节炎指数

关节炎的病因很多，如风湿性关节炎、类风湿性关节炎、肥大性关节炎等等，不同的关节炎都有其特异的症状与体征，但它们有一个共同的症状——关节痛。研究气象对关节炎的影响，实际上就是了解气象要素与关节痛之间的关系。关节病的发作与天气变化有关，疼痛与锋面通过时的关系最密切，冷锋、暖锋、锢囚锋都有影响，但不同的病人疼痛发作的时间并不一致。有人观察一组关节痛病人，发现有如下规律：外伤性关节炎、痛风与天气变化关系不大；其他关节炎当有暴风雨时，90%病人疼痛加剧，晴天则疼痛可减轻，在气压下降时，72%病人疼痛加剧，而且大部分人症状的波动与气压变化曲线平行。

天气变化诱发关节痛的机理较复杂，一般认为关节炎病人温度调节机能较健康人差。病人同健康人一起进入冷环境或进入暖环境，可以发现，病人皮肤温度均比健康人下降或上升的皮肤温度滞后，但病人关节温度下降最多，使关节滑膜黏度增加，进而关节活动增加了阻力，出现疼痛。另外，植物神经也起一定作用，当外界气温由 30℃降至 15℃时，正常人无明显反应，而风湿性关节痛病人可感疼痛，这说明风湿性关节炎病人周围血管收缩扩张反应不正常，因此，在天气变化，尤其是活跃的冷锋伴有强烈的风过境时可有严重的关节痛。

表 11.11　各相关气象要素对关节炎指数的贡献值

	A	0	0	5	10	20
	云量(日平均)	0～1	2～4	5～6	7～8	9～10
	B	0	0	5	10	20
	风速(m/s)	$1\leqslant F$	$1<F\leqslant 3$	$3<F\leqslant 5$	$5<F<9$	$F\geqslant 9$
天气性质	C	0	0	5	10	20
	阵雨(间断性雨)			阵雨转多云	阵雨	间断性雨
	D					40
						连续性降雨

$$CCI=A+B+C+D$$

当 $CCI\leqslant 5$ 时，为一级，发病率低；

当 $5<CCI\leqslant 20$ 时，为二级，发病率偏低；

当 $20<CCI\leqslant 40$ 时，为三级，发病率中等；

当 $40<CCI\leqslant 60$ 时，为四级，发病率偏高；

当 $60<CCI$ 时，为五级，发病率高。

11.4.8　肠道疾病指数

肠道疾病一般是由细菌或病毒引起的，它们与气象条件有明显的关系，与年龄、季节有关。一般肠道细菌感染主要集中在幼儿和老人之中，约占 82.3%，10 岁以下的幼儿特别多，占 69%；肠道病毒感染的年龄分布特点正好相反，最多年龄段为青壮年，占 65.7%，10 岁以下的年龄段较少。肠道感染与季节有关，集中在 8—11 月，以夏、秋季为最多，有两个突变转折期，分别是 7 到 8 月突升期、11 到 12 月突降期。

季节与天气变化虽不是引起传染病的直接原因，但病原体和其媒介生物的生长繁殖、传播及机体抵抗力均受四季气象要素的影响。肠道传染病与温度日较差有关，温度日较差为 6.1～8.0℃时最易发病，其次在 4.1～6.0℃及 8.1～10.0℃也易发生，温差在 4℃以下极少发生。

肠道传染病与最小相对湿度关系较好，因为最小相对湿度更能反映出这类病例与湿度变化的关系，最小相对湿度可以说明一天中湿度都在这个最小值以上，持续高湿天气，病原体也易繁殖、传播，越易发生肠道感染病。统计表明，最小相对湿度 45%以上，持续高温高湿天气，发病住院数明显增加，占总病例数的 76.4%。

肠道传染病与气压也有一定的关系，在肠道感染病例集中的 5—11 月，统计气压与肠道病的关系得知，平均气压小于 1015 hPa 时，肠道病住院人数占 97.3%，小于 1010 hPa 病例占总数的 52%。可见低气压有利于肠道病发生。

总之，高温高湿低气压天气易发生肠道传染病，冷热变化大，也易发生肠道病。

11.4.9 慢性支气管炎指数

慢性支气管炎发病及急性加重常见于冬季寒冷季节，尤其是气温突然变化时，更容易发生。主要症状是咳嗽、咳痰、喘息。

慢性支气管炎多在冬季复发，年平均气温低的地区，慢性支气管炎发病率高，反之发病率低。慢性支气管炎发病或复发与短期天气变化有明显关系。在有强冷空气影响、气温明显降低，即气温日变化大或冷高压控制气温日较差大时，容易引起慢性支气管炎发病。

寒冷对支气管功能的影响，慢性支气管炎病人的体温调节功能较差。在冬季，气温下降 10℃，正常人鼻黏膜温度比慢性支气管病人的鼻黏膜温度下降得少。另外，寒冷对呼吸道生理功能有明显的影响，当正常人吸入冷空气后，时间肺活量变化不大，但慢性支气管炎者吸入冷空气后时间肺活量会下降。在寒冷环境中，肺泡吞噬细菌的能力减低，这种变化使上呼吸道的细菌侵入下呼吸道的机会增加。寒冷可以引起气管的病理改变，根据痰液检查，降温后慢性支气管炎患者痰内变性纤毛柱状上皮细胞大幅度增加，说明降温使支气管黏膜损伤加重，从而使黏膜纤毛柱状上皮细胞大幅度地脱落。

经过大量资料分析得知，慢性支气管炎的发病与气压变化、湿度、风速、温度变化等气象要素有关。则慢性支气管炎指数 Y：

$$Y=-1.45+0.022X_1-0.02X_2+0.03X_3-0.0137X_4+0.004X_5+0.005X_6-0.003X_7$$

式中 X_1 为日平均气压；X_2 为日最低气压；X_3 日平均相对湿度；X_4 为日平均风速；X_5 为气温日较差；X_6 为日最高气温；X_7 为日平均气温。

表 11.12　慢性支气管炎指数表

等级	指数	名称
1 级	<-2.5	发病率低
2 级	$-2.5\leqslant Y<-1.0$	发病率偏低
3 级	$-1.0\leqslant Y<1.0$	发病率中等
4 级	$1.0\leqslant Y<2.5$	发病率偏高
5 级	$Y\geqslant 2.50$	发病率高

11.4.10　消化系统疾病指数

天气的持续变化对发病率影响较明显，因此将连续的气象要素及其日变化的平均值作为预报因子，用以反映影响消化系统疾病的主要天气特点和变化幅度。X_1：发病日前连续三天日平均气温，X_2：发病日前连续三天平均日变温，X_3：发病日前连续两天日降水量，X_4：发病日前连续三天日平均相对湿度。根据逐日病例数量，将其分为五级，作为预报量。利用逐步回归方法建立两类疾病指数预报方程，方程计算结果四舍五入即为疾病指数。

急性胃肠炎和痢疾指数预报方程

$$Y=0.27X_1+0.04X_3-2.85$$

消化性溃疡和慢性胃炎指数预报方程

$$Y=-0.004X_{1+}-0.19X_2+1.20$$

11.4.11　日光性皮炎指数

$$Y_1=-1.8+0.1245X_1-0.0712X_2$$

方程中 X_1 为预报日最高气温，X_2 为预报日最大风速，Y_1 为预报量，其与日光性皮炎发病指数等级关系如下：

$Y_1<1.5$	1 级
$Y_1<2.5$ 和 $Y_1\geqslant 1.5$	2 级
$Y_1<3$ 和 $Y_1\geqslant 2.5$	3 级
$Y_1<3.5$ 和 $Y_1\geqslant 3$	4 级

$Y_1 \geqslant 3.5$　　　　5 级

相对湿度能够体现空气中的水汽含量，水汽对太阳辐射有较强的吸收作用，所以相对湿度和太阳辐射成反比关系。最高气温和太阳辐射成正比关系，随着太阳辐射加大，最高气温逐渐升高。相对湿度和最高气温均可用来表示太阳辐射量，所以本方程中使用了最高气温，而没有使用相对湿度。

参考文献

蔡世同等. 1994. 高血压病与气象关系探讨. 气象. (20):44-46.

曹守仁. 1982. 大气气溶胶污染对人体健康的影响. 环境保护. **7**:21-22.

车凤翔. 1990. 京津地区大气细菌生态分布. 中国环境科学. **10**(3):192.

车凤翔. 1986. 空气微生物学研究现状和进展. 环境科学. (7):85.

车凤翔. 1988. 京津地区大气微生物时空分布. 中国公共卫生学报. **8**(3):151.

何兴舟. 1981. 我国部分城市大气污染对居民健康影响的研究. 中国环境科学. **1**:59-64.

李岩. 1986. 空气微生物与医院内感染. 医院感染与管理,(1):36.

吕伟林. 1997. 体感温度及其计算方法. 北京气象,(4):23-25.

清水保. 1978. 气象与疾病. 王衍文译,气象科技,1978 年天气气候附刊,85-90.

王润鹿等. 1998. 实用污染气象学. 北京:气象出版社.

王亚平. 1987. 烧伤病房空气细菌学调查. 消毒与灭菌,**4**(4):195-198.

杨克敌等. 2007. 环境卫生学. 北京:人民卫生出版社.

杨贤为等. 1998. 北京地区脑中风发病率的气象条件研究. 气象. **24**,(9),51-54.

张书余,秦元明等. 人群健康度气象预报技术报告.

张书余,赵群建等. 中国凉都技术报告.

张书余. 2004. 城市环境预报技术. 北京:气象出版社.

朱大诚等. 2009. 生理学实验教程. 北京:人民军医出版社.

Biowers R *et al*. 1955. Control of wound infection in a thoracic surgery unit. *Lancet*, **11**:786

Bovallius A *et al*. 1978b. Long-range air transmission of bacteria. *Appl. Environ. Microbiol.*, **35**(6);1231.

Bul1. 1998. 美国国家天气局发布的紫外线指数预报,北京气象,段欲晓译,(2):31-36.

Burton A C *et al*. 1955. Damp cold versus dry cold specific effects of humidity in heat exchange of unclothed men, *J. Appl. Physiol.* **8**:269-278.

Hollaender A. 1954. Radiation Biology, McGraw-Hill.

Howe G. M. 1972, Environmental Medicine, Willian Heinemam , London, 72-98.

Lotz E and Wezler K. 1951. Die haut temperatur des menschen bei wechselnden Windgeschwindigkeiten und raum temperaturen, Akad. Wiss. Mainz, Abh Math. *Naturwiss. kl*, **7**, 229-248.

Mancinelli R L *et al*. 1978. Airborne bacteria in an urban environment. *Appl. Environ. Microbiol.* **35**(6):1095.

Straube G and K H Scholz. 1951. Uber die einwirkung komplexer wetter vorguange auf das vegetative nervesystom. *Deut. Med. Wochschr.*, **76**:634-637.

Sulman F G.. 1976. Health, Weather and Climate. Karger, Basel.

Tromp S W. 1980. Biometeorology, Heyden and Son Ltd. London.

Tromp S W. 1963. Medical Biometeorology, Elsevier, Amsterdam.

Wallis C *et al*. 1985. Method for detecting viruses in aerosol. *Appl. Environ. Microbiol.* **50** (5):1181.

Yagtou C P. 1947. A method for improving the effective temperature index, *ASHVE Trans.*, **53**, 307-309.